高等职业教育电子信息课程群系列教材

AutoCAD 2019 实例教程（微课版）

主　编　王立恒

副主编　陈析西　方奋奇　袁小琰　张艺苗　牛艺涵

中国水利水电出版社
www.waterpub.com.cn
·北京·

内 容 提 要

本书重点介绍 AutoCAD 2019 的基本操作方法和绘图技巧，最大特点是不仅大量利用图示方法进行知识点讲解，还巧妙融入诸多家具制图和建筑平面制图等方面的典型案例，而且所有综合案例均配有三维效果图，通过"三视图"的概念使读者理解并掌握用 CAD 二维平面图形表达三维立体对象的方法和技巧。本书配有部分知识点和全部案例的讲解视频，供读者与纸质教材同步学习。

本书共 10 章：初识 AutoCAD 2019、绘图的基本操作、图形的管理、简单二维绘图命令、复杂二维绘图命令、二维编辑命令、文本标注与表格、尺寸标注与编辑、图块及其属性、综合案例，每章后面都配有上机实训，概括了全章的知识点和操作技巧，帮助读者巩固提高。

本书可作为设计行业（如室内设计、家具设计等）的 AutoCAD 基础教材，也可供对 AutoCAD 学习感兴趣的读者参考。

本书配有电子教案，读者可以从中国水利水电出版社网站（www.waterpub.com.cn）或万水书苑网站（www.wsbookshow.com）免费下载。

图书在版编目（CIP）数据

AutoCAD 2019实例教程：微课版 / 王立恒主编. -- 北京：中国水利水电出版社，2021.4
 高等职业教育电子信息课程群系列教材
 ISBN 978-7-5170-9534-7

Ⅰ. ①A… Ⅱ. ①王… Ⅲ. ①AutoCAD软件－高等职业教育－教材 Ⅳ. ①TP391.72

中国版本图书馆CIP数据核字(2021)第065754号

策划编辑：石永峰　　责任编辑：高双春　　封面设计：李　佳

书　名	高等职业教育电子信息课程群系列教材 AutoCAD 2019 实例教程（微课版） AutoCAD 2019 SHILI JIAOCHENG（WEIKE BAN）
作　者	主　编　王立恒 副主编　陈析西　方奋奇　袁小琰　张艺苗　牛艺涵
出版发行	中国水利水电出版社 （北京市海淀区玉渊潭南路 1 号 D 座　100038） 网址：www.waterpub.com.cn E-mail：mchannel@263.net（万水） 　　　　sales@waterpub.com.cn 电话：（010）68367658（营销中心）、82562819（万水）
经　售	全国各地新华书店和相关出版物销售网点
排　版	北京万水电子信息有限公司
印　刷	三河市铭浩彩色印装有限公司
规　格	184mm×260mm　16 开本　16.5 印张　412 千字
版　次	2021 年 4 月第 1 版　2021 年 4 月第 1 次印刷
印　数	0001—3000 册
定　价	45.00 元

凡购买我社图书，如有缺页、倒页、脱页的，本社营销中心负责调换

版权所有·侵权必究

前　　言

　　AutoCAD 是由美国 Autodesk 公司开发的一款计算机辅助设计软件，主要用于二维绘图和基本三维设计，因其具有完善的图形绘制功能和强大的图形编辑功能，在国际上已成为机械、电子、建筑、室内装潢、家具、园林、市政工程等设计领域应用非常广泛的绘图软件。同时它也是一个最具开放性的工程设计开发平台，其开放的源代码可供各个行业进行二次开发，目前国内一些著名的二次开发软件，如 CAXA 系列、天正系列等无不是在 AutoCAD 基础上进行本土化开发的产品。

　　鉴于 AutoCAD 的应用之广，为了让 AutoCAD 的学习者和使用者（如室内设计、家具设计等领域的从业者）更好地掌握它的强大功能、操作方法和应用技巧，几位具有丰富经验的高校老师根据多年对软件应用的经验和教学心得体会编写了以 AutoCAD 2019 版本为演示平台的实例教程。

一、本书特点

1. 案例丰富，专业性强

　　本书通过大量案例展现作者的实践经验、教学思想和心得体会，既有 AutoCAD 各版本的优缺点、操作和应用技巧，又有 AutoCAD 学习的重点和难点，帮助读者准确把握市场需求，并将理论学习和市场需求结合起来。

2. 案例精炼，切合实际

　　本书以知识脉络为主线，以"实例"为抓手，由浅入深，稳扎稳打。从知识点到实际案例，无不进行透彻的讲解，每当看完一个教学视频都会有豁然开朗的感觉。本书从每个知识点的小实例，到多个知识点或包含全章知识点的综合实例，再到上机实训案例，环环紧扣，直达 AutoCAD 的精髓。

3. "裁切"得当，内容实用

　　本书涵盖 AutoCAD 的常用和实用功能（二维绘制、二维编辑、基本绘图工具、文字与表格、尺寸标注与编辑、图块定义与应用、综合案例等），删除了不常用的功能内容，使读者能在有限的时间内掌握更多知识和技能。

4. 配套资源，超级助手

　　本书配有部分知识点和全部案例的教学视频，讲解生动、过程详细，让读者看到实际的操作过程，学到很难用文字讲解清楚的操作技巧。

二、本书的主要内容

　　第 1 章，主要讲解 AutoCAD 2019 的基础知识和基本操作，从认识 AutoCAD 2019 的工作界面开始到如何设置图形的系统参数、建立新的图形文件、打开已有的文件等。

　　第 2 章，主要讲解 AutoCAD 2019 绘图的基本操作，从坐标系到基本的输入操作，再到精确绘图的辅助绘图功能设置等。

第 3 章，主要讲解图形的管理，从设置图形单位和精度到创建图层、设置对象特性和对象选择，再到创建样板文件等。

第 4 章，主要讲解简单二维绘图命令，从直线、圆和圆弧、椭圆和椭圆弧到平面图形和点等。

第 5 章，主要讲解复杂二维绘图命令，从多段线、样条曲线、多线到图案填充命令等。

第 6 章，主要讲解二维编辑命令，从删除及恢复类命令、复制类命令、改变几何特性命令、改变位置类命令到对象编辑等。

第 7 章，主要讲解文本标注与表格，从文本样式、文本标注、文本编辑、表格样式、创建和编辑表格到输入文字等。

第 8 章，主要讲解尺寸标注与编辑，从尺寸标注的规则与组成、新建和设置标注样式、尺寸标注类型和方法到多重引线标注等。

第 9 章，主要讲解图块及其属性，从内部块、外部块和属性块的创建与编辑到块的插入等。

第 10 章，详细讲解 6 个关于建筑、家具等综合案例二维图形的绘制，将软件的功能、应用技巧与实际创意完美结合。本章所有案例都有三维效果图，通过三维效果图读者可将二维平面图和三维立体图联系起来，尤其是通过"床三视图"的绘制可使读者学会实现空间与平面转换的方法，即"形"与"体"转换的方法。

三、配套资源说明

本书配有部分知识点和全部案例的讲解视频，并提供电子教案及全部实例的源文件和素材（可到中国水利水电出版社网站 www.waterpub.com.cn 或万水书苑网站 www.wsbookshow.com 免费下载）。

编 者
2020 年 11 月

目 录

前言

第1章 初识 AutoCAD 2019 ·················· 1
1.1 AutoCAD 2019 的工作界面 ··········· 1
1.1.1 标题栏、菜单栏、功能区和工具栏 ··· 2
1.1.2 绘图区、坐标系图标、布局标签 ····· 6
1.1.3 命令行、状态栏 ························ 8
1.2 图形文件的基本操作 ··················· 9
1.2.1 新建文件 ·································· 10
1.2.2 保存文件 ·································· 10
1.2.3 打开文件 ·································· 11
1.2.4 退出文件 ·································· 12
1.2.5 系统自动保存文件的位置和时间的设置 ······························· 12
1.3 图形的显示控制 ······················· 14
1.3.1 实时缩放 ·································· 14
1.3.2 实时平移 ·································· 15
1.3.3 鼠标滚轮的妙用 ······················· 15
1.3.4 重画与重生成图形 ···················· 15
上机实训 ··· 16

第2章 绘图的基本操作 ·························· 17
2.1 基本输入操作 ····························· 17
2.1.1 命令输入方式 ··························· 17
2.1.2 命令的退出、撤消和重做 ········· 18
2.2 坐标系统 ···································· 19
2.2.1 世界坐标系 ······························· 19
2.2.2 用户坐标系 ······························· 19
2.2.3 坐标输入方法 ··························· 19
2.3 精确绘图 ···································· 21
2.3.1 极轴追踪 ·································· 21
2.3.2 对象捕捉 ·································· 24
2.3.3 临时捕捉 ·································· 26
2.3.4 对象捕捉追踪 ··························· 26
上机实训 ··· 27

第3章 图形的管理 ·································· 30
3.1 设置图形单位和精度 ··················· 30
3.2 设置图层 ···································· 31
3.2.1 创建图层 ·································· 31
3.2.2 设置图层特性 ··························· 32
3.3 对象的特性 ································· 34

3.3.1 对象的颜色、线型、线宽 ········· 34
3.3.2 线型比例 ·································· 36
3.3.3 特性匹配 ·································· 38
3.4 对象的选择 ································· 38
3.4.1 拾取框单选模式 ······················· 38
3.4.2 窗选模式 ·································· 38
3.4.3 快速选择图形对象 ···················· 39
3.5 样板文件 ···································· 40
上机实训 ··· 42

第4章 简单二维绘图命令 ······················ 45
4.1 直线类命令 ································· 45
4.1.1 直线 ··· 45
4.1.2 射线 ··· 47
4.1.3 构造线 ······································ 48
4.2 圆类命令 ···································· 48
4.2.1 圆 ··· 49
4.2.2 圆弧 ··· 51
4.2.3 圆环 ··· 53
4.2.4 椭圆与椭圆弧 ··························· 53
4.3 平面图形 ···································· 55
4.3.1 矩形 ··· 55
4.3.2 正多边形 ·································· 58
4.4 点命令 ·· 59
4.4.1 点 ··· 59
4.4.2 定数等分 ·································· 60
4.4.3 定距等分 ·································· 63
上机实训 ··· 63

第5章 复杂二维绘图命令 ······················ 67
5.1 多段线 ·· 67
5.2 样条曲线 ···································· 70
5.3 多线 ··· 71
5.3.1 多线的绘制 ······························· 72
5.3.2 多线的编辑 ······························· 74
5.3.3 多线的样式 ······························· 82
5.4 图案填充 ···································· 82
5.4.1 图案填充操作 ··························· 83
5.4.2 "图案填充创建"选项卡介绍 ······ 83
5.4.3 编辑填充图案 ··························· 88

5.4.4 渐变色填充 89
上机实训 89

第6章 二维编辑命令 91
6.1 删除及恢复类命令 91
6.1.1 删除命令 91
6.1.2 恢复命令 91
6.2 复制类命令 92
6.2.1 复制命令 92
6.2.2 镜像命令 94
6.2.3 偏移命令 95
6.2.4 阵列命令 96
6.3 改变几何特性类命令 101
6.3.1 修剪命令 101
6.3.2 延伸命令 105
6.3.3 圆角命令 105
6.3.4 倒角命令 111
6.3.5 拉伸命令 114
6.3.6 拉长命令 115
6.3.7 打断命令 115
6.3.8 打断于点命令 116
6.3.9 分解命令 116
6.3.10 合并命令 116
6.4 改变位置类命令 118
6.4.1 移动命令 118
6.4.2 旋转命令 118
6.4.3 缩放命令 121
上机实训 122

第7章 文本标注与表格 131
7.1 创建文字样式 131
7.2 文本标注 135
7.2.1 单行文本 135
7.2.2 多行文本 138
7.3 表格 140
7.3.1 定义表格样式 140
7.3.2 创建表格 142
7.3.3 表格文字编辑 144
上机实训 147

第8章 尺寸标注与编辑 153
8.1 尺寸标注的组成与规则 153
8.1.1 尺寸标注的组成 153
8.1.2 尺寸标注的规则 154
8.1.3 创建尺寸标注的步骤 155
8.2 新建和设置标注样式 155
8.2.1 "线"选项卡 157
8.2.2 "符号和箭头"选项卡 158
8.2.3 "文字"选项卡 159
8.2.4 "调整"选项卡 162
8.2.5 "主单位"选项卡 163
8.3 尺寸标注类型及方法 164
8.3.1 线性标注 164
8.3.2 对齐标注 166
8.3.3 基线标注 166
8.3.4 连续标注 167
8.3.5 半径、直径和圆心标记 171
8.3.6 角度标注 173
8.3.7 坐标标注 173
8.3.8 折弯标注 174
8.3.9 快速标注 174
8.4 多重引线标注 174
8.4.1 新建引线样式 174
8.4.2 多重引线标注 177
上机实训 187

第9章 图块及其属性 190
9.1 块的概念和分类 190
9.1.1 块的概念 190
9.1.2 块的分类 190
9.2 块的创建及插入 191
9.2.1 内部块的创建 191
9.2.2 插入块 192
9.2.3 外部块的创建 195
9.2.4 属性块的创建 198
上机实训 206

第10章 综合案例 211
10.1 绘制餐桌 211
10.2 绘制客厅沙发组合 214
10.3 绘制整体橱柜 221
10.4 绘制床的三视图 230
10.5 绘制建筑平面图 238
10.6 绘制凉亭 243
上机实训 255

参考文献 257

第 1 章　初识 AutoCAD 2019

在本章中，我们从认识 AutoCAD 2019 的工作界面开始，循序渐进地学习有关 AutoCAD 2019 绘图的基础知识和基本操作，了解如何设置图形的系统参数、建立新的图形文件、打开已有文件等。本章主要内容包括工作界面介绍、图形文件的基本操作、图形的显示控制等。

- 工作界面
- 绘图环境设置
- 文件新建和保存
- 图形的显示控制

1.1　AutoCAD 2019 的工作界面

AutoCAD 的工作界面是显示和编辑图形的区域。启动 AutoCAD 2019 后首先显示的是"开始"界面，如图 1-1 所示。

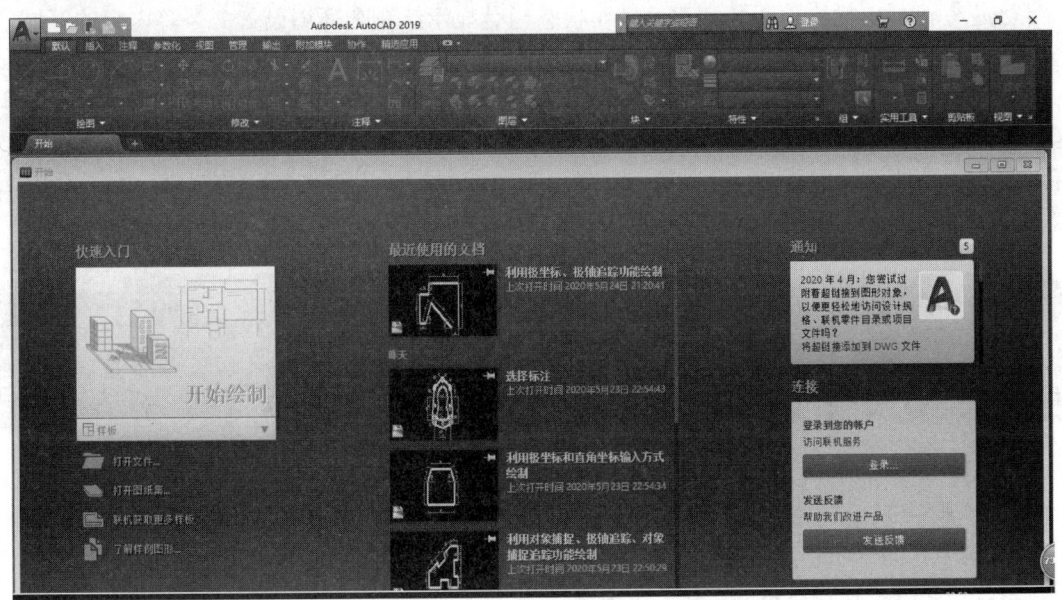

图 1-1　"开始"界面

在"开始"界面上可以进行开始绘制（新建文件）、打开文件、打开最近使用的文档等操作。单击"开始绘制"就会新建 Drawing1.dwg 文件，这个界面就是 AutoCAD 2019 默认的二维"草图与注释"工作界面，如图 1-2 所示。

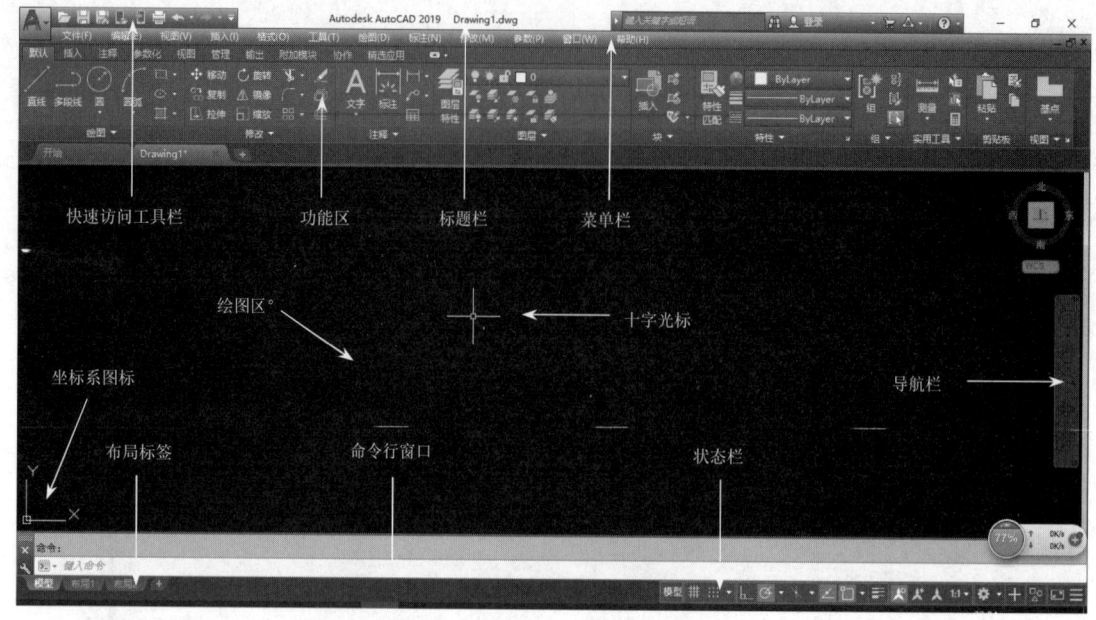

图 1-2 "草图与注释"工作界面

一个完整的"草图与注释"工作界面包括标题栏、绘图区、十字光标、坐标系图标、命令行窗口、状态栏、布局标签和快速访问工具栏等。

1.1.1 标题栏、菜单栏、功能区和工具栏

标题栏、菜单栏、功能区、工具栏和状态栏是显示绘图和环境设置命令等内容的区域。

1. 标题栏

标题栏位于工作界面的最上方,它由"菜单浏览器"按钮、工作空间、快速访问工具栏、当前图形文件的标题、搜索栏、Autodesk、online 服务和窗口控制按钮组成。将鼠标光标移至标题栏上右击或按 Alt+Space 组合键,将弹出窗口控制菜单,如图 1-3 所示。从中可以执行窗口的最大化、还原、最小化、移动、关闭等操作。

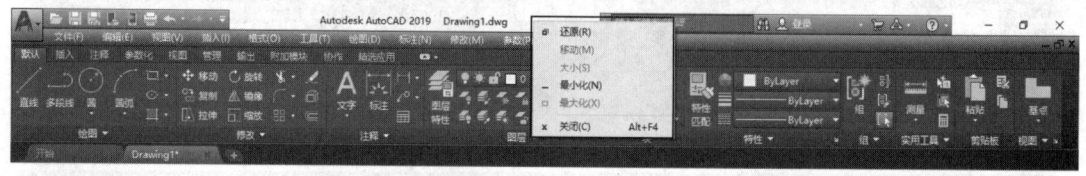

图 1-3 窗口控制菜单

2. 菜单栏

AutoCAD 的菜单栏包含 12 个子菜单:文件、编辑、视图、插入、格式、工具、绘图、标注、修改、参数、窗口、帮助。这些子菜单几乎包含了 AutoCAD 的所有命令,后面章节将围绕这些菜单展开讲述。

默认情况下,在"草图与注释""三维基础"和"三维建模"工作空间下不显示菜单栏。如果需要可以调出菜单栏。

(1)调出菜单栏的方法。单击 AutoCAD 快速访问工具栏中的下拉按钮,在弹出的下拉

菜单中选择"显示菜单栏"命令，如图1-4所示，即可调出菜单栏。用同样的方法可以隐藏菜单栏。

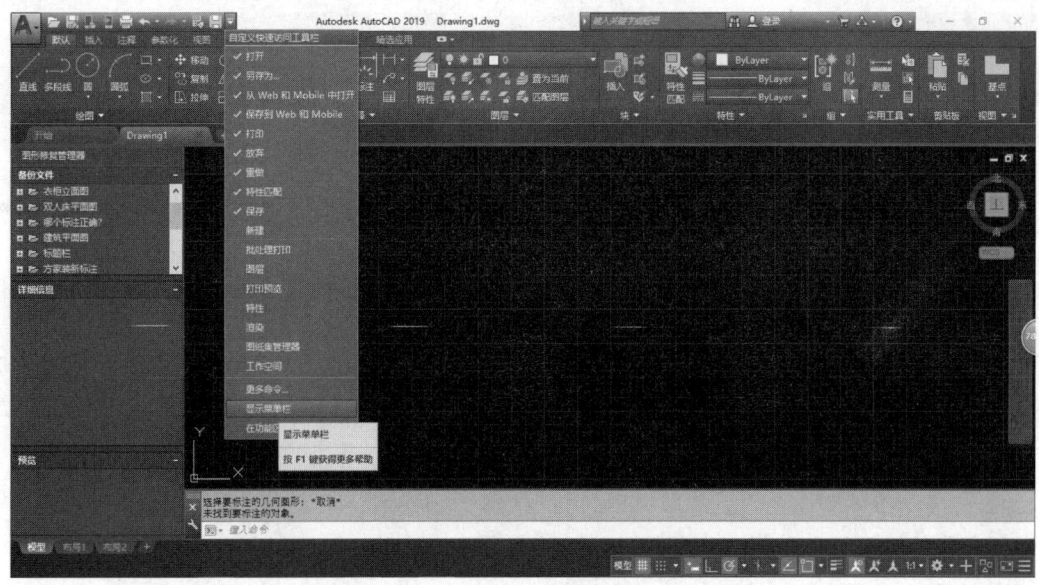

图1-4 选择"显示菜单栏"命令

（2）菜单栏的3种命令。

1）带有小三角的菜单命令。这种类型的命令后面带有子菜单，如单击"绘图"菜单，指向其下拉菜单中的"圆"命令，屏幕上就会进一步下拉出"圆"子菜单中所包含的命令，如图1-5所示。

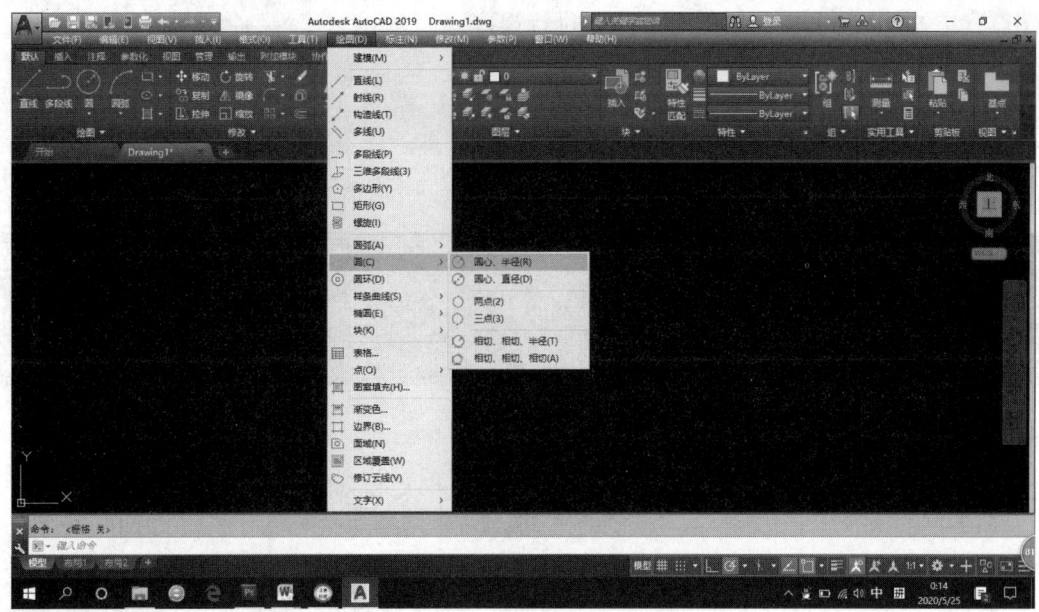

图1-5 "圆"子菜单

2）打开对话框的菜单命令。这种类型的命令后面带有省略号，如单击菜单栏中的"格式"

菜单，选择其下拉菜单中的"表格样式"命令，如图 1-6 所示，屏幕上就会弹出对应的"表格样式"对话框，如图 1-7 所示。

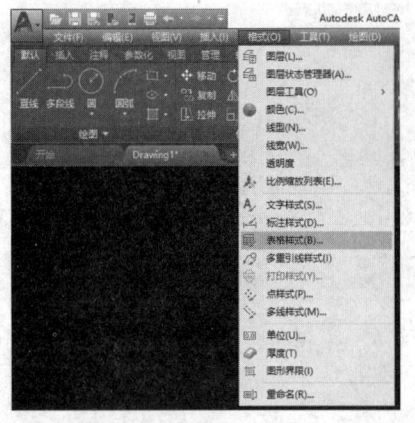
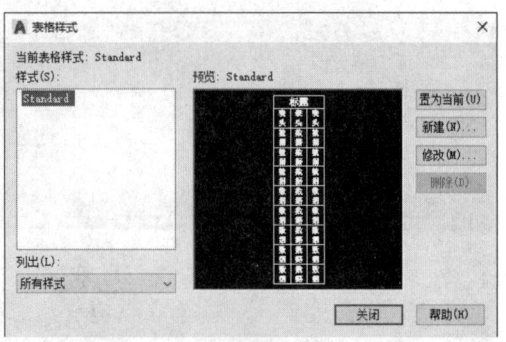

图 1-6　选择下拉菜单中的"表格样式"命令　　　　图 1-7　"表格样式"对话框

3）直接操作的菜单命令。这种类型的命令将直接进行相应的绘图或其他操作。例如，选择"视图"菜单中的"重画"命令，系统将刷新显示所有视口，如图 1-8 所示。

3. 功能区

在 AutoCAD 中，功能区包含功能区选项卡、功能区面板和功能区按钮，如图 1-9 所示。其中功能区按钮是代替命令的简便工具，利用它们可以完成绘图过程中的大部分操作，而且使用工具进行操作的效率比使用菜单要高得多。使用功能区时无须显示多个工具栏，它通过单一紧凑的工具界面使应用程序变得简洁有序，使绘图区变得更大。

图 1-8　直接操作的菜单命令

图 1-9　功能区

功能区有 4 种不同的显示方式，可以通过以下两种方法切换其显示方式：

（1）单击功能区中选项卡标签右侧的按钮 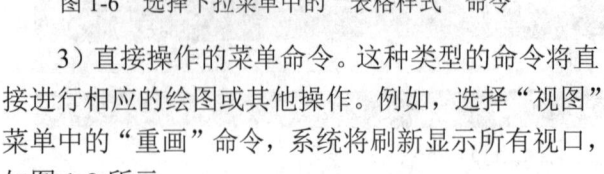 可以切换功能区显示方式。每单击一次，其显示方式就会变换一次。功能区显示方式依次按"最小化为面板按钮""最小化为面板标题""最小化为选项卡"和"显示完整的功能区"来循环使功能区得到不同的显示，如图 1-10 所示。

（2）单击功能区中选项卡标签右侧按钮旁向下的箭头，在弹出的下拉菜单中可以选择功能区显示方式，如图 1-11 所示。

第 1 章 初识 AutoCAD 2019

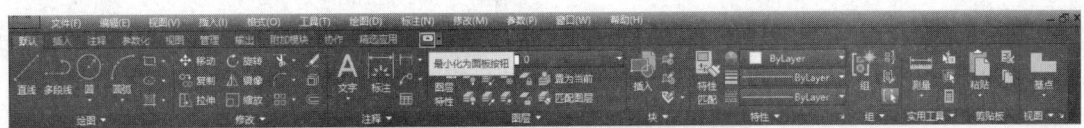

（a）最小化为面板按钮

（b）最小化为面板标题

（c）最小化为选项卡

（d）显示完整的功能区

图 1-10 单击按钮切换功能区显示方式

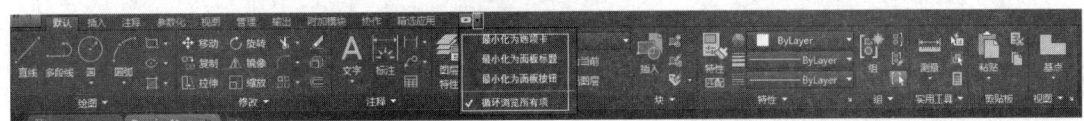

图 1-11 选择功能区显示方式

4. 工具栏

工具栏是一组图标型工具的集合。选择菜单栏中的"工具"→"工具栏"→AutoCAD 的下一级菜单即可调出所需要的工具栏，如图 1-12 所示。单击某一个未在工作界面中显示的工具栏名，系统会自动在界面中打开该工具栏；反之，关闭工具栏。如图 1-13 所示为调出了"绘图"工具栏。

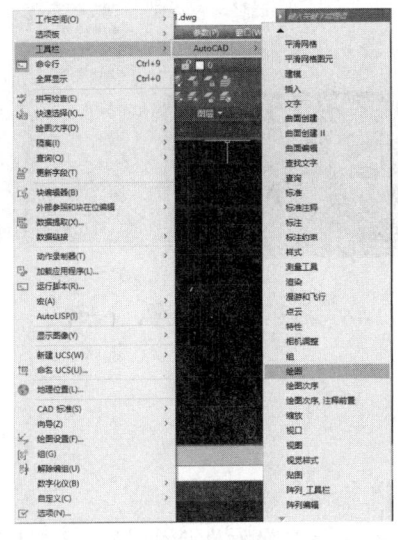

图 1-12 调出"绘图"工具栏

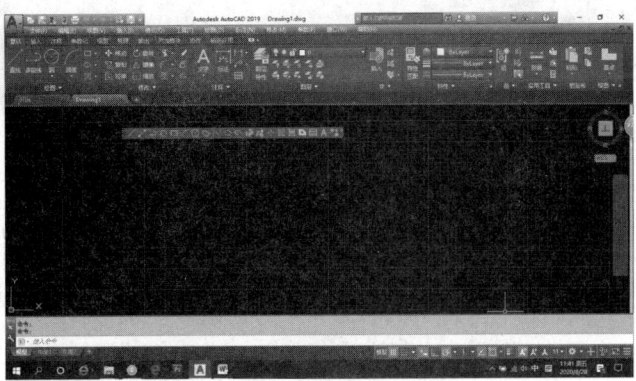

图 1-13 调出了"绘图"工具栏

把光标移到已打开的工具栏的某个图标上稍停片刻，就会在该图标一侧显示相应的工具提示，如图 1-14 所示。此时，单击图标可启动相应命令。

图 1-14　显示工具提示

工具栏可以在绘图区浮动显示，也可用鼠标拖动浮动工具栏到绘图区边界使它变成固定工具栏。

1.1.2　绘图区、坐标系图标、布局标签

1. 绘图区

绘图区是用户绘制、编辑和显示图形的区域。在绘图区中十字线即光标。默认情况下，绘图窗口是黑色背景。用户可以根据自己的爱好和习惯修改背景颜色和光标大小。

（1）修改背景颜色。

执行方式：

1）菜单栏：单击"工具"→"选项"命令。

2）绘图区：在没有选择任何对象时右击并选择"选项"命令。

执行上述任一操作后都可打开"选项"对话框，在其中选择"显示"选项卡，单击"窗口元素"区域中的"颜色"按钮，如图 1-15 所示。在弹出的"图形窗口颜色"对话框中进行设置，如图 1-16 所示。

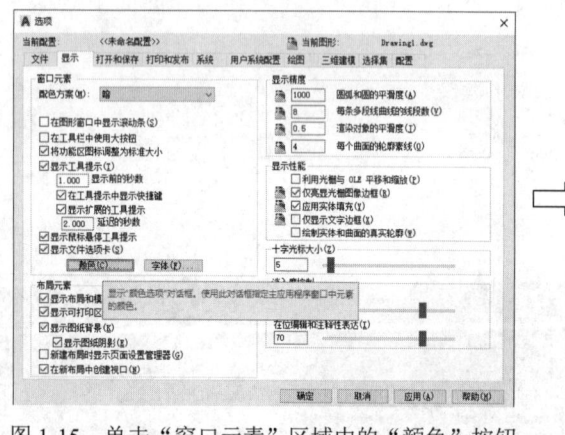

图 1-15　单击"窗口元素"区域中的"颜色"按钮　　　图 1-16　"图形窗口颜色"对话框

（2）修改光标大小。

执行方式：

1）菜单栏：单击"工具"→"选项"命令。

2）绘图区：在没有选择任何对象时右击并选择"选项"命令。

执行上述任一操作后都可打开"选项"对话框，在其中选择"显示"选项卡，在"十字

光标大小"区域的编辑框中直接输入数值或者拖动编辑框后的滑块即可对十字光标的大小进行调整,如图 1-17 所示。

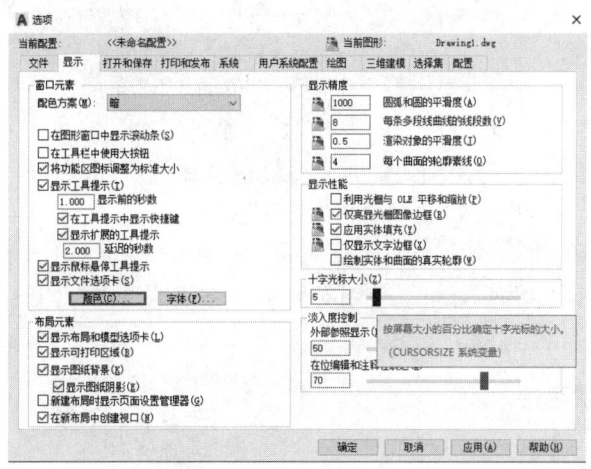

图 1-17 修改光标大小

2. 坐标系图标

在绘图区域的左下角有一个箭头指向图标,这是当前所用的坐标系图标。在绘图时,因为经常需要移动视图,坐标系图标在视图区的显示位置会随着视图的移动发生变化,进而影响图形绘制,所以用户有时会关闭其显示。也可仅关闭原点使坐标系图标一直在绘图区显示,此时无论怎样移动绘图区,坐标系图标都只显示在绘图区左下角,这样就不会影响绘图操作。

(1)开/关坐标系图标的显示。

执行方式:

菜单栏:单击"视图"→"显示"→"UCS 图标"→"开"命令,如图 1-18 所示。

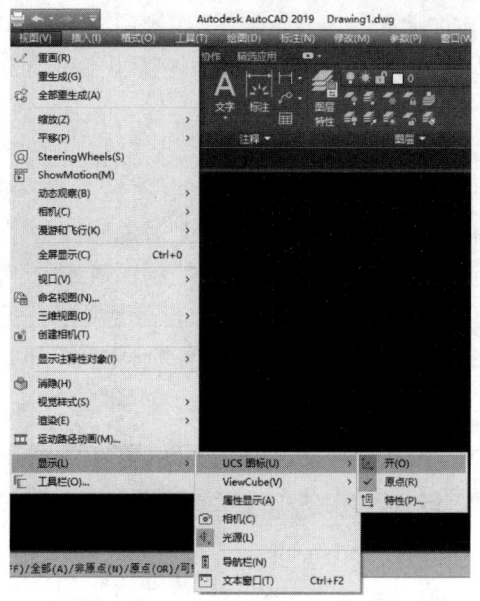

图 1-18 开/关 UCS 图标的显示

（2）"开"、"关"坐标系图标的原点。

执行方式：

菜单栏：单击"视图"→"显示"→"UCS 图标"→"原点"命令。

3. 布局标签

AutoCAD 系统默认设定一个"模型"空间和"布局 1""布局 2"两个图纸空间布局标签。

（1）"模型"空间。AutoCAD 的模型空间是一个无限大的三维空间，主要用于绘制、编辑二维图形和三维建模。在模型空间绘图时一般使用全比例绘制，即按 1:1 的实际尺寸绘制二维图形或三维模型，还可为图形添加标注和注释等内容。

（2）"布局"空间。布局空间也叫图纸空间，主要用于打印出图设置。当在模型空间绘制完二维图形和建完三维模型后，可以使用布局空间方便地设置打印设备、纸张、比例尺、图样布局，并且可以预览实际出图的效果。

1.1.3 命令行、状态栏

1. 命令行

命令行窗口是输入命令名和显示命令提示的区域。默认的命令行窗口布置在绘图区下方，由若干文本行构成，如图 1-19 所示。

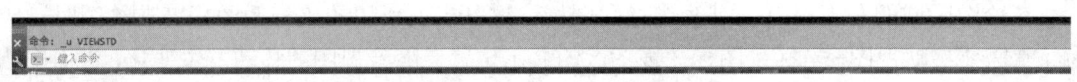

图 1-19 命令行窗口

使用命令行窗口时有以下几点需要注意：

（1）显示或隐藏命令行窗口可通过单击"工具"→"选项"命令或按 Ctrl+9 组合键实现。

（2）移动拆分条可以扩大与缩小命令行窗口。

（3）可以拖动命令行窗口将其布置在屏幕的其他位置。

（4）对当前命令行窗口中输入的内容可以按 F2 键用文本编辑的方法进行编辑。

（5）AutoCAD 通过命令行窗口反馈各种信息，包括出错信息，因此用户要时刻关注在命令行窗口中出现的信息。

2. 状态栏

状态栏在屏幕的底部，依次有"模型或图纸空间""显示图形栅格""捕捉模式""动态输入""正交限制光标""极轴追踪""对象捕捉追踪""对象捕捉"等 30 个功能控制按钮。单击按钮可以实现这些功能的开关。通过部分按钮可以控制图形或绘图区的状态。

默认情况下状态栏上不会显示所有控制按钮，若需要显示或关闭，可以单击状态栏最右侧的"自定义"按钮，如图 1-20 所示，在弹出的"自定义"下拉菜单中选择要显示的控制按钮选项。

图 1-20 "自定义"按钮

下面对状态栏中部分按钮的功能进行简单介绍。

（1）模型或图纸空间：在模型空间与布局空间之间进行转换。

（2）图形栅格：栅格是覆盖整个 xoy 平面的矩形点阵图案。使用栅格类似于在图形下放置一张坐标纸，可以对齐对象并直观地显示对象之间的距离。画图时如果打开了栅格按钮，则栅格只显示在电脑屏幕上而不会被打印。

（3）捕捉模式：在绘图过程中，对象捕捉对于在对象上定位一些特殊点的精确位置来说是非常重要的。默认情况下，当光标移到对象捕捉位置时将显示标记和工具提示。

（4）动态输入：在光标附近显示出一个提示框，称为"工具提示"，工具提示中显示出对应的命令提示和光标的当前坐标值。

（5）正交限制光标：将光标限制在水平或垂直方向上移动，在绘制水平和垂直对象时使用起来会很准确。

（6）极轴追踪：使用极轴追踪，光标将按指定角度进行移动。创建或修改对象时，可以使用"极轴追踪"来显示由指定的极轴角度所定义的临时对齐路径。

（7）对象捕捉追踪：使用对象捕捉追踪，可以沿着基于对象捕捉点的对齐路径进行追踪。获取点之后，当在绘图路径上移动光标时，将显示相对于获取点的水平、垂直或极轴对齐路径。

（8）对象捕捉：使用对象捕捉时，对象上的一些特殊点就会被精确捕捉到，比如端点、圆心、中点、切点、象限点等。

（9）切换工作空间：用于进行工作空间转换。

（10）线宽：显示对象的在命令中设置的，或单独设置的，或所在图层的线宽（若"线宽"按钮关闭，则所有对象的线宽在视图区都显示为同一宽度的细线）。

（11）全屏显示：该选项可以清除 Windows 窗口中的标题栏、功能区、选项板等界面元素，使 AutoCAD 绘图窗口全屏显示，如图 1-21 所示。

图 1-21　绘图窗口全屏显示

1.2　图形文件的基本操作

图形文件的基本操作是应用 AutoCAD 进行设计的过程中基础而重要的环节。本节介绍文件的新建与保存、打开已有文件、系统自动保存文件的位置和时间等的设置。

1.2.1 新建文件

启动 AutoCAD 2019 后，系统会自动新建一个名为 Drawing.dwg 的空白图形文件。用户还可以通过以下方式创建新的图形文件。

执行方式：

（1）菜单栏：单击"文件"→"新建"命令。

（2）快速访问工具栏：单击"新建"按钮。

（3）工具栏：单击"标准"工具栏中的"新建"按钮。

（4）快捷键：Ctrl+N。

执行以上任意一种操作后，系统将自动打开"选择样板"对话框，从文件列表中选择需要的样板，然后单击"打开"按钮即可创建新的图形文件。

在打开样板文件时，还可以选择不同的计量标准。单击"打开"按钮右侧的下拉按钮，若选择"无样板打开-英制"选项，则绘图时使用英制单位为计量标准；若选择"无样板打开-公制"选项，则绘图时使用公制单位为计量标准，如图 1-22 所示。

图 1-22 选择不同的计量标准

1.2.2 保存文件

完成图形文件编辑后，要对图形文件进行保存。可以直接保存，也可以更改名称后保存为另一个文件。

1. 保存文件

执行方式：

（1）菜单栏：单击"文件"→"保存"命令。

（2）快速访问工具栏：单击"保存"按钮。

（3）工具栏：单击"标准"工具栏中的"保存"按钮。

（4）快捷键：Ctrl+S。

执行以上任一操作后，系统打开"图形另存为"对话框，用户可以给文件命名并保存。在"保存于"下拉列表框中指定保存文件的路径，在"文件类型"下拉列表框中指定保存文件的类型。

"文件类型"中共有 4 种文件格式：.dwg、.dwt、.dxf 和.dws，作用如下：

.dwg：AutoCAD 专用的图形文件。

.dwt：包含标准图层、标注样式、线型和文字样式的样板文件。

.dxf：用文本形式存储的图形文件，能够被其他程序读取，许多第三方应用软件都支持。

.dxs：图形标准文件。

注意：如果要在低版本软件中打开高版本软件制作的文件，保存文件时需要选择低版本的文件类型，如图 1-23 所示，因为低版本软件打不开文件类型为高版本的文件。

图 1-23　选择低版本的文件类型

2．另存文件

执行方式：

（1）菜单栏：单击"文件"→"另存为"命令。

（2）单击"菜单浏览器"按钮，在弹出的下拉菜单中选择"另存为"命令。

执行上面的操作后，弹出"图形另存为"对话框，选择文件类型，将文件重命名并保存。

1.2.3　打开文件

执行方式：

（1）菜单栏：单击"文件"→"打开"命令。

（2）快速访问工具栏：单击"打开"按钮。

（3）工具栏：单击"标准"工具栏中的"打开"按钮。

（4）快捷键：Ctrl+O。

执行上述任一操作后，弹出"选择文件"对话框，在其中选择文件和一种文件类型后单击"打开"按钮即可打开文件，如图 1-24 所示。

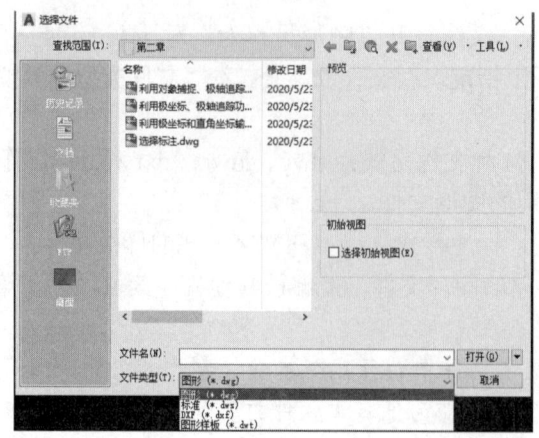

图 1-24　选择一种文件类型后单击"打开"按钮

技巧：有时在打开.dwg 文件时，系统会弹出一个信息提示对话框，提示用户图形文件不能打开，这种情况下应先取消打开操作，然后选择"文件"→"图形实用工具"→"修复"命令或在命令行窗口中输入 recover，接着在"选择文件"对话框中输入恢复的文件，确认后系统开始执行恢复文件操作。

1.2.4　退出文件

执行方式：

（1）菜单栏：单击"文件"→"退出"命令。

（2）主菜单：单击"退出"命令。

（3）工具栏：单击"标准"工具栏中的"打开"按钮。

（4）单击 AutoCAD 操作界面右上角的"关闭"按钮。

执行上述任一操作后，若用户对图形所作的修改尚未保存，则会弹出系统警告对话框，单击"是"按钮系统将保存文件并退出，单击"否"按钮系统将不保存文件；若用户对图形所作的修改已经保存，则直接退出。

1.2.5　系统自动保存文件的位置和时间的设置

恢复文件的方法

由于绘制 CAD 图形往往需要花费较长时间，如果绘图期间不幸断电或计算机意外死机，所绘图形文件来不及保存，则前面所有的工作就都白做了。为了避免损失，让断电或死机前某时刻的文件能够恢复，在安装完软件后需要对软件自动保存文件的位置和时间进行设置（此设置只需在装好软件后设置一次，除非重新安装软件），以便系统能及时自动保存正在制作的文件，并在计算机再次开机后能方便地找到自动保存的备份文件*.bak 进行恢复。

1. 自动保存文件的时间设置

系统自动保存文件的时间默认为 10 分钟，用户可以根据自己的绘图速度将其修改成更合适的时间。

执行方式：

（1）打开"选择"对话框。

(2)选择"打开和保存"选项卡。

(3)在"文件安全措施"区域中勾选"自动保存"复选框,并修改"保存间隔分钟数"为20或其他合适的时间,如图1-25所示。

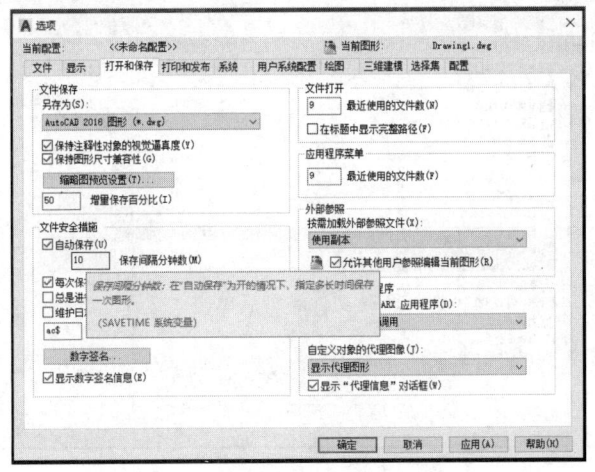

图 1-25　修改"保存间隔分钟数"

2. 自动保存文件的位置设置

系统自动保存文件的位置在系统存放临时文件的文件夹中,正常保存并关闭文件时很多临时文件会自动删除,但突然死机或断电时临时文件将不会自动删除,因此找到这些临时文件修改其扩展名即可恢复文件。

因为临时文件文件夹内有很多不同的临时文件(包括其他软件产生的),所以寻找需要的文件非常不方便,修改系统自动保存文件的位置则可方便地找到需要的临时文件。

执行方式:

(1)打开"选项"对话框。

(2)选择"文件"选项卡。

(3)单击"自动保存文件位置"按钮打开保存文件的路径,如图1-26所示。

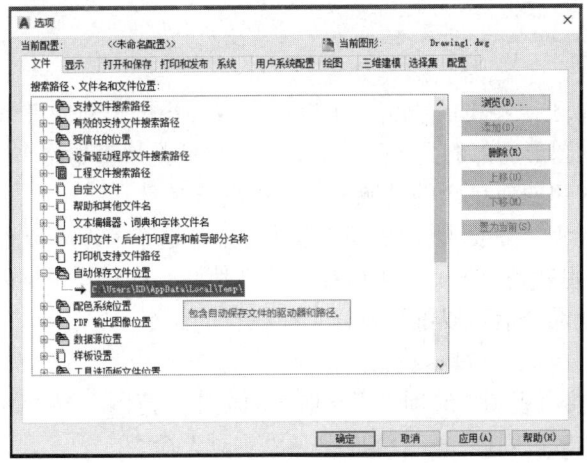

图 1-26　单击"自动保存文件位置"按钮显示保存文件的路径

（4）在自动保存文件的文件夹上双击修改保存的路径和文件夹到用户设置的文件夹，如图 1-27 所示。

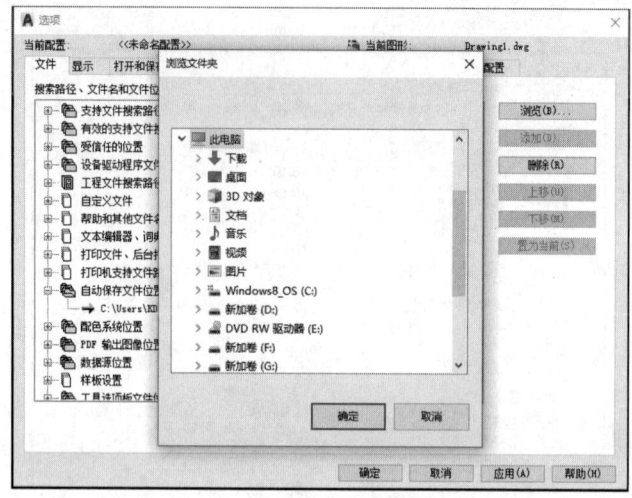

图 1-27　修改文件夹

3. 恢复文件的方法

从自动保存文件的文件夹中找到扩展名为.bak 的备份文件，将最大的一个备份文件的扩展名修改为.dwg，这样就恢复了断电或计算机死机前最后一次系统自动保存的图形文件。

1.3　图形的显示控制

用 AutoCAD 绘制图形的过程中，常常会因为所绘制对象的尺寸太大而不能全部显示在视图区中，或者对一个较为复杂图形的局部细节无法进行查看和操作，而在屏幕上显示一个细节部分时又看不到其他部分。为了解决这类问题，AutoCAD 提供了缩放和平移等视图控制操作，可以任意放大、缩小或移动视图，以方便绘制和观察图形。

AutoCAD 还提供了重画和重生成命令来刷新屏幕，重新生成图形。

1.3.1　实时缩放

实时缩放命令类似于照相机的镜头，可以放大或缩小图形对象在屏幕上的显示比例而不改变实际尺寸。当放大图形局部的显示尺寸时，可以更清楚地查看这个区域的细节；如果缩小图形的显示尺寸，则可以查看更大的区域，如整体浏览。

视图缩放功能在绘制大幅面复杂图形时非常有用。这个命令可以透明地使用（也将这类命令叫作透明命令），也就是说该命令可以在执行其他命令的过程中插入使用而不退出原来执行的命令，执行完透明命令后可以继续执行正在执行的命令。

执行方式：

（1）功能区：单击"视图"选项卡"导航"面板中"范围"下拉菜单中的"实时"按钮。

（2）菜单栏：单击"视图"→"缩放"→"实时"命令。

（3）工具栏：单击"标准"工具栏中的"实时缩放"按钮。

（4）命令行：输入 zoom 命令。
（5）快捷键：Z。

1.3.2 实时平移

利用实时平移命令可以移动视图。按住左键拖动光标即可完成对视图的移动。该命令也是透明命令，在执行其他命令时插入使用而不退出正在执行的命令。

执行方式：
（1）菜单栏：单击"视图"→"平移"→"实时"命令。
（2）工具栏：单击"标准"工具栏中的"实时平移"按钮。
（3）功能区：单击"视图"选项卡"导航"面板中的"平移"按钮。
（4）命令行：输入 pan 命令。
（5）快捷键：P。

1.3.3 鼠标滚轮的妙用

鼠标滚轮在 AutoCAD 中是非常有用的工具，因为用它实时缩放视图和平移视图比实时缩放命令和实时平移命令更方便。

操作技巧：
（1）按住鼠标滚轮，光标即变成实时平移的手形光标；在不放开滚轮的情况下，拖动鼠标即可平移视图。
（2）双击滚轮，将使当前文件中的所有图形对象显示在视图区中。
（3）向上滚动滚轮会放大视图，向下滚动滚轮则缩小视图。

1.3.4 重画与重生成图形

打开图形文件或缩放视图时经常会发现圆、椭圆等曲线会以多边形显示，或者用户在绘图过程中，由于操作的原因，使得屏幕上出现一些残留光标点。为了使图形正常显示或者清除屏幕上不必要的光标点，可以利用 AutoCAD 的重画和重生成功能。

1. 重画

执行方式：
（1）菜单栏：单击"视图"→"重画"命令。
（2）命令行：输入 redraw 命令。

此功能就像把显示器的帧缓冲区刷新一次。

2. 重生成

执行方式：
（1）菜单栏：单击"视图"→"重生成"命令。
（2）命令行：输入 regen 命令。

此功能是把图形文件的原始数据全部重新计算一遍，形成显示文件后再显示处理，因此较"重画"刷新显示器时速度慢。

上机实训

【实训 1】 熟悉工作界面。

1. 实训目的

通过本实训的操作练习,熟悉并掌握 AutoCAD 2019 的工作界面的相关操作。

背景和光标的设置

2. 操作提示

(1) 启动 AutoCAD 2019,进入操作界面。

(2) 调整操作界面的大小。

(3) 设置绘图窗口的颜色和光标的大小。

(4) 设置功能区以不同方式显示。

(5) 打开、移动、关闭工具栏。

(6) 设置坐标系图标的显示与隐藏。

(7) 显示或隐藏命令行窗口。

(8) 单击状态栏最右侧的"自定义"按钮 来设置"显示/隐藏线宽"按钮的显示或隐藏。

【实训 2】 文件的基本操作。

1. 实训目的

通过本实训的操作练习,熟悉并掌握文件的基本操作。

2. 操作提示

(1) 选择"无样板打开-公制"选项新建文件。

(2) 设置自动保存文件的位置和时间。

(3) 尝试在新建文件上绘制任意图形。

(4) 选择"文件类型"为"AutoCAD 2010/LT2010 图形(*.dwg)",并命名保存文件。

(5) 考虑如何将扩展名为.bak 或其他扩展名的 CAD 临时文件恢复成在 AutoCAD 2019 软件中可打开的文件。

【实训 3】 视图的缩放。

1. 实训目的

通过本实训的操作练习,熟悉并掌握实时缩放命令、实时平移命令和鼠标滚轮的妙用。

2. 操作提示

(1) 打开实训 2 保存的文件,使用实时缩放命令、实时平移命令和鼠标滚轮缩放和平移视图。

(2) 将图形放大超出视图区或缩至很小,分别使用实时缩放命令和鼠标滚轮操作使图形全部且最大限度地显示在视图区中。

第 2 章　绘图的基本操作

在 AutoCAD 中有些基本的输入操作方法是进行 AutoCAD 绘图的必备基础知识,也是深入学习 AutoCAD 功能的前提。在 AutoCAD 中绘图时都需要通过坐标系确定点的位置。AutoCAD 的坐标系有两种:世界坐标系和用户坐标系。为了快捷准确地绘制图形,AutoCAD 还提供了多种必要的辅助绘图功能,如极轴追踪、对象捕捉、对象捕捉追踪等,利用这些功能可以方便、迅速、准确地实现图形的绘制和编辑,不仅可以提高工作效率,而且能更好地保证图形的精确度。

- 基本输入操作方法
- 点的坐标输入方法
- 精确辅助绘图方法

2.1　基本输入操作

在 AutoCAD 中有些基本的输入操作方法是进行 AutoCAD 绘图的必备基础知识,也是深入学习 AutoCAD 功能的前提。

2.1.1　命令输入方式

AutoCAD 交互绘图必须输入必要的命令和参数,并且输入命令的方式有多种,下面以直线命令为例加以说明。

1. 在命令行中输入命令名

在 AutoCAD 中进行某种操作时需要先调出这种操作,也叫调出命令。调出命令的方式有多种,其中一种就是在命令行中输入命令名。例如要调出直线命令,可以在命令行中输入 line✓(命令名字符不区分大小写)。

在执行命令的过程中,命令行会出现命令提示选项,如输入直线命令 line✓,命令行的提示与操作为:

　　命令: LINE✓(调出直线命令)
　　指定第一个点:(在屏幕上拾取一点或输入一个点的坐标)
　　指定下一点或 [放弃(U)]:

说明:

(1)命令行不带括号的提示为默认选项,可以直接输入直线段的起点坐标或在屏幕上拾取一点(即将光标放在屏幕上某处单击)。

(2)命令行带括号的是操作选项,如果需要选择,则应先输入该选项的标识字符,如"放弃"选项的标识字符"U",输入标识符后要按 Enter 键或 Space 键。在 AutoCAD 中 Enter 键和 Space 键的作用是等同的，然后按系统提示输入数据。

（3）在命令选项的后面有时候还带有尖括号，尖括号内的数值为默认数值。

2. 在命令行中输入命令缩写字

在命令行中可以输入完整的命令名，也可以输入缩写字，或叫快捷键。如直线命令 line 的快捷键为 L，圆命令 circle 为 C，实时缩放命令 zoom 为 Z，实时平移命令 pan 为 P 等。

3. 选择"绘图"菜单栏中对应的命令

在菜单中选择命令后在命令行窗口中可以看到对应的命令说明及命令名。

4. 单击绘图工具栏中对应的命令

单击工具栏中的命令后在命令行窗口中也可以看到对应的命令说明及命令名。

5. 在绘图区打开快捷菜单

如果在前面刚使用过要输入的命令，可以在绘图区右击打开快捷菜单，在"最近的输入"子菜单中选择需要的命令，如图 2-1 所示。"最近的输入"子菜单中存储最近使用过的命令。如果经常重复使用这个命令，这种方法就比较快捷。

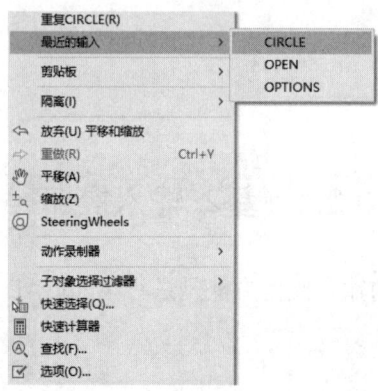

图 2-1 "最近的输入"子菜单

6. 重复执行命令

无论是刚退出的命令还是被取消的命令，如果要继续执行该命令，都可以按 Space 键或 Enter 键再一次调出该命令；也可以直接在绘图区右击，在弹出的快捷菜单中选择重复该命令，系统立即重复执行上次使用的命令。

2.1.2 命令的退出、撤消和重做

1. 命令的退出

当用某命令绘完图需要退出该命令时，可按 Space 键、Enter 键、Esc 键或右键菜单中的"确认"实现。

技巧：在命令执行过程中如果想取消或终止正在执行的命令，只需按 Esc 键。

2. 命令的撤消

在命令执行过程中，如果操作错了一步可以输入"U"↙；如果需要撤消多步，可以多次输入"U"↙。

技巧：在命令执行过程中，也可以按 Ctrl+Z 组合键一次（或多次）撤消上一步（或多步）的操作。

3. 命令的重做

已被撤消的命令要恢复重做，可以恢复撤消的最后一个命令。

执行方式：

（1）命令行：输入 redo（或 re）命令。

（2）菜单栏：单击"编辑"→"重做"命令。

（3）工具栏：单击"标准"工具栏中的"重做"按钮。

（4）快捷键：Ctrl+Y。

（5）一次执行多重放弃和重做操作：单击快速访问工具栏中的"放弃"按钮或"重做"按钮后的下三角按钮，如图 2-2 所示。

图 2-2　单击快速访问工具栏中的"放弃"按钮或"重做"按钮

执行上述任意一种操作都可以恢复重做。

2.2　坐标系统

在绘图时 AutoCAD 通过坐标系确定点的位置。AutoCAD 坐标系分为世界坐标系和用户坐标系两种，用户可以通过 UCS 命令进行坐标系的切换。

2.2.1　世界坐标系

AutoCAD 中默认的坐标系是世界坐标系（也称 WCS 坐标系），它是绝对坐标系，坐标原点和坐标轴的方向是固定不变的。它通过 3 个相互垂直的坐标轴 X、Y、Z 来确定在空间中的位置。世界坐标系的 X 轴为水平向右，Y 轴为垂直向上，Z 轴为正向垂直于屏幕向外，坐标原点位于绘图区左下角（注：在 xoy 平面绘图和编辑图形时，只需要输入 X 轴坐标值和 Y 轴坐标值，Z 轴坐标值系统默认为 0）。

2.2.2　用户坐标系

用户坐标系也称 UCS 坐标系，它是一个可移动坐标系。在绘制三维图形时，用户坐标系可以根据需要修改它的原点位置和坐标轴的方向。创建用户坐标系可以通过单击"工具"→"新建"菜单中的命令来实现，也可以通过在命令行中输入命令 UCS 来完成。

默认情况下，UCS 坐标系和 WCS 坐标系是重合的。绘制二维图形时不需要修改 UCS 的位置和方向。

2.2.3　坐标输入方法

在绘制图形对象时，经常需要输入点的坐标值来确定线条和图形的位置、大小和方向。

输入点的坐标有 4 种方法：绝对直角坐标、相对直角坐标、绝对极坐标和相对极坐标。

1. 绝对坐标

（1）绝对直角坐标。绝对直角坐标是相对于坐标原点的坐标。可以在绘制二维图形时输入(x,y)（注：x 和 y 之间的逗号是半角符号，否则会出现错误）或在绘制三维图形时输入(x,y,z)来确定点在坐标系中的位置。如果在命令行中输入(5,10,20)，则表示在 X 轴正方向距离原点 5 个单位，在 Y 轴正方向距离原点 20 个单位，在 Z 轴正方向距离原点 20 个单位的位置画点。

（2）绝对极坐标。绝对极坐标通过相对于坐标原点的距离和角度来确定点的位置。所输入的极坐标的距离和角度之间用"<"符号隔开。如在命令行中输入(10<30)，表示该点与 X 轴正方向成 30°夹角，距离原点 10 个单位。在默认情况下，AutoCAD 逆时针旋转为正角，顺时针旋转为负角。

2. 相对坐标

相对坐标是指相对于前一个点的坐标。相对坐标以前一个点为参考点（即作为相对坐标原点），用位移增量确定当前点的位置。输入相对坐标时，要在坐标值的前面加一个"@"符号。

（1）相对直角坐标。假如输入一个点相对于前一个点的相对直角坐标为@1,2，而前一个点的绝对直角坐标为(9,12)，则当前点的绝对直角坐标为(10,14)。

（2）相对极坐标。在相对极坐标输入方式下，点的坐标表示为"@长度<角度"，如"@5<30"，其中，长度为该点到前一点的距离，角度为该点到前一点的连线与 X 轴正向的夹角。

实例教学

利用相对极坐标和相对直角坐标输入方式绘制图形，如图 2-3 所示。

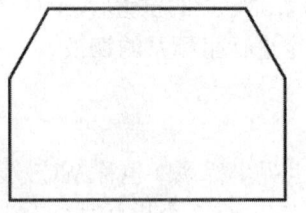 

利用相对极坐标和相对直角坐标输入方式绘制图形

图 2-3　利用相对极坐标和相对直角坐标输入方式绘制图形

操作步骤：

（1）在"默认"选项卡的"绘图"面板中单击"直线"按钮调出"直线"命令。

（2）根据命令行的提示"line 指定第一点"，在绘图区单击在合适的位置拾取一点。

（3）根据命令行的提示"指定下一点或 [放弃(U)]"，输入@0,6，按 Enter 键。

（4）根据命令行的提示"指定下一点或 [放弃(U)]"，输入@4<60，按 Enter 键。

（5）根据命令行的提示"指定下一点或 [闭合(C)/放弃(U)]"，输入@10,0，按 Enter 键。

（6）根据命令行的提示"指定下一点或 [闭合(C)/放弃(U)]"，输入@4<-60，按 Enter 键。

（7）根据命令行的提示"指定下一点或 [闭合(C)/放弃(U)]"，输入@0,-6，按 Enter 键。

（8）根据命令行的提示"指定下一点或 [闭合(C)/放弃(U)]"，输入 C，按 Enter 键完成绘制。

2.3 精确绘图

使用系统提供的极轴追踪、对象捕捉和正交等功能,用户可以在不知道坐标的情况下精确定位和绘制图形。

2.3.1 极轴追踪

极轴追踪设置主要是设置追踪的距离增量和角度增量,以及与之相关联的捕捉模式。

1. 极轴追踪的开/关

执行方式:

(1)状态栏:单击"极轴追踪"按钮。

(2)快捷键:F10。

2. 极轴追踪设置

执行方式:

(1)右击"极轴追踪"按钮,可在弹出的快捷菜单中选择系统默认的增量角,如图 2-4 所示。

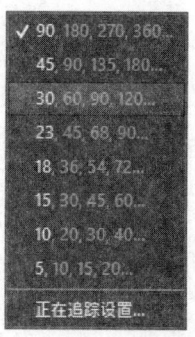

图 2-4 选择系统默认的增量角

(2)在弹出的快捷菜单中选择"正在追踪设置"选项,如图 2-5 所示,即可打开"草图设置"对话框的"极轴追踪"选项卡,如图 2-6 所示,在其中就可进行各项参数的设置。

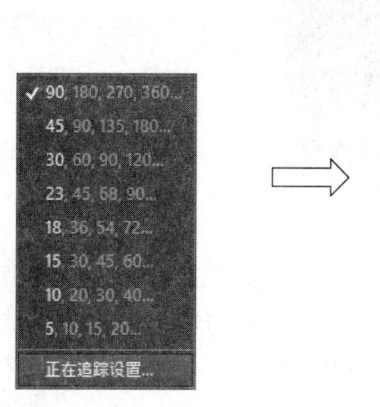

图 2-5 选择"正在追踪设置"选项

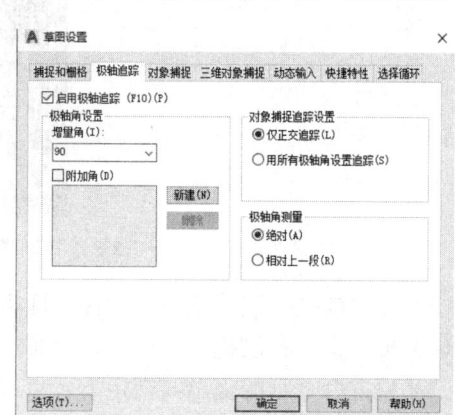

图 2-6 "极轴追踪"选项卡

3. "极轴追踪"选项卡各选项的含义

（1）启用极轴追踪：只有选中此复选框，下面的设置才能起作用。

（2）增量角：用于设置极轴追踪对齐路径的极轴角度增量。可以直接输入角度值，也可以从列表框中选择 90°、45°、30°等常用角度。当启用极轴追踪功能后，系统将自动追踪该角度的整数倍角度。

（3）附加角：选中此复选框，然后单击"新建"按钮，可以在左侧窗口中设置增量角之外的附加角度。对于附加的角度，系统只追踪该角度，不追踪该角度的整数倍角度。

（4）极轴角测量：用于选择极轴追踪对齐角度的测量基准，若选中"绝对"单选按钮，则以当前用户坐标系（UCS）的 X 轴正方向为基准确定极轴追踪的角度；若选中"相对上一段"单选按钮，则将以上一次绘制线段的方向为基准确定极轴追踪的角度。

实例教学

利用极轴追踪功能绘制如图 2-7 所示的图形。

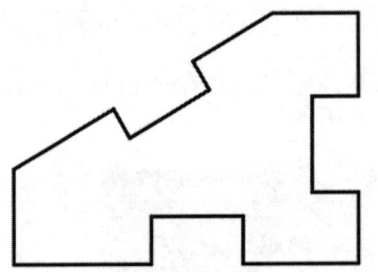

图 2-7 利用极轴追踪功能绘制图形

操作步骤：

（1）按快捷键 F10 启用"极轴追踪"功能。

（2）右击"极轴追踪"按钮，在弹出的快捷菜单中选择增量角"30,60,90,120…"，如图 2-8 所示。

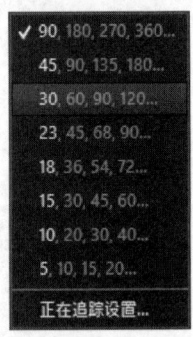

图 2-8 选择增量角"30,60,90,120…"

（3）在"默认"选项卡的"绘图"面板中单击"直线"按钮调出"直线"命令。

（4）根据命令行的提示"line 指定第一点"，在绘图区合适的位置单击拾取一点。

（5）根据命令行的提示"指定下一点或 [放弃(U)]"，垂直向上移动光标，出现向上的虚线后输入 40，然后按 Enter 键，如图 2-9 所示。

(6)根据命令行的提示"指定下一点或 [放弃(U)]",沿着与 X 轴正向的夹角为 30°(逆时针为正)的方向移动光标,出现虚线后输入 50,然后按 Enter 键,如图 2-10 所示。

图 2-9　步骤(5)　　　　　　图 2-10　步骤(6)

(7)根据命令行的提示"指定下一点或 [闭合(C)/放弃(U)]",沿着与 X 轴正向的夹角为 –60°的方向移动光标,出现虚线后输入 14,然后按 Enter 键,如图 2-11 所示。

(8)根据命令行的提示"指定下一点或 [闭合(C)/放弃(U)]",沿着与 X 轴正向的夹角为 30°的方向移动光标,出现虚线后输入 40,然后按 Enter 键,如图 2-12 所示。

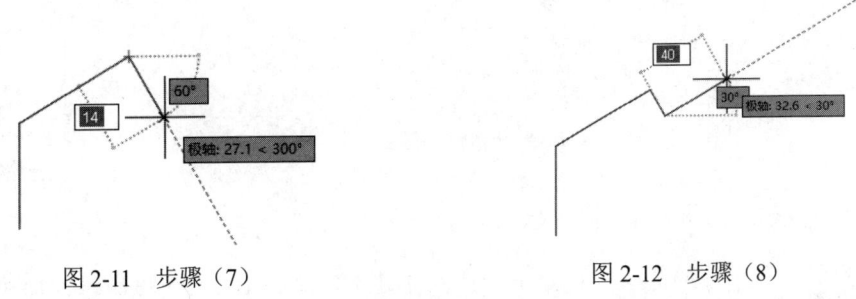

图 2-11　步骤(7)　　　　　　图 2-12　步骤(8)

(9)根据命令行的提示"指定下一点或 [闭合(C)/放弃(U)]",沿着与 X 轴正向的夹角为 120°的方向移动光标,出现虚线后输入 14,然后按 Enter 键,如图 2-13 所示。

(10)根据命令行的提示"指定下一点或 [闭合(C)/放弃(U)]",沿着与 X 轴正向的夹角为 30°的方向移动光标,出现虚线后输入 40,然后按 Enter 键,如图 2-14 所示。

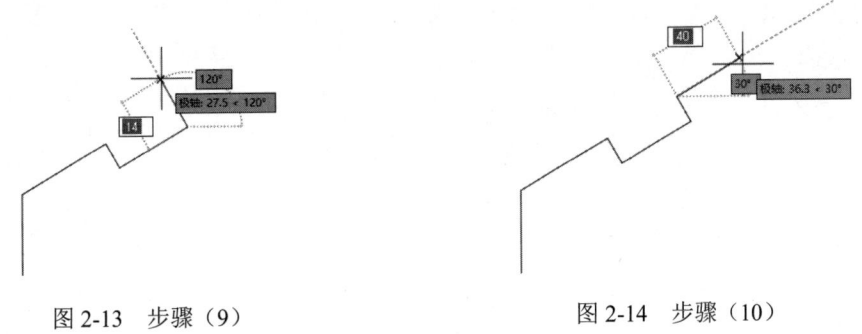

图 2-13　步骤(9)　　　　　　图 2-14　步骤(10)

(11)根据命令行的提示"指定下一点或 [闭合(C)/放弃(U)]",沿着 X 轴正向移动光标,出现如图 2-15 所示虚线后输入 37,按 Enter 键。

(12)根据命令行的提示"指定下一点或 [闭合(C)/放弃(U)]",沿着与 X 轴正向的夹角为

–90°的方向移动光标，出现如图 2-16 所示的虚线后输入 35，按 Enter 键。

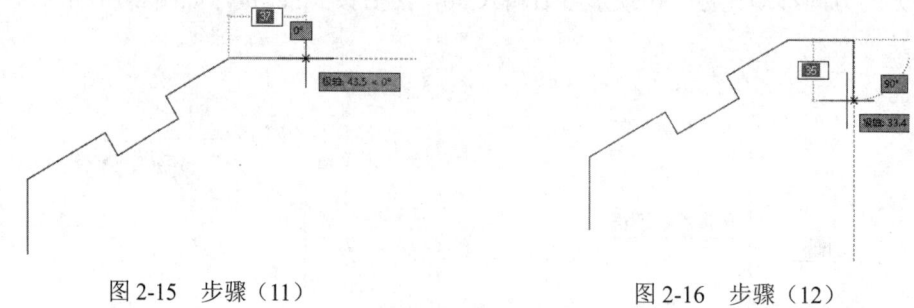

图 2-15　步骤（11）　　　　　　　图 2-16　步骤（12）

（13）根据命令行的提示"指定下一点或 [闭合(C)/放弃(U)]"，沿着与 X 轴正向的夹角为 180°的方向移动光标，出现如图 2-17 所示的虚线后输入 20，按 Enter 键。

（14）根据命令行的提示"指定下一点或 [闭合(C)/放弃(U)]"，沿着与 X 轴正向的夹角为 –90°的方向移动光标，出现如图 2-18 所示的虚线后输入 40，按 Enter 键。

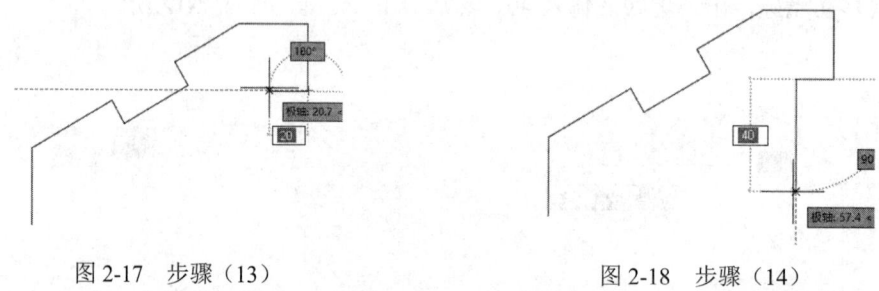

图 2-17　步骤（13）　　　　　　　图 2-18　步骤（14）

（15）根据命令行的提示"指定下一点或 [闭合(C)/放弃(U)]"，沿着 X 轴正向移动光标，出现如图 2-19 所示的虚线后输入 20，按 Enter 键。

（16）根据命令行的提示"指定下一点或 [闭合(C)/放弃(U)]"，沿着与 X 轴正向的夹角为 –90°的方向移动光标，出现如图 2-20 所示的虚线后输入 30，按 Enter 键。

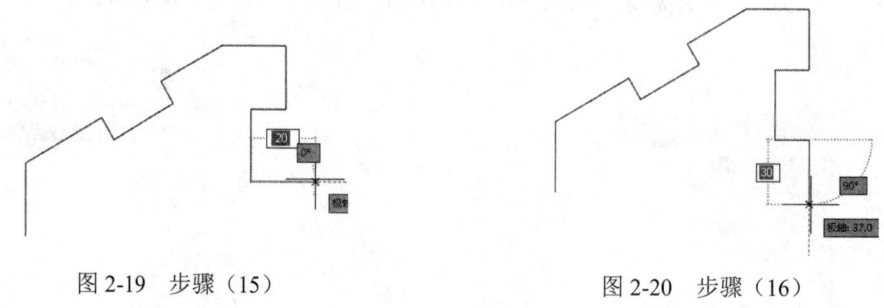

图 2-19　步骤（15）　　　　　　　图 2-20　步骤（16）

（17）用上述方法完成剩余部分图形的绘制。

2.3.2　对象捕捉

AutoCAD 给所有的图形对象都定义了特征点，对象捕捉是指在绘图过程中，通过捕捉这些特征点，迅速准确地将新的图形对象定位在现有对象的确切位置上，例如圆心、端点、交点等。

1. 启用对象捕捉功能

执行方式：

（1）状态栏：单击"对象捕捉"按钮。

（2）快捷键：F3。

2. 对象捕捉设置

执行方式：

（1）右击"对象捕捉"按钮，可在弹出的快捷菜单中选择需要捕捉的特征点，如图 2-21 所示。

图 2-21　选择需要捕捉的特征点

（2）在弹出的快捷菜单中选择"对象捕捉设置"选项，如图 2-22 所示，即可打开"草图设置"对话框的"对象捕捉"选项卡，如图 2-23 所示，在其中就可选择需要捕捉的特征点。

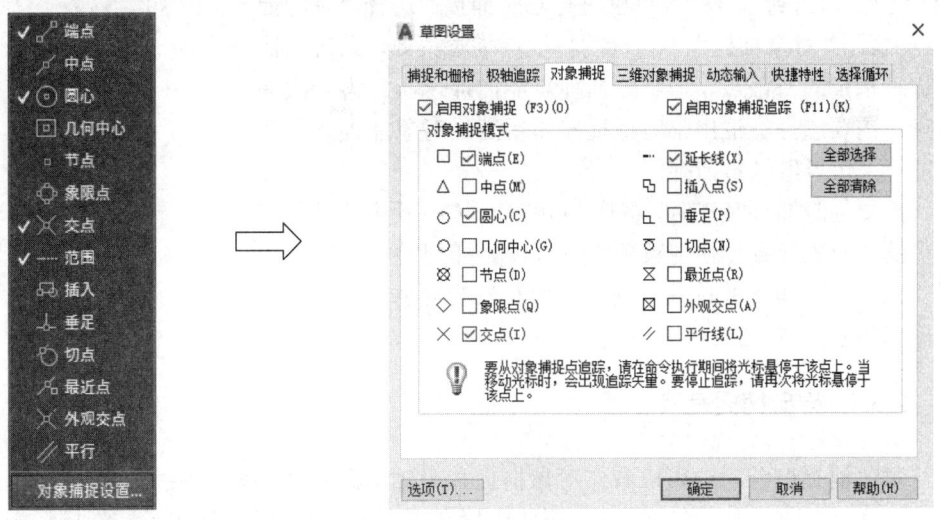

图 2-22　选择"对象捕捉设置"选项　　　　　图 2-23　"对象捕捉"选项卡

3. "对象捕捉"选项卡各选项的含义
- 端点：捕捉圆弧、椭圆弧、直线、多线、多段线、样条曲线等的两端的端点。
- 中点：捕捉圆弧、椭圆、椭圆弧、直线、多线、多段线、样条曲线、实体或参照线的中点。
- 圆心：捕捉圆心。
- 几何中心点：捕捉多段线、样条曲线的几何中心点。
- 节点：捕捉点对象、标注定义点或标注文字起点。
- 象限点：捕捉圆弧、圆、椭圆或椭圆弧的象限点。
- 交点：捕捉对象和对象之间相交的点。
- 延长线：光标经过对象的端点时，显示临时延长线或圆弧，以便在延长线或圆弧上指定点。
- 插入点：捕捉属性、块或文字的插入点。
- 垂足：捕捉各对象的垂足。
- 切点：捕捉圆弧、圆、椭圆、椭圆弧或样条曲线的切点。
- 最近点：捕捉圆、圆弧、椭圆弧、直线、多线、点、多段线射线、样条曲线或参照线的最近点。
- 外观交点：捕捉不在同一平面但是可能看起来在当前视图中相交的两个对象的外观交点。
- 平行线：将直线段、多段线、射线或构造线限制为与其他线性对象平行。

2.3.3 临时捕捉

上述对象捕捉设置好后，在绘图过程中捕捉对象的特征点时，经常会出现同时捕捉上好几个点的现象，或者出现虽然在"对象捕捉"中勾选上了特征点却捕捉不到的现象，比如"切点"。遇到这种情况可以进行临时捕捉。选择"临时捕捉点"后，"对象捕捉"中勾选的特征点临时失效，系统只捕捉临时指定的特征点。但临时捕捉只能捕捉一次，再一次捕捉时还需要选择。退出临时捕捉操作后满足对象捕捉条件的特征点又可以继续被捕捉。

需要临时捕捉某点时，按住 Shift 键或 Ctrl 键并右击，在弹出的"对象捕捉"快捷菜单中选择需要捕捉的特征点，如图 2-24 所示。再把光标移动到要捕捉对象的特征点附近即可捕捉到相应的特征点。

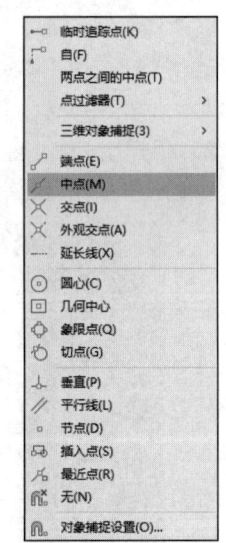

图 2-24 设置临时捕捉右键菜单

2.3.4 对象捕捉追踪

对象捕捉追踪功能可以看作对象捕捉和极轴追踪功能的联合应用。即用户先根据对象捕捉功能确定对象的某一特征点（只需将光标在该点上停留片刻，当自动捕捉标记中出现黄色的标记时即可），然后以该点为基准点进行追踪，以得到准确的目标点。所以，对象捕捉追踪功能必须要配合对象捕捉功能一起使用。

启用对象捕捉追踪功能的方式：

（1）状态栏：单击"对象捕捉追踪"按钮 。

（2）快捷键：F11。

实例教学

利用对象捕捉追踪功能绘图：绘制两个间距为 100、半径为 40 的圆，如图 2-25 所示。

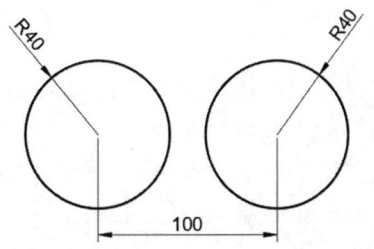

绘制两个间距为 100、半径为 40 的圆

图 2-25　利用对象捕捉追踪功能绘图

操作步骤：

（1）首先按 F11 键和 F3 键启动对象捕捉追踪和对象捕捉功能。

（2）单击"默认"选项卡"绘图"面板中的"圆"命令按钮 调出圆命令。

（3）在绘图区单击拾取第一个圆的圆心，输入圆半径 40 后按 Enter 键得到第一个圆。

（4）按 Space 键再调出刚用过的圆命令，将光标放第一个圆的圆心上捕捉圆心，如图 2-26（a）所示，捕捉到圆心标记后水平向右移动光标，系统会显示一条呈虚线的追踪线，如图 2-26（b）所示。

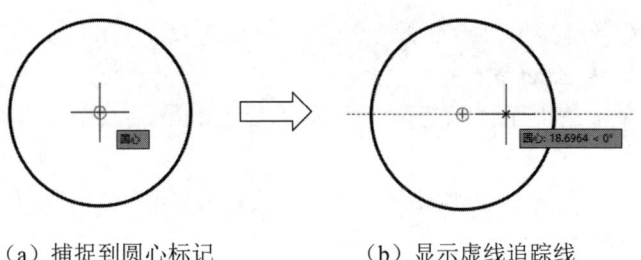

(a) 捕捉到圆心标记　　　　　　(b) 显示虚线追踪线

图 2-26　步骤（4）

（5）当追踪线出现以后输入间距 100，按 Enter 键后光标就确定了第二个圆的位置。输入圆半径 40 后按 Enter 键得到第二个圆。

上机实训

【实训 1】利用极坐标、极轴追踪功能绘图，如图 2-27 所示。

1. 实训目的

通过本实训的操作练习，熟练掌握极坐标的输入方法和极轴追踪功能的使用方法。

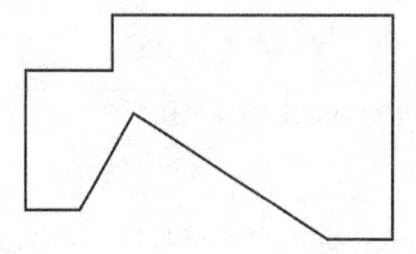

【实训 1】利用极坐标、
极轴追踪功能绘图

图 2-27 利用极坐标、极轴追踪功能绘图

2. 操作提示

（1）打开"新建文件"对话框，选择样板文件 acadiso.dwt 新建图形文件。
（2）确认"极轴追踪"功能处于开启状态。
（3）在"默认"选项卡的"绘图"面板中单击"直线"按钮调出直线命令。
（4）根据命令行的提示"line 指定第一点"，在绘图区合适的位置单击拾取一点。
（5）根据命令行的提示"指定下一点或 [放弃(U)]"，垂直向上移动光标，出现向上的虚线后输入 50，按 Enter 键。
（6）根据命令行的提示"指定下一点或 [放弃(U)]"，沿着 X 轴正向移动光标，出现虚线后输入 32，按 Enter 键。
（7）根据命令行的提示"指定下一点或 [闭合(C)/放弃(U)]"，垂直向上移动光标，出现虚线后输入 20，按 Enter 键。
（8）根据命令行的提示"指定下一点或 [闭合(C)/放弃(U)]"，沿着 X 轴正向移动光标，出现虚线后输入 104，按 Enter 键。
（9）根据命令行的提示"指定下一点或 [闭合(C)/放弃(U)]"，垂直向下移动光标，出现虚线后输入 80，按 Enter 键。
（10）根据命令行的提示"指定下一点或 [闭合(C)/放弃(U)]"，沿着 X 轴反向移动光标，出现虚线后输入 24，按 Enter 键。
（11）根据命令行的提示"指定下一点或 [闭合(C)/放弃(U)]"，输入"@85<148"，按 Enter 键。
（12）根据命令行的提示"指定下一点或 [闭合(C)/放弃(U)]"，输入"@40<240"，按 Enter 键。
（13）根据命令行的提示"指定下一点或 [闭合(C)/放弃(U)]"，输入 C，按 Enter 键闭合图形。

【实训 2】利用相对直角坐标绘图，如图 2-28 所示。

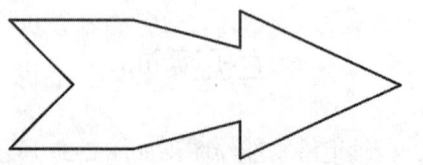

【实训 2】利用相对
直角坐标绘图

图 2-28 利用相对直角坐标绘图

1. 实训目的

通过本实训的操作练习,熟练掌握相对直角坐标的输入方法。

2. 操作提示

(1)选择"无样板打开-公制"选项新建文件。

(2)确认状态栏"极轴追踪"为开启状态。

(3)单击"默认"选项卡"绘图"面板中的"直线"按钮调出直线命令,根据素材"利用相对直角坐标绘图"图中所标注的尺寸使用相对直角坐标的输入方法绘制图形。

第 3 章　图形的管理

在 AutoCAD 中绘制图形前首先要设置绘图环境。为了更方便有效地绘制和管理图形还需创建图层和样板文件。对不同图层可以设置不同的颜色、线型和线宽，绘图时可将不同类型的对象放置在不同的图层上。由于一幅 CAD 图形由很多对象组成，在编辑对象时需要选择对象，AutoCAD 提供了好几种选择对象的方法供用户在不同情况下使用。本章主要内容包括设置图形单位和精度、设置图层、设置对象特性、选择对象、创建样板文件等。

重点和难点

- 图层的创建和属性设置
- 对象的特性设置
- 对象的选择方法
- 样板文件的创建

3.1　设置图形单位和精度

在 AutoCAD 中绘制图形对象时，无论尺寸大与小，基本都以国际标准"毫米"为单位进行绘制，所以在新建文件后首先要设置绘图单位为"毫米"。由于行业不同，对绘图的精度要求也不同，因此也需设置绘图的精度。

在系统默认情况下，AutoCAD 的图形单位为十进制单位，包括长度单位、角度单位、缩放单位等。用户可以通过以下方式执行图形单位命令。

（1）菜单栏：单击"格式"→"单位"命令。

（2）命令行：输入 UNITS 命令。

执行上述任一操作，系统都会弹出"图形单位"对话框，如图 3-1 所示。

1．"长度"选项组

在"类型"下拉列表中可以设置长度单位的类型；在"精度"下拉列表中可以设置长度单位的精度。

2．"角度"选项组

在"类型"下拉列表中可以设置角度单位的类型；在"精度"下拉列表中，可以设置角度单位的精度。取消勾选"顺时针"复选框，则以逆时针方向旋转为正方向；勾选该复选框，则以顺时针方向旋转为正方向。

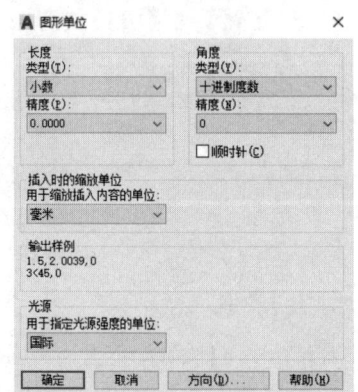

图 3-1　"图形单位"对话框

3．"插入时的缩放单位"选项组

用于设置从 AutoCAD 工具选项板或设计中心拖入当前图形的块的测量单位。如果创建块或图形时使用的单位与该选项指定的单位不同,则在插入这些图形或块时,对其按比例缩放。插入比例是源图形或块使用的单位与目标图形或块使用的单位之比。如果插入图形或块时不按指定单位缩放,则选择"无单位"。

4. "输出样例"

显示用当前单位和角度设置的例子。

3.2 设置图层

AutoCAD 的图层类似于透明纸,绘图时将不同属性的对象放置在不同的透明纸(图层)上,把这些图层叠加在一起就成为一个完整的图形。我们可以对不同的图层设置不同的颜色、线型、线宽,这样视图层次分明,又方便对图形对象进行编辑和管理。

3.2.1 创建图层

在默认情况下,新建的 AutoCAD 文件只有一个图层,名字为"0"。"0"图层是一个特殊图层,不能被删除和重命名,所以一般情况不在"0"图层绘制图形,也不修改其属性。要创建新图层只能在"图层特性管理器"中进行,因而首先要打开"图层特性管理器"。

1. 打开"图层特性管理器"

执行方式:

(1) 菜单栏:单击"格式"→"图层"命令。

(2) 工具栏:单击"图层"工具栏中的"图层特性管理器"按钮。

(3) 功能区:单击"默认"选项卡"图层"面板中的"图层特性"按钮。

(4) 命令行:输入 layer 命令。

执行上述任一操作系统都会打开如图 3-2 所示的"图层特性管理器"对话框。

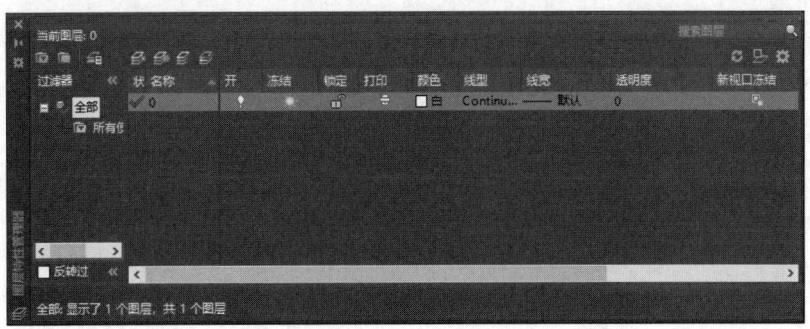

图 3-2 "图层特性管理器"对话框

2. 创建图层

创建图层的方法有好几种,以下为常用的几种:

(1) 在"图层特性管理器"中每单击一次"新建图层"按钮,图层列表中就会出现一个新的图层,图层名默认为"图层 1""图层 2"……,然后用户可在图层名上三击鼠标左键将其选中,修改成能表达对象特点的名字,如"标注""轮廓线""中心线"等。

(2) 创建图层的快捷方式:要在哪个图层后新建图层,就先选中这个图层,然后按一次

Enter 键即可，此时新建图层名字处于选中状态，修改完名字后可再按 Enter 键确定输入的名字，然后再按 Enter 键继续创建新图层。

（3）为方便起见，可连续按两次 Enter 键创建新图层，此时名字处于未修改状态，这样连续按 Enter 键直到需要的图层创建完，然后再在图层名上三击鼠标左键修改图层名。

3.2.2 设置图层特性

在"图层特性管理器"中可以设置图层的关闭/打开、冻结/解冻、锁定/解锁、颜色、线型、线宽和是否打印等属性。

1. 图层属性说明

（1）"关闭/打开"图层：将图层设定为打开或关闭状态。当呈现关闭状态时，该图层上的所有对象将隐藏。处于打开状态的图层，会在绘图区显示对象，并且可以用打印机打印出来。

（2）"冻结/解冻"图层：将图层设定为解冻或冻结状态。当图层呈现冻结状态时，该图层上的对象均不会显示在绘图区，也不能被打印机打印，而且不会执行重生成、缩放和平移等命令。

（3）"锁定/解锁"图层：将图层设定为解锁或锁定状态。被锁定的图层仍然显示在绘图区，但不能编辑其上的对象，只能绘制新的图形，这样可以防止重要的图形被修改。

（4）"颜色"：显示和改变图层的颜色。如果要改变某一图层的颜色，单击其对应的颜色图标，AutoCAD 系统将弹出如图 3-3 所示的"选择颜色"对话框，用户可以从中选择需要的颜色。

（5）"线型"：显示和修改图层的线型。如果要修改某一图层的线型，单击该图层的"线型"项，系统将弹出

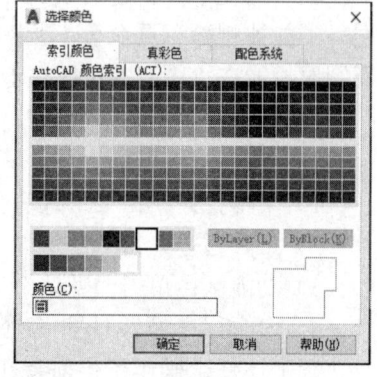

图 3-3 "选择颜色"对话框

"选择线型"对话框，如图 3-4 所示，其中列出了当前可用的线型，用户可以从中选择。也可以单击"加载"按钮打开"加载或重载线型"对话框，如图 3-5 所示，加载所需线型到"选择线型"对话框，然后将加载的线型选中即可在该图层中使用。

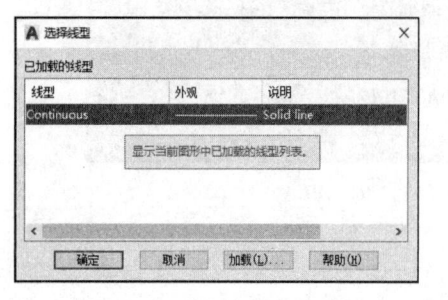

图 3-4 "选择线型"对话框

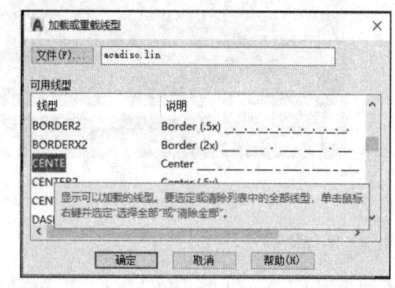

图 3-5 "加载或重载线型"对话框

（6）"线宽"：显示和修改图层的线宽。如果要修改某一图层的线宽，单击该图层的"线宽"项，将弹出"线宽"对话框，用户可以从中选择所需线宽。系统中"默认"线宽为 0.25mm。

（7）"是否打印"：设置图层是否可以打印。

2. 线型和线宽

在 AutoCAD 中可供选择的线型和线宽比较多，由于不同的线型和线宽代表的含义不同，绘制线条时要根据需要选择。

一般情况下粗实线的宽度约为细实线的 2 倍。在表 3-1 中列出了不同线型、线宽的图线的用途。其中用 b 代表所选的粗线线宽（粗线线宽要根据图纸的大小和图形的复杂程度选择，一般情况下选择范围为 0.3~2mm）。

表 3-1　图线的形式及用途

图线名称	线型	线宽	主要用途
粗实线	————————	b	可见轮廓线、可见过渡线
细实线	————————	约 b/2	尺寸线、尺寸界限、引出线、弯折线、辅助线等
细点划线	— · — · — · —	约 b/2	轴线、对称中心线
虚线	- - - - - - - -	约 b/2	不可见轮廓线、不可见过渡线
波浪线	～～～～～	约 b/2	断裂处的边界线、剖视与视图的分界线
粗点划线	━ · ━ · ━ · ━	b	有特殊要求的线或面的表示线
双点划线	— · · — · · —	约 b/2	相邻辅助线的轮廓线、极限位置的轮廓线

实例教学

新建如图 3-6 所示的图层，并设置其颜色、线型和线宽。

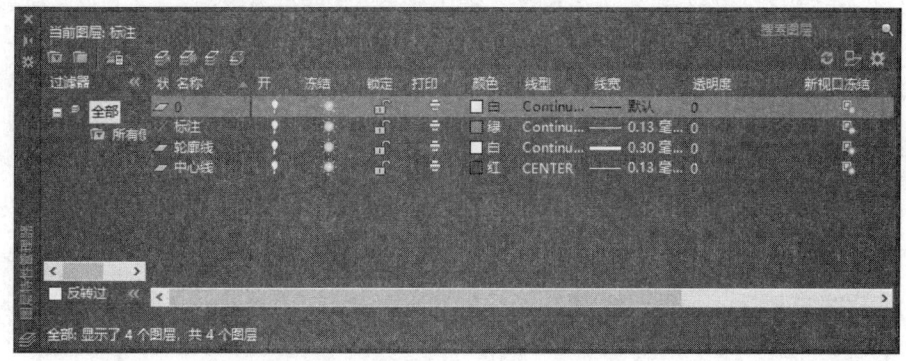

图 3-6　新建图层并设置颜色、线型、线宽

操作步骤：

（1）单击"默认"选项卡"图层"面板中的"图层特性"按钮，打开"图层特性管理器"对话框。

（2）在已有的"0"层上单击，选中该图层。

（3）连按六次 Enter 键新建三个图层。

（4）分别在图层名字上三击鼠标左键把图层名改为"中心线""轮廓线""标注"。

（5）单击"中心线"图层上对应的"颜色"项，打开"选择颜色"对话框，设置颜色为"红色"。

（6）单击"中心线"图层上对应的"线型"项，打开"选择线型"对话框，单击"加载"按钮打开"加载或重载线型"对话框，选择 center 线型后单击"确定"按钮返回"选择线型"对话框，然后在"选择线型"对话框选中 center 线型后单击"确定"按钮。

（7）单击"中心线"图层上对应的"线宽"项，打开"线宽"对话框，设置线宽为 0.13mm。

（8）用同样的方法设置"轮廓线"和"标注"图层的颜色分别为"白色"和"绿色"；线型均为 Continuous 实线；线宽分别为 0.30mm 和 0.13mm。

（9）让三个图层均处于打开、解冻和解锁状态。

技巧：

（1）在绘制图形对象时，要先选择相应的图层并将其置为当前图层再进行绘制。切换图层的方法如下：

在"默认"选项卡的"图层"面板中单击"图层"按钮，如图 3-7（a）所示，在展开的图层窗口中选择图层，如图 3-7（b）所示。

（a）单击"图层"按钮　　　　　　　　　（b）选择图层

图 3-7　切换图层

（2）如果绘制的对象放错了图层，可先选中对象，再在"默认"选项卡的"图层"面板中单击"图层"按钮，在展开的图层窗口中选择要放置的图层即可。

3.3　对象的特性

默认情况下，图形对象的颜色、线型、线宽这三个特性都跟随所在的图层，即特性随层（ByLayer）。如果要使其特性不跟随图层，可对其特性进行设置。

3.3.1　对象的颜色、线型、线宽

执行方式：

（1）功能区：在"默认"选项卡的"特性"面板中设置（图 3-8）。

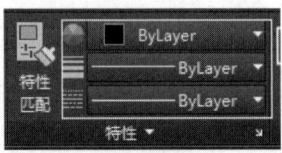

图 3-8　"默认"选项卡中的"特性"面板

（2）功能区：单击"默认"选项卡的"特性"面板中的右下角箭头［图 3-9（a）］，打开"特性"窗口［图 3-9（b）］设置。

 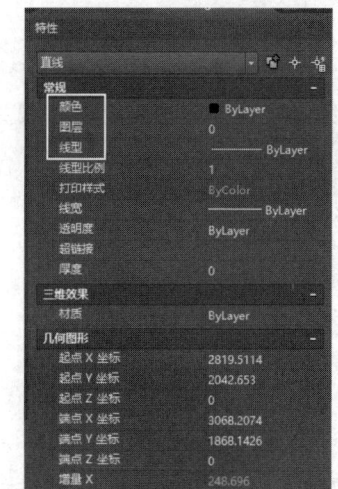

（a）"默认"选项卡中的"特性"面板　　　　（b）"特性"窗口

图 3-9　打开"特性"窗口

（3）快捷键：Ctrl+1。

（4）菜单栏：单击"修改"→"特性"命令。

（5）右键菜单：选中对象后，右击选择"特性"命令，在打开的"特性"窗口中设置。

（6）菜单栏：单击"工具"→"工具栏"→"AutoCAD"→"特性"命令，在打开的"特性"工具栏（图 3-10）中设置。

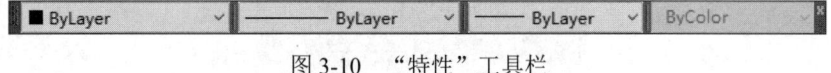

图 3-10　"特性"工具栏

实例教学

修改对象的颜色和线宽，如图 3-11 所示。

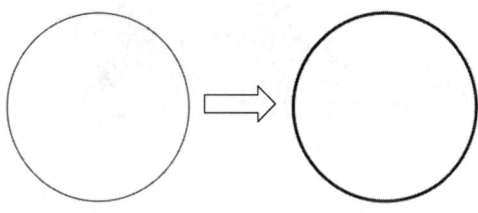

图 3-11　修改对象的颜色和线宽

操作步骤：

（1）单击"默认"选项卡"绘图"面板中的"圆"按钮调出圆命令，在绘图区绘制一个任意半径的圆。

（2）在圆上单击选中圆对象，在"默认"选项卡"特性"面板中分别设置颜色为"红色"，线型 ByLayer（随层）不变，线宽为 0.30mm，就将圆的颜色和线宽设置成了不随层的特性，而线型依然随层（ByLayer）。

3.3.2 线型比例

线型比例

在绘制图形时往往会遇到给图层设置的线型明明是虚线（或点划线），但绘制出来的图线却显示为实线的情况。出现这种情况的原因有两种：一是对象尺寸较大，当对象全部显示在视图区时虚线（或点划线）太密集，每段线之间的间距看不清；二是对象尺寸较小，虚线的一小段就已经够该段线的长度了。前一种原因是线型显示比例太小，后一种原因是线型显示比例太大。解决这个问题的办法就是将前一种情况的线型比例放大，后一种情况的线型比例缩小。

1. 设置个别对象线型比例

执行方式：

（1）功能区：单击"默认"选项卡"特性"面板中右下角箭头打开"特性"窗口。

（2）菜单栏：单击"修改"→"特性"命令。

（3）选中对象，右击，选择"特性"命令。

执行上述任一操作都会打开"特性"窗口，选中要设置线型比例的对象，然后在"特性"窗口中激活"线型比例"选项，如图3-12所示，根据情况输入线型比例。

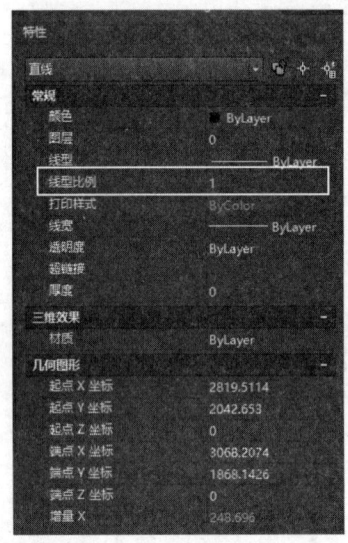

图3-12 "特性"窗口

2. 设置全局比例因子

在绘图过程中，有时候需要设置文件中所有虚线（或点划线）对象的线型比例，用上述方法一一设置比较麻烦，而用全局比例因子可以统一对所有虚线（或点划线）对象进行设置。

执行方式：

（1）功能区：单击"默认"选项卡"特性"面板的"线型"命令打开下拉窗口，再单击"其他"命令打开"线型管理器"对话框（图3-13）。

（2）菜单栏：单击"格式"→"线型"命令。

用上述任一方法都可以打开"线型管理器"对话框。在"线型管理器"对话框中单击"显示细节"按钮，在"全局比例因子"的参数设置输入框中可设置全局比例因子，如图3-14所示。

第 3 章 图形的管理

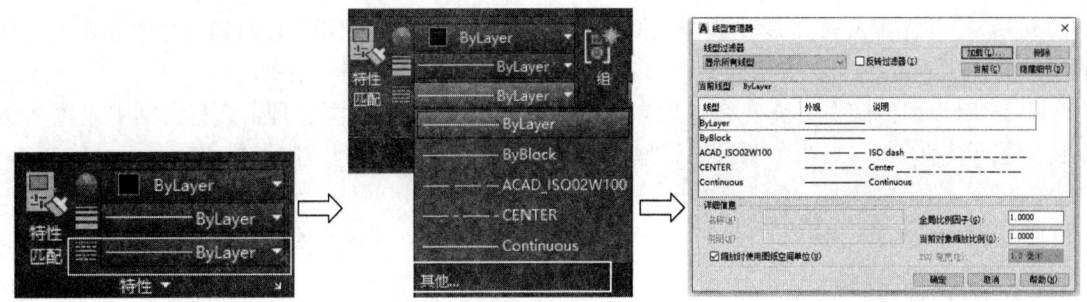

(a) 单击"特性"→"线型"命令　(b) 单击"其他"命令　(c)"线型管理器"对话框

图 3-13　打开"线型管理器"对话框

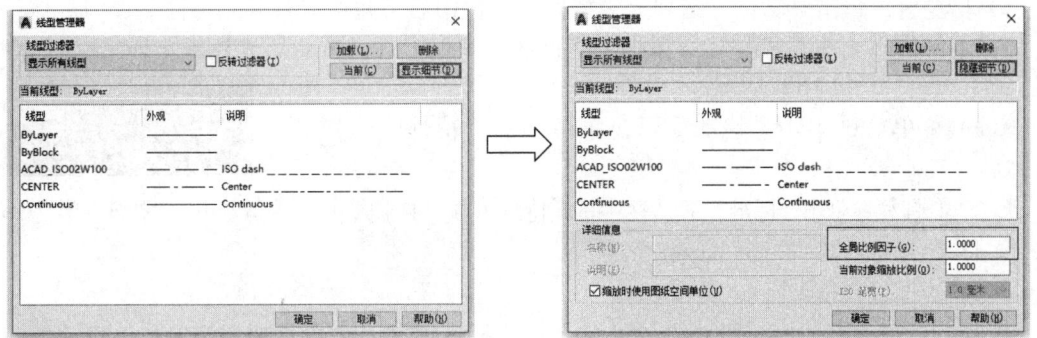

(a) 单击"显示细节"按钮　　　　　(b) 设置"全局比例因子"

图 3-14　设置"全局比例因子"

注意： 如果该图形文件中的图形对象是由好几种线型绘制的，当设置了"全局比例因子"后依然有对象线型比例不合适，则可用前一种方法在"特性"窗口中单独对这个对象设置线型比例，这时该对象的线型比例为全局比例因子与该对象在"特性"窗口中设置的线型比例的乘积。

实例教学

调整图形文件"调整线型比例"中用两种不同线型绘制的图形的线型比例，如图 3-15 所示。

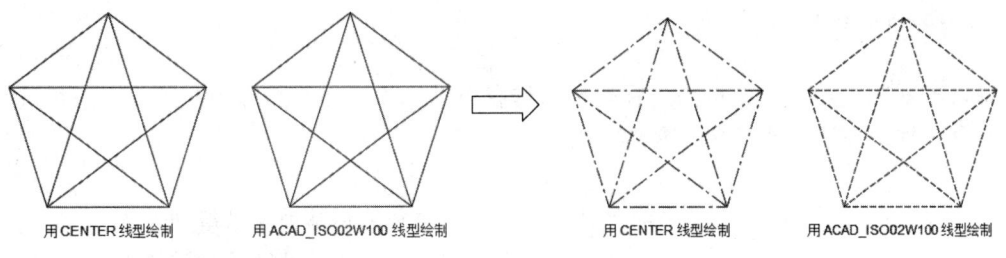

用CENTER线型绘制　用ACAD_ISO02W100线型绘制　　用CENTER线型绘制　用ACAD_ISO02W100线型绘制

(a) 全局比例因子为 1　　　　　　　　(b) 全局比例因子为 30

图 3-15　调整线型比例

操作步骤：

方法一：用全局比例因子设置。

（1）打开图形文件"调整线型比例"。其中左边的图形对象用 CENTER 线型绘制，右边的用 ACAD_ISO02W100 线型绘制，目前看不出是用虚线和点划线绘制的。

（2）单击"格式"下拉菜单的"线型"命令，在打开的"线型管理器"对话框中设置"全局比例因子"为 30，则两个图形的线型比例全部放大，线形比例一次设置成功。

方法二：用"特性"窗口设置。

选中对象，右击，选择"特性"命令打开"特性"窗口，选择"线型比例"选项进行设置。

3.3.3 特性匹配

有时候需要将某一对象的特性，如线型、颜色、线宽、线型比例、所在图层等复制给别的对象，使别的对象也具有与该对象相同的特性，这就需要使用特性匹配命令来完成。

执行方式：

（1）功能区：单击"默认"选项卡"特性"面板中的"特性匹配"按钮（图3-16）。

（2）菜单栏：单击"修改"下拉菜单中的"特性匹配"命令。

（3）工具栏：单击"标准"工具栏中的"特性匹配"按钮 。

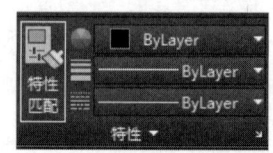

图 3-16　"特性匹配"按钮

（4）命令行：输入 matchprop 命令。

（5）快捷键：ma。

执行上述任一操作都可调出特性匹配命令。操作方法：先单击选择源对象，再选择目标对象即可将源对象的特性复制给目标对象。复制完后按 Enter 键退出命令。

3.4　对象的选择

在编辑图形的过程中，必须要选中对象才能进行操作，AutoCAD 提供了几种选择对象的方法以供在不同情况下使用。

3.4.1 拾取框单选模式

拾取框单选模式一次只能选择一个对象。将光标放在对象的线条上单击即可选中对象。

3.4.2 窗选模式

窗选模式需要绘制一个框来选择对象，这种方法一次可以选择多个对象。一般情况下窗选模式有两种：窗选模式和交叉窗选模式。

1. 窗选模式

使用窗选模式时，首先要用光标在对象的左上角或左下角某处单击得到点 A，然后向右拖动光标，在对象的右下角或右上角某处单击得到点 B，这样会拖出一个如图 3-17（a）所示的矩形框（此矩形框为实线），全部在矩形框里的对象才会被选中，不在矩形框或仅部分在框里的对象都不会被选中，如图 3-17（b）所示，图中只选中了六边形而没有选中圆。

2. 交叉窗选模式

交叉窗选模式与窗选模式类似，也是绘制一个矩形窗口来选择对象。但在指定矩形窗口的两个对角点时，要先单击右上角或右下角确定点 A，然后向左拉出窗口（此矩形框为虚线）单击确定点 B，如图 3-18（a）所示。这时全部位于窗口之内的对象和与窗口边界相交的对象都会被选中，如图 3-18（b）所示。

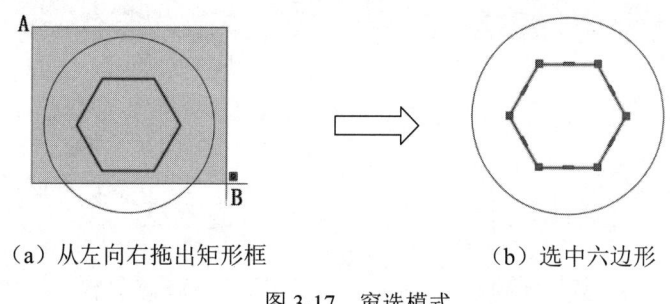

（a）从左向右拖出矩形框　　　　　（b）选中六边形

图 3-17　窗选模式

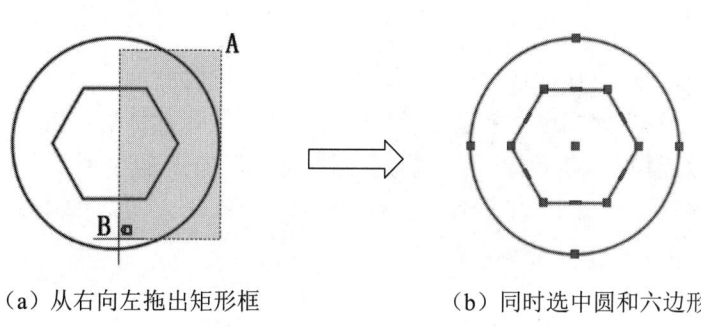

（a）从右向左拖出矩形框　　　　　（b）同时选中圆和六边形

图 3-18　交叉窗选模式

3.4.3 快速选择图形对象

在 AutoCAD 中，有时需要选择具有某些共同特性的对象群，用上述的几种选择方法都比较麻烦，此时可以通过"快速选择"命令完成。在"快速选择"对话框中，可根据图形对象的图层、颜色、图案填充等特性和类型来创建选择集。

执行方式：

（1）菜单栏：单击"工具"→"快速选择"命令。

（2）功能区：在"默认"选项卡"实用工具"面板中单击"快速选择"按钮。

（3）命令行：输入 qselect 命令。

执行上述任一操作将打开"快速选择"对话框，如图 3-19 所示。

在"如何应用"选项组中可选择应用的范围。若选中"包括在新选择集中"单选按钮，则表示将按设定的条件创建新选择集；若选中"排除在新选择集之外"单选按钮，则表示将选择的对象排除在选择集之外，即由这些对象之外的其他对象创建选择集。

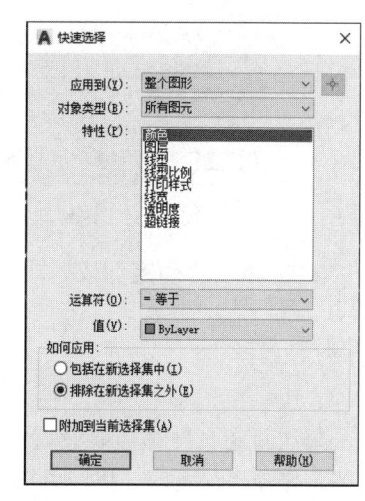

图 3-19　"快速选择"对话框

实例教学

利用"快速选择"命令选择图 3-20（a）中所有半径为 50 的圆，如图 3-20（b）所示。

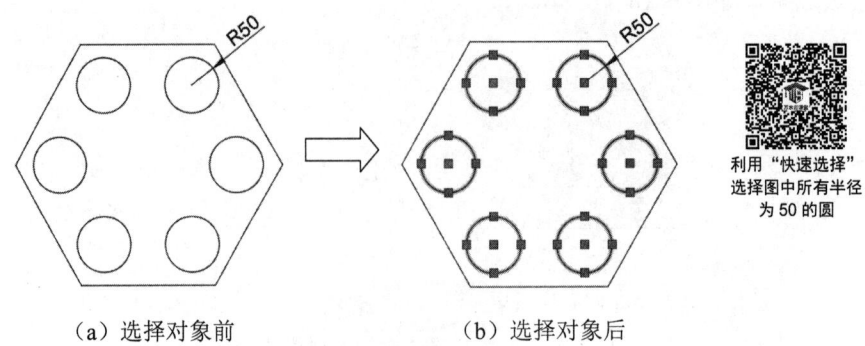

图 3-20 快速选择图形对象

操作步骤：

（1）打开文件"用'快速选择'选择所有半径为 50 的圆"。

（2）单击"默认"选项卡"实用工具"面板中的"快速选择"按钮，打开"快速选择"对话框，在"对象类型"下拉列表框中选择"圆"选项，如图 3-21 所示。

（3）在"特性"下拉列表中选择"半径"选项，然后在"值"文本框中输入 50，如图 3-22 所示。

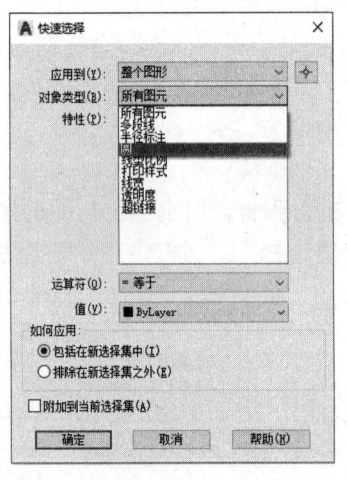

图 3-21 步骤（2）

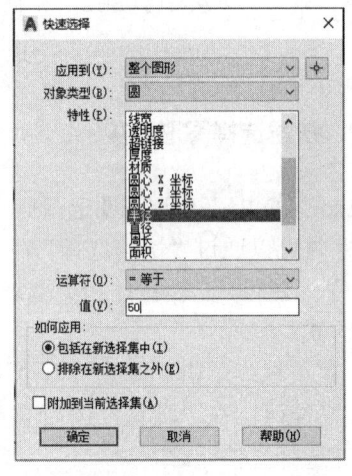

图 3-22 步骤（3）

（4）单击"确定"按钮即可将图形中所有半径为 50 的圆选中。

3.5 样板文件

每次新建文件都需要设置绘图的单位和精度、创建图层、设置文字样式和标注样式等，这些工作烦琐又耗时，我们可以创建一个样板文件，将经常使用的设置保存在样板文件中，以在每次新建文件时都可以直接选择样板文件。利用样板文件新建的文件，依然可以修改设置。

实例教学

新建"我的样板文件"文件。

操作步骤:

(1)使用快捷键 Ctrl+N 打开"样板文件"对话框,选择样板文件 acadiso.dwt 创建新文件,如图 3-23 所示。

样板文件

(2)选择"格式"下拉菜单→"单位"命令,打开"图形单位"对话框,设置"精度"为 0,"用于缩放插入内容的单位"为"毫米",如图 3-24 所示。

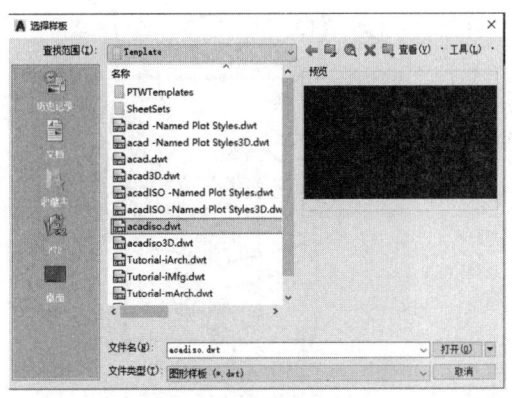

图 3-23　步骤(1)

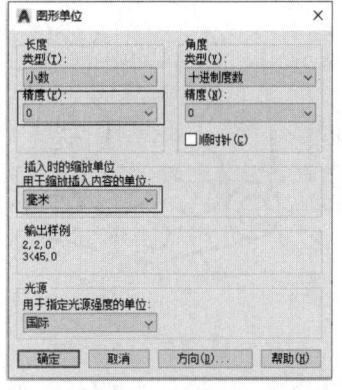

图 3-24　步骤(2)

(3)创建三个新图层,各图层名称和属性设置如图 3-25 所示。

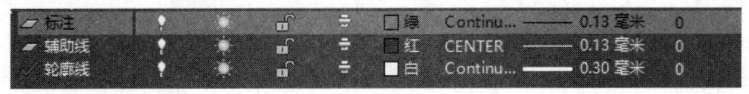

图 3-25　步骤(3)

(4)保存文件:设置文件名为"我的样板文件",选择文件类型为".dwt",如图 3-26 所示。

(5)再新建一个文件,在"选择样板"对话框找到"我的样板文件"文件,如图 3-27 所示。在新建的文件中查看样板文件刚才通过定义的设置有没有变化。

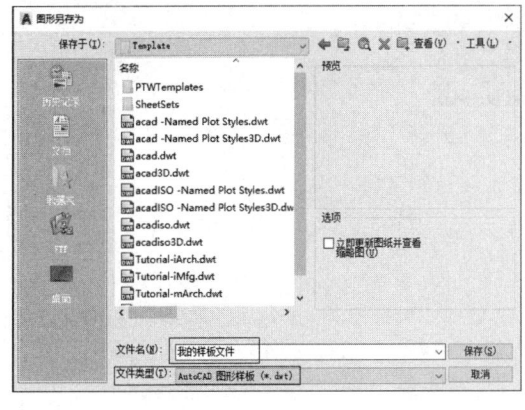

图 3-26　步骤(4)

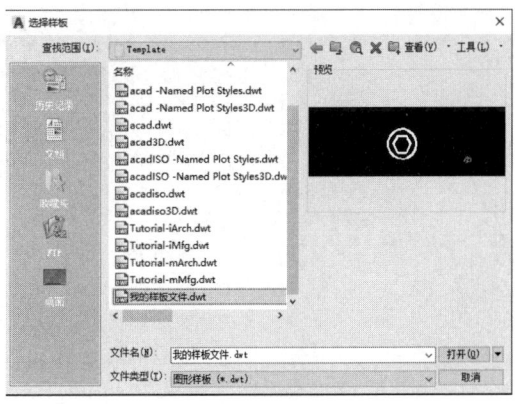

图 3-27　步骤(5)

上机实训

【实训 1】 选择"快速选择应用"文件 [图 3-28(a)] 中的所有尺寸标注,如图 3-28(b) 所示。

【实训 1】选择图中所有标注

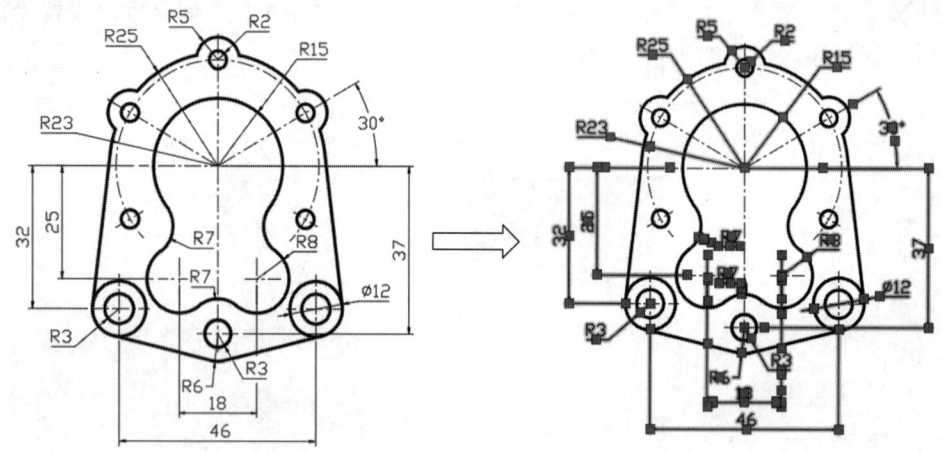

(a)"快速选择应用"文件图形　　　　　(b) 选择图形中的所有尺寸标注

图 3-28　快速选择应用

1. 实训目的

通过本实训的操作练习,熟练掌握快速选择图形对象的方法。

2. 操作提示

(1) 在 AutoCAD 中打开"快速选择应用"文件。

(2) 单击 "工具"菜单栏中的"快速选择"命令,打开"快速选择"对话框。

(3) 在"快速选择"对话框中选择"特性"为"图层","值"为 dim,在"如何应用"选项组中选择"包括在新选择集中"单选按钮,如图 3-29 所示。单击"确定"按钮后就可以选中所有的尺寸标注了。

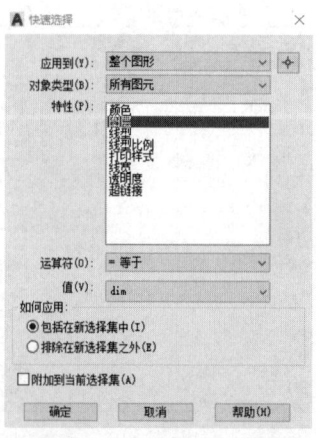

图 3-29　选择"包括在新选择集中"单选按钮

【**实训 2**】选择"快速选择应用"文件[图 3-30（a）]中除尺寸标注外的所有对象,如图 3-30（b）所示。

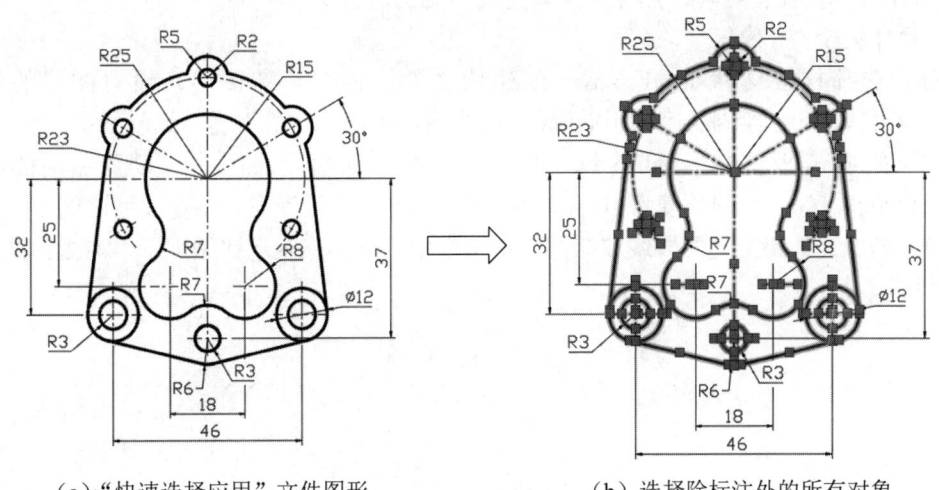

（a）"快速选择应用"文件图形　　　　　　（b）选择除标注外的所有对象

图 3-30　快速选择应用

1. 实训目的

通过本实训的操作练习,熟练掌握快速选择图形对象的方法。

2. 操作提示

（1）在 AutoCAD 中打开"快速选择应用"文件。

（2）单击"工具"菜单栏中的"快速选择"命令,打开"快速选择"对话框。

（3）在"快速选择"对话框中选择"特性"为"图层","值"为 dim,在"如何应用"选项组中选择"排除在新选择集之外"单选按钮,如图 3-31 所示。单击"确定"按钮后就可以选中除尺寸标注之外的所有对象。

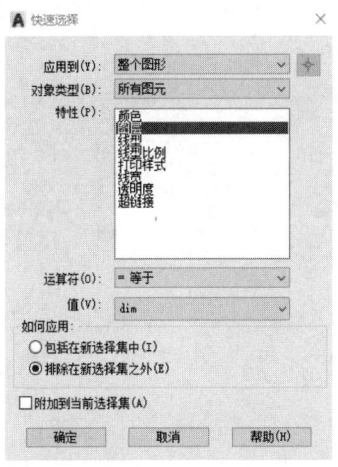

图 3-31　选择"排除在新选择集之外"单选按钮

【**实训 3**】在两个不同的文件中分别绘制 10000mm 和 10mm 的虚线,使用调整"全局比例因子"和在"特性"窗口调整对象的"比例"两种方法调整线型比例使虚线显示清楚。

1. 实训目的

通过本实训的操作练习，熟练掌握调整线型比例的方法。

2. 操作提示

（1）选择样板文件 acadiso.dwt 创建新文件，创建一新图层，设置图层的线型为 ACAD_ISO02W100，绘制长度为 10000mm 的线段，使用"特性"窗口调整线型比例。

（2）选择样板文件 acadiso.dwt 创建新文件，创建一新图层，设置图层的线型为 ACAD_ISO02W100，绘制长度为 10mm 的线段，使用"特性"窗口调整线型比例。

（3）思考：如果上述两段线放在同一个文件中，只调整全局比例因子，能否使两段虚线都显示清楚？

第 4 章 简单二维绘图命令

二维图形是指在二维平面空间绘制的图形,主要由一些图形元素组成,如点、直线、圆弧、圆、椭圆、矩形、多边形、多段线、样条曲线、多线等。AutoCAD 提供了大量的绘图工具,可以帮助用户完成二维图形的绘制。本章主要内容包括直线、圆和圆弧、椭圆和椭圆弧、平面图形、点等。

- 直线命令
- 圆命令和圆弧命令
- 椭圆命令
- 矩形命令和正多边形命令
- 定数等分命令

4.1 直线类命令

直线类命令包括直线段、射线和构造线。这几个命令是 AutoCAD 中最简单的绘图命令。

4.1.1 直线

执行方式:

(1) 功能区:单击"默认"选项卡"绘图"面板中的"直线"按钮■。

(2) 菜单栏:单击"绘图"→"直线"命令。

(3) 工具栏:单击"绘图"工具栏中的"直线"按钮■。

(4) 命令行:输入 line 命令。

(5) 快捷键:l。

执行上述任一操作都可以调出直线命令。

操作步骤:

命令行提示与操作如下:

  命令: line✓(调出直线命令)
  指定第一个点:(输入直线段的起点坐标或在绘图区单击拾取一点)
  指定下一点或 [放弃(U)]:(输入直线段的端点坐标,或输入选项 U 放弃前面绘制的点)
  指定下一点或 [放弃(U)]:(输入下一段直线段的端点坐标;或输入选项 U 放弃前面绘制的点;按 Space 键或 Enter 键可退出命令)
  指定下一点或 [闭合(C)/放弃(U)]:(输入下一直线段的端点;或输入选项 U 放弃前面绘制的点;或输入选项 C 闭合图形,则自动结束命令)

选项说明：

（1）命令行提示"指定第一个点"时，直接按 Enter 键，系统会把上次绘制的图线的终点作为本次绘图的起点。若上次绘制的是圆弧，直接按 Enter 键后将绘制出以圆弧终点为起点，并与该圆弧相切的直线段。该线段的长度为光标在绘图区指定的一点与切点之间线段的距离。

（2）在"指定下一点"提示下，只要不退出命令，用户可以一直指定端点，从而可绘制出多段相连接的直线段。但是每一条直线段是一个独立的对象，可以单独进行编辑操作。

（3）当连续绘制两段以上直线段后，命令行就会出现选项"闭合(C)"，若选择该选项，则系统会自动连接起始点和最后一个端点，从而形成封闭图形。

（4）若选择选项 U，则会删除前面刚绘制出的点。

（5）若设置为正交方式（按下状态栏中的"正交模式"按钮），则只能绘制水平线段或垂直线段。

（6）若设置为动态数据输入方式（按下状态栏中的动态输入按钮），则在输入相对坐标时坐标前面无须添加"@"符号。

实例教学

用直线命令绘制直线实例，如图 4-1 所示。

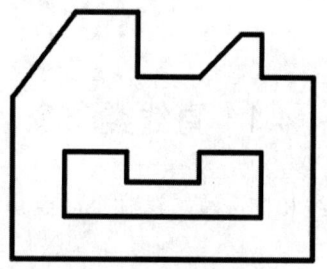

直线实例

图 4-1　直线实例

操作步骤：

（1）首先确认状态栏"极轴追踪"为开启状态。

（2）在命令行输入 line↵调出直线命令，绘制图形的外轮廓，如图 4-2 所示。命令行提示与操作如下：

　　命令: line↵（调出直线命令）
　　指定第一个点:（在合适的地方拾取一点）
　　指定下一点或 [放弃(U)]: 37.5（垂直向上移动光标，输入长度 37.5↵）
　　指定下一点或 [放弃(U)]: @25<53（输入相对极坐标@25<53↵）
　　指定下一点或 [闭合(C)/放弃(U)]: 15（水平向右移动光标，输入长度 15↵）
　　指定下一点或 [闭合(C)/放弃(U)]: 15（垂直向下移动光标，输入长度 15↵）
　　指定下一点或 [闭合(C)/放弃(U)]: 15（水平向右移动光标，输入长度 15↵）
　　指定下一点或 [闭合(C)/放弃(U)]: @10,10（输入相对直角坐标@10,10↵）
　　指定下一点或 [闭合(C)/放弃(U)]: 5（水平向右移动光标，输入长度 5↵）
　　指定下一点或 [闭合(C)/放弃(U)]: 10（垂直向下移动光标，输入长度 10↵）
　　指定下一点或 [闭合(C)/放弃(U)]: 12.5（水平向右移动光标，输入长度 12.5↵）
　　指定下一点或 [闭合(C)/放弃(U)]: 42.5（垂直向下移动光标，输入长度 42.5↵）
　　指定下一点或 [闭合(C)/放弃(U)]: C（输入 C↵，闭合图形）

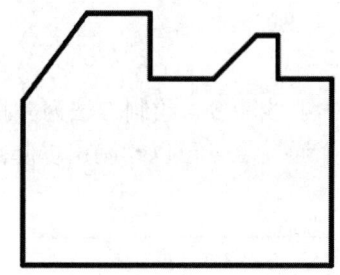

图 4-2 外轮廓

（3）按 Space 键继续调出直线命令，拾取外轮廓左下角的点，然后输入相对直角坐标 @12.5,10↙，得到里面图形的起点，如图 4-3（a）所示。不退出直线命令继续完成里面的图形，如图 4-3（b）所示。命令行提示与操作如下：

命令: line↙（调出直线命令）
指定第一个点:（拾取外轮廓左下角的点）
指定下一点或 [放弃(U)]: @12.5,10（输入相对直角坐标@12.5,10↙，得到里面图形的起点）
指定下一点或 [放弃(U)]: 15（垂直向上移动光标，输入长度 15↙）
指定下一点或 [闭合(C)/放弃(U)]: 15（水平向右移动光标，输入长度 15↙）
指定下一点或 [闭合(C)/放弃(U)]: 7（垂直向下移动光标，输入长度 7↙）
指定下一点或 [闭合(C)/放弃(U)]: 17.5（水平向右移动光标，输入长度 17.5↙）
指定下一点或 [闭合(C)/放弃(U)]: 7（垂直向上移动光标，输入长度 7↙）
指定下一点或 [闭合(C)/放弃(U)]: 15（水平向右移动光标，输入长度 15↙）
指定下一点或 [闭合(C)/放弃(U)]: 15（垂直向下移动光标，输入长度 15↙）
指定下一点或 [闭合(C)/放弃(U)]:［单击拾取步骤（3）中绘制的辅助线的端点］
指定下一点或 [闭合(C)/放弃(U)]:（按 Space 键退出命令）

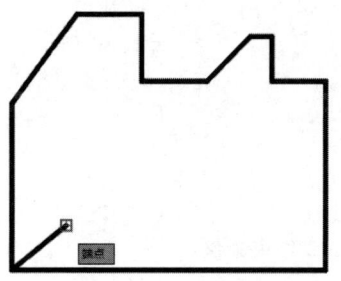
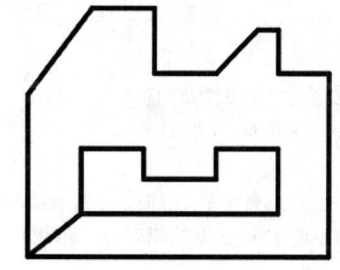

（a）得到里面图形的起点　　　　　　　　（b）绘制里面的图形

图 4-3　步骤（3）

（4）删除步骤（3）[图 4-3（a）]中绘制的辅助线段，得到最终效果图。

说明：在上述实例中如果单击状态栏中的"动态输入"按钮，则在输入相对坐标时无须添加"@"符号。

4.1.2 射线

射线是一端固定，另一端无限延长的直线，它有端点无中点。射线主要用于绘制辅助线。

执行方式：

（1）功能区：单击"默认"选项卡"绘图"面板中的"射线"按钮。

(2) 菜单栏：单击"绘图"→"射线"命令。

(3) 命令行：输入 ray 命令。

执行上述任一操作都可以调出射线命令。绘制方法为先指定射线的起点，再指定一个通过点可绘制出一条射线，指定多个通过点则可以绘制出以起点为端点的多条射线，如图 4-4 所示。

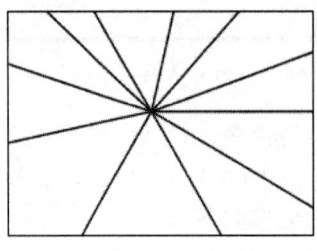

图 4-4　绘制射线

4.1.3　构造线

构造线是两端无限延长的直线，所以有中点无端点。构造线主要用于绘制辅助线。

执行方式：

(1) 功能区：单击"默认"选项卡"绘图"面板中的"构造线"按钮。

(2) 菜单栏：单击"绘图"→"构造线"命令。

(3) 工具栏：单击"绘图"工具栏中的"构造线"按钮。

(4) 命令行：输入 xline 命令。

(5) 快捷键：xl。

执行上述任一操作都可以调出构造线命令。

操作步骤：

命令行提示与操作如下：

  命令: xline✓（调出构造线命令）
  指定点或 [水平(H)/垂直(V)/角度(A)/二等分(B)/偏移(O)]:（指定起点 1）
  指定通过点:（指定通过点 2，绘制一条双向无限长直线）
  指定通过点:（继续指定点，继续绘制直线，可按 Enter 键结束命令）

选项说明：

(1) 执行选项中有"指定点""水平""垂直""角度""二等分""偏移"6 种方式绘制构造线。

(2) 构造线模拟手工作图中的辅助作图线。用特殊的线型显示，在图形输出时可设置为不输出。应用构造线作为辅助线绘制机械图中的三视图是构造线的最主要用途。构造线的应用保证了三视图之间"主、俯视图长对正，主、左视图高平齐，俯、左视图宽相等"的对应关系。

4.2　圆类命令

圆类命令主要包括"圆""圆弧""圆环""椭圆""椭圆弧"等命令，这几个命令是 AutoCAD 中最简单的曲线命令。

4.2.1 圆

执行方式：

功能区：单击"默认"选项卡"绘图"面板中的"圆"按钮。
菜单栏：单击"绘图"→"圆"命令。
工具栏：单击"绘图"工具栏中的"圆"按钮。
命令行：输入 circle 命令。
快捷键：c。
执行上述任一操作都可以调出"圆"命令。

选项说明：

三点(3P)：通过指定圆周上三点绘制圆。
两点(2P)：通过指定直径的两端点绘制圆。
切点、切点、半径(T)：通过先指定两个相切对象，再给出半径的方式绘制圆。
相切、相切、相切：单击"绘图"→"圆"→"相切、相切、相切"命令，可得到与三个对象相切绘制圆的方式，如图 4-5 所示。

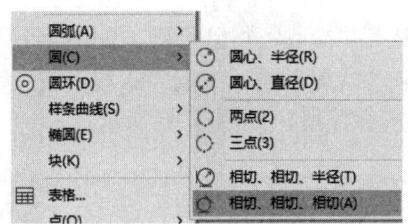

图 4-5 "相切、相切、相切"绘制方式

实例教学

绘制如图 4-6 所示的圆实例。

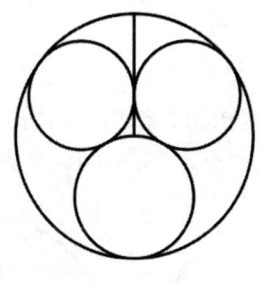

圆实例

图 4-6 圆实例

操作步骤：

（1）首先确认状态栏"对象捕捉"为开启状态。

（2）单击"对象捕捉"按钮右边向下的小箭头，打开对象捕捉设置下拉列表将"象限点"选中，如图 4-7 所示。

（3）单击"默认"选项卡"绘图"面板中的"圆"按钮调出圆命令。在绘图区拾取一点作为圆心，输入半径 50↙，绘制出外面的大圆。

(4) 按 Space 键再调出圆命令,在命令行输入 2P↙,捕捉大圆圆心并拾取,如图 4-8 所示。

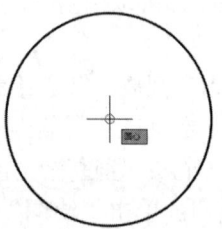

图 4-7 选中"象限点"选项　　　图 4-8 步骤(4)

(5) 捕捉大圆下面的象限点并拾取,得到小圆,如图 4-9 所示。

(6) 单击"默认"选项卡"绘图"面板中的"直线"按钮 调出直线命令,分别捕捉小圆和大圆上面的象限点连接绘出直线段,如图 4-10 所示。

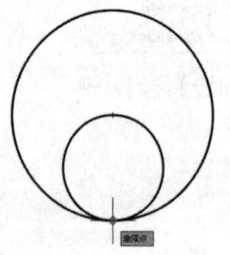

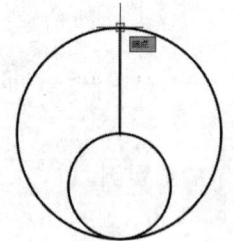

图 4-9 步骤(5)　　　图 4-10 步骤(6)

(7) 单击"绘图"→"圆"→"相切、相切、相切"调出圆命令。分别在大圆、小圆和直线段上拾取切点,绘制出左上方的小圆,如图 4-11 所示。

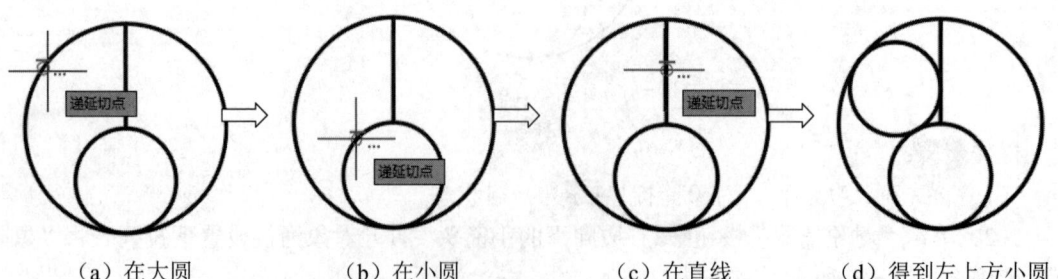

(a) 在大圆　　　(b) 在小圆　　　(c) 在直线　　　(d) 得到左上方小圆

图 4-11 步骤(7)——分别在大圆、小圆和直线段上拾取切点绘制圆

(8) 用同样的方法绘制右边的小圆,完成绘制。

4.2.2 圆弧

圆弧命令

执行方式：

（1）功能区：单击"默认"选项卡"绘图"面板中的"圆弧"按钮。

（2）菜单栏：单击"绘图"→"圆弧"命令。

（3）工具栏：单击"绘图"工具栏中的"圆弧"按钮。

（4）命令行：输入 arc 命令。

（5）快捷键：a。

执行上述任一操作都可以调出圆弧命令。

操作步骤：

命令行提示与操作如下：

命令: arc

指定圆弧的起点或 [圆心(C)]：（指定起点）

指定圆弧的第二个点或 [圆心(C)/端点(E)]：（指定第二点）

指定圆弧的端点：（指定末端点）

注意：绘制圆弧时，圆弧的曲率是遵循逆时针方向的，所以在指定圆弧两个端点和半径模式时，需要注意端点的指定顺序，否则有可能导致圆弧的凹凸形状与预期的相反。

实例教学

绘制如图 4-12 所示的靠背椅。

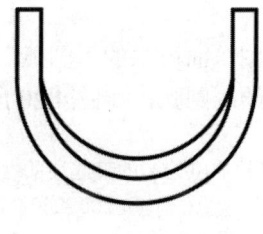

绘制靠背椅

图 4-12 靠背椅

操作步骤：

（1）单击"默认"选项卡"绘图"面板中的"直线"按钮，在绘图区任意拾取一点作为起点，将光标垂直向上移动出现极轴追踪虚线，输入 140↙得到直线段（不退出命令），如图 4-13 所示。

（2）将光标水平向左移动出现极轴追踪虚线，输入 50↙得到直线段（不退出命令），如图 4-14 所示。

（3）将光标垂直向下移动出现极轴追踪虚线，输入 140↙得到直线段，如图 4-15 所示。按 Enter 键退出命令。

图 4-13 步骤（1）　　图 4-14 步骤（2）　　图 4-15 步骤（3）

(4) 单击"默认"选项卡"绘图"面板中的"圆弧"按钮，拾取刚绘制的直线段的端点绘制圆弧，如图 4-16 所示。命令行提示与操作如下：

命令: arc（调出圆弧命令）
指定圆弧的起点或 [圆心(C)]:（拾取刚绘制的直线的端点）
指定圆弧的第二个点或 [圆心(C)/端点(E)]: @250,-250（输入相对直角坐标@250,-250✓）
指定圆弧的端点: @250,250（输入相对直角坐标@250,250✓）

(5) 单击"默认"选项卡"绘图"面板中的"直线"按钮，按 Enter 键系统会自动拾取圆弧的端点作为直线的起点，将光标垂直向上移动出现极轴追踪虚线，输入 140✓得到垂直的直线段（不退出命令），如图 4-17 所示。

(6) 将光标水平向左移动出现极轴追踪虚线，输入 50✓得到水平的直线段（不退出命令），如图 4-18 所示。

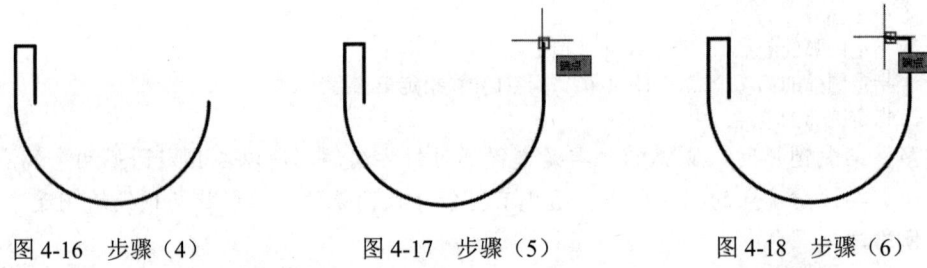

图 4-16　步骤（4）　　　图 4-17　步骤（5）　　　图 4-18　步骤（6）

(7) 将光标垂直向下移动出现极轴追踪虚线，输入 140✓得到垂直直线段，如图 4-19 所示。按 Enter 键退出命令。

(8) 单击"默认"选项卡"绘图"面板中的"圆弧"按钮，按 Enter 键系统会自动拾取步骤（7）绘制的直线段的端点，绘制圆弧，如图 4-20 所示。命令行提示与操作如下：

命令: arc
指定圆弧的起点或 [圆心(C)]:（拾取刚绘制的直线段的端点）
指定圆弧的第二个点或 [圆心(C)/端点(E)]: @-200,-200（用相对直角坐标输入@-200,-200✓）
指定圆弧的端点: @ -200, 200（用相对直角坐标输入@-200, 200✓）

(9) 按 Enter 键调出刚使用过的圆弧命令，拾取左边直线段的起点，如图 4-21 所示。

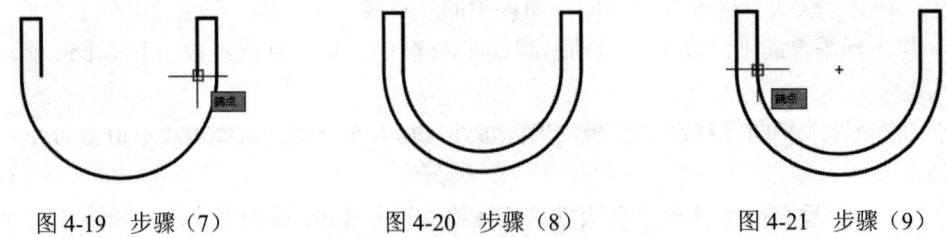

图 4-19　步骤（7）　　　图 4-20　步骤（8）　　　图 4-21　步骤（9）

(10) 绘制内圆弧完成靠背椅绘制。命令行提示与操作如下：

命令: arc
指定圆弧的起点或 [圆心(C)]: [根据步骤（9）拾取点]
指定圆弧的第二个点或 [圆心(C)/端点(E)]: @200,-160（用相对直角坐标输入@200,-160✓）
指定圆弧的端点: @200,160（用相对直角坐标输入@200,160✓）

4.2.3 圆环

执行方式：
（1）功能区：单击"默认"选项卡"绘图"面板中的"圆环"按钮 。
（2）菜单栏：单击"绘图"→"圆环"命令。
（3）命令行：输入 donut 命令。
（4）快捷键：do。

执行上述任一操作都可以调出圆环命令。

操作步骤：
命令行提示与操作如下：

  命令: donut
  指定圆环的内径 <默认值>：（指定圆环内径）
  指定圆环的外径 <默认值>：（指定圆环外径）
  指定圆环的中心点或 <退出>：（指定圆环的中心点）
  指定圆环的中心点或 <退出>：（指定圆环的中心点，则继续绘制相同内外径的圆环。用 Enter 键、Space 键或右键结束命令）

选项说明：
（1）绘制不等内外径，则画出填充圆环，如图 4-22（a）所示。
（2）若指定内径为零，则画出填充实心圆，如图 4-22（b）所示。
（3）若指定内外径相等，则画出普通圆，如图 4-22（c）所示。

  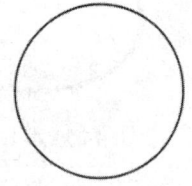

  （a）填充圆环 （b）填充实心圆 （c）普通圆

图 4-22 内外径不同的圆环

4.2.4 椭圆与椭圆弧

椭圆与椭圆弧

执行方式：
（1）功能区：单击"默认"选项卡"绘图"面板中的"椭圆"按钮 。
（2）菜单栏：单击"绘图"→"椭圆"命令。
（3）工具栏：单击"绘图"工具栏中的"椭圆"按钮 。
（4）命令行：输入 ellipse 命令。
（5）快捷键：el。

椭圆实例

实例教学
绘制椭圆实例，如图 4-23 所示。
操作步骤：
（1）单击"默认"选项卡"绘图"面板中"椭圆"按钮 旁向下的箭头 ，在展开的下拉列表中选择"轴，端点"，如图 4-24 所示。

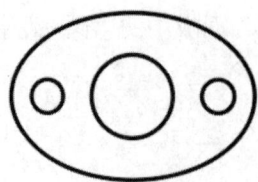
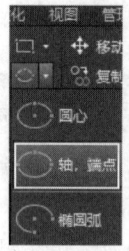

图 4-23　椭圆实例　　　　　　　　图 4-24　步骤（1）

（2）绘制椭圆，如图 4-25 所示。命令行提示与操作如下：

命令：ellipse
指定椭圆的轴端点或 [圆弧(A)/中心点(C)]：（在绘图区合适的地方拾取一点）
指定轴的另一个端点：120（水平向右移动光标出现极轴追踪的虚线，输入 120✓）
指定另一条半轴长度或 [旋转(R)]：40（输入 40✓）

（3）单击"默认"选项卡"绘图"面板中的"圆"按钮调出圆命令，绘制圆，如图 4-26 所示。命令行提示与操作如下：

命令：circle
指定圆的圆心或 [三点(3P)/两点(2P)/切点、切点、半径(T)]：（捕捉椭圆圆心并拾取）
指定圆的半径或 [直径(D)]：20（输入圆半径 20✓）

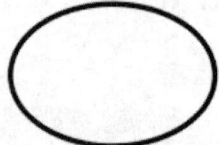
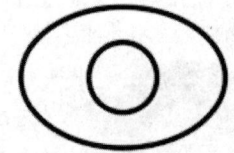

图 4-25　步骤（2）　　　　　　　　图 4-26　步骤（3）

（4）确认状态栏上"对象捕捉追踪"启动。按 Enter 键调出圆命令，用光标捕捉到椭圆圆心标记后（注意不要单击拾取）水平向左移动光标，系统出现一条水平追踪虚线后输入 42✓，得到左边小圆的圆心，如图 4-27 所示。

（5）绘制圆，如图 4-28 所示。命令行提示与操作如下：

命令：circle
指定圆的圆心或 [三点(3P)/两点(2P)/切点、切点、半径(T)]：42（用光标捕捉到椭圆圆心标记后水平向左移动光标，系统会显示一条虚线为追踪线，输入 42✓，得到左边小圆的圆心）
指定圆的半径或 [直径(D)] <20.0000>：8（输入小圆半径 8✓）

（6）用上述方法绘制右边的小圆，完成绘制，如图 4-29 所示。

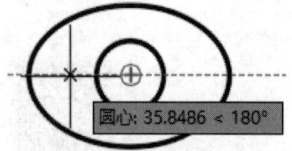
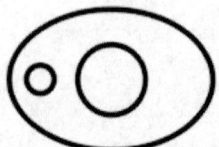
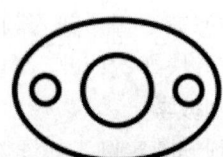

图 4-27　步骤（4）　　　　图 4-28　步骤（5）　　　　图 4-29　步骤（6）

4.3　平面图形

4.3.1　矩形

执行方式：
（1）功能区：单击"默认"选项卡"绘图"面板中的"矩形"按钮▭。
（2）菜单栏：单击"绘图"→"矩形"命令。
（3）工具栏：单击"绘图"工具栏中的"矩形"按钮▭。
（4）命令行：输入 rectang 命令。
（5）快捷键：rec。
执行上述任一操作都可以调出矩形命令。
操作步骤：
命令行提示与操作如下：

　　命令: rectang
　　指定第一个角点或 [倒角(C)/标高(E)/圆角(F)/厚度(T)/宽度(W)]:（指定角点）
　　指定另一个角点或 [面积(A)/尺寸(D)/旋转(R)]:

选项说明：
（1）指定第一个角点：拾取或输入点坐标得到矩形的第一个角点。
（2）指定另一个角点：拾取或输入点坐标得到矩形的另一个角点，从而确定矩形的位置。
（3）倒角(C)：指定倒角距离，绘制带倒角的矩形，如图 4-30（a）所示。倒角时按顺时针，形成角点的两端线依次为第一条线、第二条线。第一条线倒下的距离为第一个倒角距离，第二条线倒下的距离为第二个倒角距离，如图 4-30（b）所示。两个倒角距离可以相同，也可以不同。

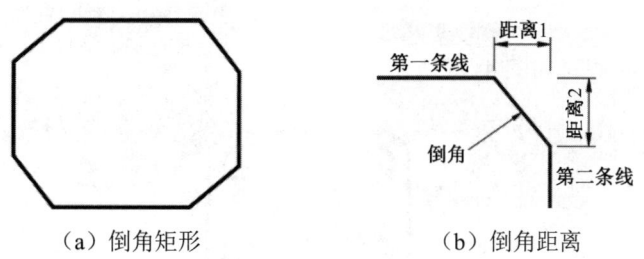

（a）倒角矩形　　　　　　（b）倒角距离

图 4-30　矩形倒角

（4）标高(E)：指定矩形标高（Z 坐标），即把矩形放置在标高为 Z，且与 XOY 坐标面平行的平面上。
（5）圆角(F)：指定圆角半径，绘制带圆角的矩形，如图 4-31 所示。
（6）厚度(T)：指定矩形的厚度，如图 4-32 所示。
（7）宽度(W)：指定线宽，如图 4-33 所示。
（8）面积(A)：指定面积和长或宽创建矩形。单击该项，命令行提示与操作如下：
　　输入以当前单位计算的矩形面积 <100.0000>:（输入面积值）

计算矩形标注时依据 [长度(L)/宽度(W)] <长度>:（按 Enter 键或输入 W）
输入矩形宽度 <10.0000>:（指定长度或宽度）

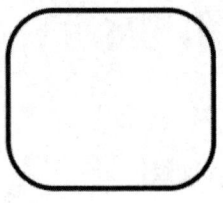 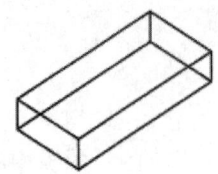 

图 4-31　圆角矩形　　　　　图 4-32　有厚度的矩形　　　　图 4-33　有线宽的矩形

指定长度或宽度后，系统会自动计算另一个维度绘制出矩形。如果矩形被倒角或圆角，则在计算长度或面积时也会考虑此设置。

（9）尺寸(D)：使用长和宽创建矩形。这里的长指矩形在水平方向的边长，宽指矩形在竖直方向的边长。

（10）旋转(R)：使所绘制的矩形旋转一定角度。单击该项，命令行提示与操作如下：
指定旋转角度或 [拾取点(P)] <0>:（指定角度）
指定另一个角点或 [面积(A)/尺寸(D)/旋转(R)]:（指定另一个角点或单击其他选项）
指定旋转角度后，系统按指定角度创建矩形，如图 4-34 所示。

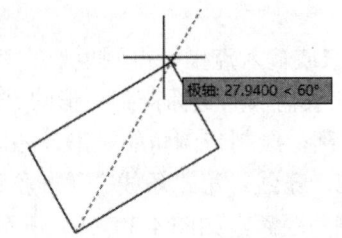

图 4-34　按指定旋转角度绘制矩形

实例教学

绘制圆角矩形实例，如图 4-35 所示。

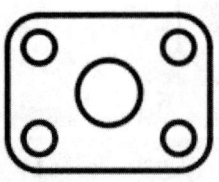

圆角矩形实例

图 4-35　圆角矩形实例

操作步骤：

（1）单击"默认"选项卡"绘图"面板中的"矩形"按钮▭，在绘图区绘制半径为 10 的圆角矩形，如图 4-36 所示。命令行提示与操作如下：

命令: rectang
指定第一个角点或 [倒角(C)/标高(E)/圆角(F)/厚度(T)/宽度(W)]: F（输

图 4-36　步骤（1）

入设置圆角选项 F✓)
指定矩形的圆角半径 <0>: 10（输入圆角半径10✓）
指定第一个角点或 [倒角(C)/标高(E)/圆角(F)/厚度(T)/宽度(W)]:（在绘图区合适的位置拾取一点）
指定另一个角点或 [面积(A)/尺寸(D)/旋转(R)]: D（选择使用长和宽创建矩形，输入D✓）
指定矩形的长度 <10>: 64（输入64✓）
指定矩形的宽度 <10>: 48（输入48✓）
指定另一个角点或 [面积(A)/尺寸(D)/旋转(R)]:（在绘图区拾取一点确定矩形的位置）

（2）确定状态栏上"对象捕捉"和"对象捕捉追踪"为开启状态。输入快捷键 C 调出圆命令，将光标移动到矩形左边的边捕捉到中点（不要单击），如图 4-37（a）所示，将光标向右移动出现对象捕捉追踪虚线（移动距离长短都可，不要单击），如图 4-37（b）所示。

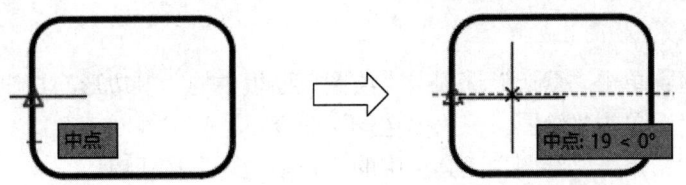

(a) 捕捉中点　　　　(b) 出现对象捕捉追踪虚线

图 4-37 步骤（2）

（3）再将光标移动到矩形上面的边捕捉到中点（不要单击），如图 4-38（a）所示，将光标垂直向下移动出现对象捕捉追踪虚线，如图 4-38（b）所示，继续向下移动光标，会出现水平和垂直的对象捕捉追踪虚线的交点，如图 4-38（c）所示。

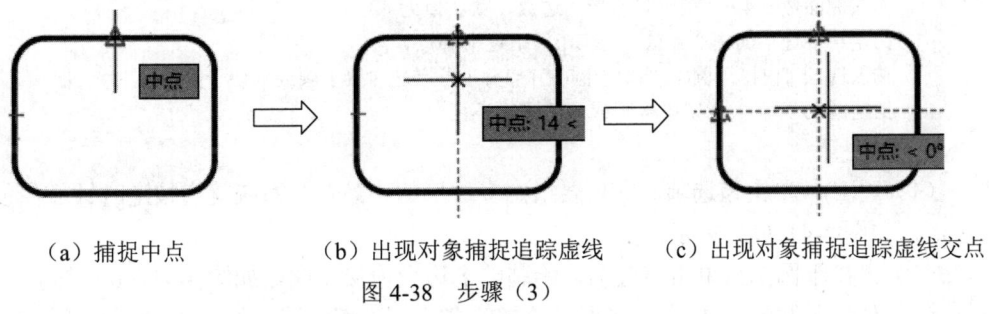

(a) 捕捉中点　　　(b) 出现对象捕捉追踪虚线　　　(c) 出现对象捕捉追踪虚线交点

图 4-38 步骤（3）

（4）拾取虚线的交点得到圆心，绘制半径为 10 的圆，如图 4-39 所示。命令行提示与操作如下：

命令: circle
指定圆的圆心或 [三点(3P)/两点(2P)/切点、切点、半径(T)]:（拾取虚线的交点得到圆心）
指定圆的半径或 [直径(D)]: 10（输入半径10✓得到圆）

图 4-39 绘制圆

（5）按 Space 键调出刚使用过的圆命令，将光标在左上角的圆弧上滑过，则会捕捉到该圆弧的圆心（矩形内的小十字），如图 4-40（a）所示。在圆弧的圆心上单击拾取圆心，绘制半径为 5 的圆，如图 4-40（b）所示。命令行提示与操作如下：

命令: circle
指定圆的圆心或 [三点(3P)/两点(2P)/切点、切点、半径(T)]:（拾取圆弧的圆心）
指定圆的半径或 [直径(D)]:5（输入半径5✓得到小圆）

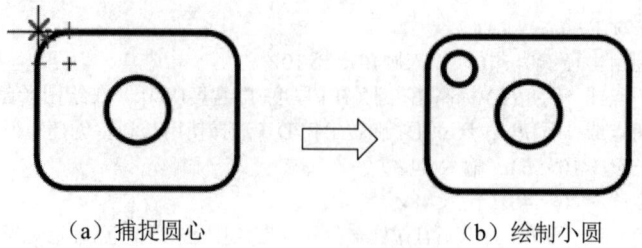

(a)捕捉圆心　　　　　　　(b)绘制小圆

图 4-40　步骤（5）

(6) 用步骤（5）的方法绘制出其他三个小圆。

4.3.2　正多边形

执行方式：

（1）功能区：单击"默认"选项卡"绘图"面板中的"多边形"按钮 。

（2）菜单栏：单击"绘图"→"多边形"命令。

（3）工具栏：单击"绘图"工具栏中的"正多边形"按钮 。

（4）命令行：输入 polygon 命令。

（5）快捷键：pol。

执行上述任一操作都可以调出"正多边形"命令。

操作步骤：

命令行提示与操作如下：

　　命令: polygon
　　输入侧面数 <4>:（指定多边形的边数，默认值为 4）
　　指定正多边形的中心点或 [边(E)]:（指定中心点）
　　输入选项 [内接于圆(I)/外切于圆(C)] <I>:（指定是内接于圆或外切于圆）
　　指定圆的半径:（指定内接圆或外切圆的半径）

选项说明：

（1）边(E)：单击该选项，则只要指定多边形的一条边，系统就会按逆时针方向创建该正多边形，如图 4-41（a）所示。

（2）内接于圆(I)：单击该选项，绘制的多边形内接于圆，如图 4-41（b）所示。

（3）外切于圆(C)：单击该选项，绘制的多边形外切于圆，如图 4-41（c）所示。

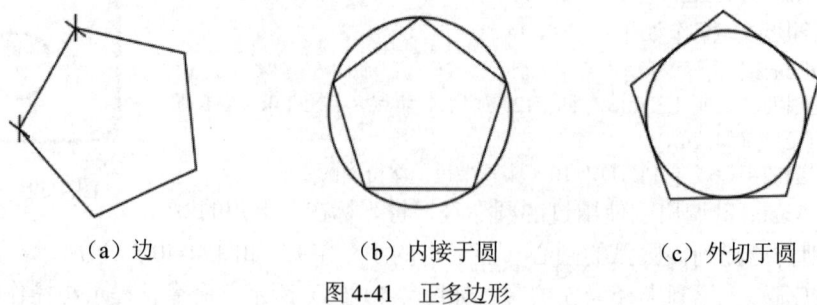

(a)边　　　　　　　(b)内接于圆　　　　　　　(c)外切于圆

图 4-41　正多边形

实例教学

绘制如图 4-42 所示的螺母。

图 4-42 螺母

操作步骤：

（1）单击"默认"选项卡"绘图"面板中的"圆"按钮调出圆命令，在绘图区合适的位置拾取一点作为圆心，绘制半径为 30 的圆，如图 4-43 所示。命令行提示与操作如下：

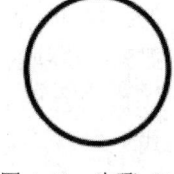

图 4-43 步骤（1）

命令: circle
指定圆的圆心或 [三点(3P)/两点(2P)/切点、切点、半径(T)]:（在绘图区合适的位置拾取一点作为圆心）
指定圆的半径或 [直径(D)] <20>: 30（输入半径 30✓）

（2）按 Enter 键调出刚使用过的圆命令，绘制半径为 20 的圆，如图 4-44 所示。命令行提示与操作如下：

命令: circle
指定圆的圆心或 [三点(3P)/两点(2P)/切点、切点、半径(T)]:（拾取刚才绘制的圆的圆心）
指定圆的半径或 [直径(D)] <30>: 20（输入半径 20✓）

（3）单击"默认"选项卡"绘图"面板中的"多边形"按钮调出多边形命令，绘制半径为 30 的外切于圆的正六边形，如图 4-45 所示。命令行提示与操作如下：

命令: polygon
输入侧面数 <4>: 6（输入 6✓）
指定正多边形的中心点或 [边(E)]:（拾取所绘制的圆的圆心）
输入选项 [内接于圆(I)/外切于圆(C)] <I>: C（选择"外切于圆"选项，输入 C✓）
指定圆的半径: 30（输入圆的半径 30✓）

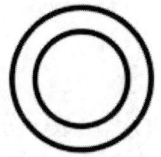

图 4-44 步骤（2）

图 4-45 步骤（3）

4.4 点命令

在 AutoCAD 中，点可以用点命令绘制，也可以由定数等分命令和定距等分命令得到等分点和测量点。点有多种不同的表示方式，用户可以根据需要进行设置。

4.4.1 点

执行方式：

（1）功能区：单击"默认"选项卡"绘图"面板中的"多点"按钮。

(2）菜单栏：单击"绘图"→"点"命令。
(3）工具栏：单击"绘图"工具栏中的"点"按钮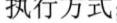。
(4）命令行：输入 point 命令。
(5）快捷键：po。

说明：

(1）通过菜单栏方法操作时，"单点"命令表示只输入一个点，"多点"命令表示可输入多个点。

(2）在状态栏的"对象捕捉"中勾选"节点"，并且开启"对象捕捉"，在绘图过程中可以捕捉到所绘制的点。

(3）点在图形中的表示样式共有 20 种。可以通过输入 ddptype 命令，或单击菜单栏中的"格式"→"点样式"命令，在打开的"点样式"对话框中进行设置，如图 4-46 所示。

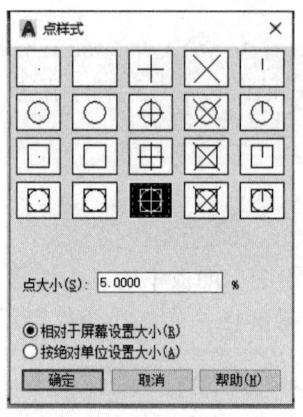

图 4-46　"点样式"对话框

(4）所选点样式只在视图区显示，不会被打印。

4.4.2　定数等分

定数等分

执行方式：

(1）功能区：单击"默认"选项卡"绘图"面板中的"定数等分"按钮。
(2）菜单栏：单击"绘图"→"点"→"定数等分"命令。
(3）命令行：输入 divide 命令。
(4）快捷键：div。

操作步骤：

命令行提示与操作如下：

　　命令: divide
　　选择要定数等分的对象:（单击选择对象）
　　输入线段数目或 [块(B)]:（指定对象的等分数）

选项说明：

(1）等分数目范围为 2～32767。
(2）执行定数等分命令时只能单击点选，且只能选择一个对象。

(3)在等分点处,按当前点样式设置得到等分点。
(4)选择命令行提示的"块(B)"选项时,表示在等分点处插入指定的块。

实例教学

绘制如图 4-47 所示的吊灯。

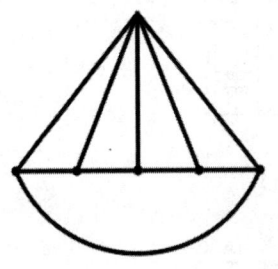

绘制吊灯

图 4-47　吊灯

操作步骤:

(1)单击"默认"选项卡"绘图"面板中的"直线"按钮调出直线命令,在绘图区合适位置单击拾取一点,将光标水平向右移动得到对象捕捉追踪的虚线,输入 300√画出一段直线,如图 4-48 所示。

(2)单击"默认"选项卡"绘图"面板中的"圆弧"按钮调出圆弧命令,绘制出如图 4-49 所示的圆弧,命令行提示与操作如下:

图 4-48　步骤(1)

命令: arc
指定圆弧的起点或 [圆心(C)]:(拾取直线段的左端点)
指定圆弧的第二个点或 [圆心(C)/端点(E)]: @150,-100(用相对直角坐标输入第二个点坐标 @150,-100√)
指定圆弧的端点:(拾取直线段右端点)

(3)调出直线命令,绘制垂直方向的线段,如图 4-50 所示。命令行提示与操作如下:

命令: line
指定第一个点:(拾取水平直线段的中点)
指定下一点或 [放弃(U)]: 180(垂直向上移动光标得到对象捕捉追踪的虚线,输入 180√)
指定下一点或 [放弃(U)]: *取消*(按 Space 键退出命令)

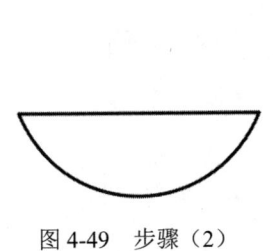
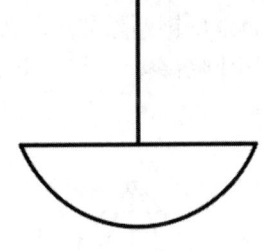

图 4-49　步骤(2)　　　　　　　　图 4-50　步骤(3)

(4)选择"绘图"→"点"命令,打开"点样式"对话框,选择需要的点样式,如图 4-51 所示。

(5)单击状态栏"对象捕捉"按钮旁向下的箭头,在打开的下拉列表中勾选"节点",如图 4-52 所示,开启"对象捕捉"。

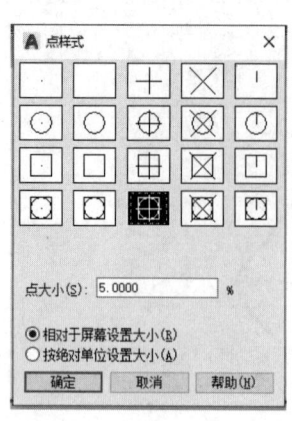

图 4-51 "点样式"对话框　　图 4-52 开启"对象捕捉"

（6）单击"默认"选项卡"绘图"面板中的"定数等分"按钮调出定数等分命令，选择水平直线段，等分为 4 等份，如图 4-53 所示。命令行提示与操作如下：

命令：divide
选择要定数等分的对象：（选择水平直线段）
输入线段数目或 [块(B)]: 4（输入 4↙）

（7）调出直线命令，分别捕捉节点，和步骤（3）绘制的直线上端点相连，如图 4-54 所示。

（8）用从左向右的窗选模式选择节点，如图 4-55 所示。

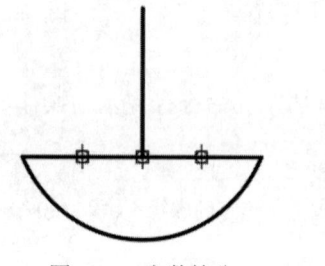
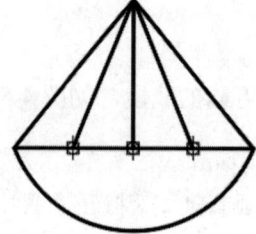
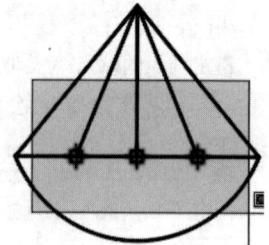

图 4-53 定数等分　　图 4-54 绘制直线　　图 4-55 选择节点

（9）按 Delete 键删除节点，如图 4-56 所示。

（10）调出圆命令，在每一个节点处绘制一个小圆，如图 4-57 所示。

绘制完毕。

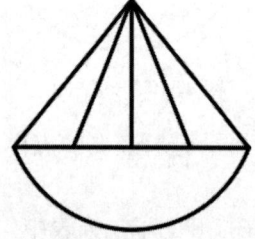
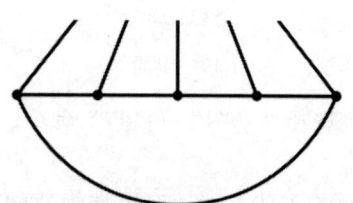

图 4-56 删除节点　　图 4-57 绘制小圆

4.4.3 定距等分

执行方式:
(1) 功能区: 单击"默认"选项卡"绘图"面板中的"定距等分"按钮。
(2) 菜单栏: 单击"绘图"→"点"→"定距等分"命令。
(3) 命令行: 输入 measure 命令。
(4) 快捷键: me。

操作步骤:
命令行提示与操作如下:

命令: measure
选择要定距等分的对象:(单击选择设置定距等分点的对象)
指定线段长度或 [块(B)]:(指定对象的分段长度)

选项说明:
(1) 执行定距等分命令时只能单击点选对象,且只能选择一个对象。选择对象时要注意,希望从对象哪端开始定距等分,就从哪端单击选择对象,以中点为界,过了中点就会从另一端开始定距等分对象。
(2) 在等分点处,按当前点样式设置得到测量点。
(3) 选择命令行的"块(B)"选项时,表示在定距等分点处插入指定的块。
(4) 最后一个定距等分线段的长度不一定等于指定分段长度,如图 4-58 所示的右端。

图 4-58 最后一段长度不一定等于指定长度

上机实训

【实训 1】绘制床头柜立面图,如图 4-59 所示。

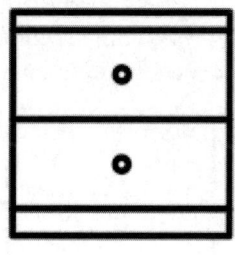

图 4-59 实训 1: 床头柜

1. 实训目的

通过本实训的操作练习,掌握直线、矩形、圆等命令的使用方法。

2. 操作提示

(1) 单击"默认"选项卡"绘图"面板中的"矩形"按钮调出矩形命令,绘制如图 4-60

所示的矩形。命令行提示与操作如下：

命令: rectang
指定第一个角点或 [倒角(C)/标高(E)/圆角(F)/厚度(T)/宽度(W)]:（在绘图区拾取一点）
指定另一个角点或 [面积(A)/尺寸(D)/旋转(R)]: D（输入选项 D✓，用矩形的尺寸绘制图形）
指定矩形的长度 <10>: 500（输入矩形的长 500✓）
指定矩形的宽度 <10>: 500（输入矩形的宽 500✓）
指定另一个角点或 [面积(A)/尺寸(D)/旋转(R)]:（单击确定矩形的位置）

图 4-60　绘制矩形

（2）单击"默认"选项卡"绘图"面板中的"直线"按钮调出直线命令，捕捉到矩形左上角的角点（不拾取），然后垂直向下移动光标得到对象捕捉追踪的虚线，如图 4-61 所示。

（3）输入 40✓，则直线将以矩形左上角向下 40 的地方为起点绘制水平直线，如图 4-62 所示。命令行提示与操作如下：

命令: line
指定第一个点: 40（输入 40✓，则直线将以矩形左上角向下 40 的地方为起点）
指定下一点或 [放弃(U)]:（水平移动光标到矩形右边的线，出现交点标记时单击拾取点）
指定下一点或 [放弃(U)]:（按 Space 键退出直线命令）

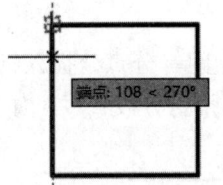 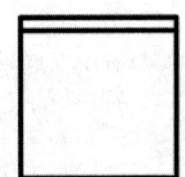

图 4-61　对象捕捉追踪　　　图 4-62　绘制直线

（4）按 Space 键再一次调出直线命令，捕捉到步骤（3）绘制的直线的起点（不拾取），然后垂直向下移动光标得到对象捕捉追踪的虚线，如图 4-63 所示。

（5）输入 200✓，则要绘制的直线将以刚捕捉的直线的起点向下 200 的地方为起点绘制水平直线，如图 4-64 所示。命令行提示与操作如下：

命令: line
指定第一个点: 200（输入 200✓，则直线将以刚捕捉的直线的起点向下 200 的地方为起点）
指定下一点或 [放弃(U)]:（水平移动光标到矩形右边的线，出现交点标记时单击拾取点）
指定下一点或 [放弃(U)]:（按 Space 键退出直线命令）

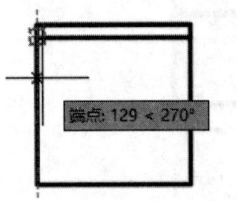 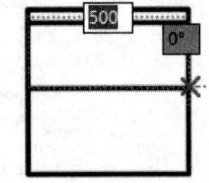

图 4-63　对象捕捉追踪　　　图 4-64　绘制直线

（6）按 Space 键再一次调出直线命令，捕捉矩形左下角的角点，然后垂直向上移动光标得到对象捕捉追踪的虚线，输入 60✓，则直线将以矩形左下角向上 60 的地方为起点绘制水平直线，如图 4-65 所示。命令行提示与操作如下：

命令: line
指定第一个点: 60（输入 60✓，则直线将以刚捕捉的矩形左下角的角点向上 60 的地方为起点）
指定下一点或 [放弃(U)]:（水平移动光标到矩形右边的线，出现交点标记时单击拾取点）
指定下一点或 [放弃(U)]:（按 Space 键退出直线命令）

（7）绘制拉手。单击"默认"选项卡"绘图"面板中的"圆"按钮调出圆命令，捕捉到矩形中间的直线的中点（不单击），然后垂直向上移动光标得到对象捕捉追踪的虚线，如图 4-66 所示。

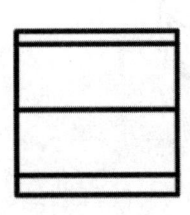
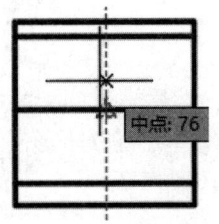

图 4-65　绘制直线　　　　图 4-66　对象捕捉追踪

（8）输入 100✓，则圆心将在捕捉点上方的 100 处，输入圆的半径为 15✓，得到如图 4-67 所示的圆。

（9）用步骤（7）和步骤（8）的方法绘制另一个圆，如图 4-68 所示。

绘制完毕。

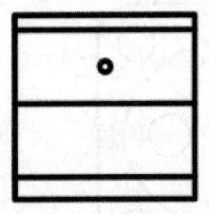
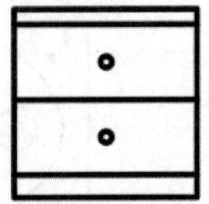

图 4-67　绘制圆 1　　　　图 4-68　绘制圆 2

【实训 2】绘制圆、直线、圆弧的综合实例，如图 4-69 所示。

图 4-69　实训 2：综合实例

1. 实训目的

通过本实训的操作练习，熟练掌握圆、直线、圆弧命令的使用方法。

2. 操作提示

（1）绘图前首先开启任务栏上的"对象捕捉"，并勾选捕捉"中点""圆心""象限点"。

（2）分别用圆、直线、圆弧命令绘制图形。

【实训3】绘制圆、直线、圆弧、正多边形的综合实例，如图4-70所示。

图4-70　实训3：综合实例

1. 实训目的

通过本实训的操作练习，熟练掌握圆、直线、圆弧、正多边形命令的使用方法。

2. 操作提示

（1）绘图前首先开启任务栏上的"对象捕捉"，并勾选捕捉点"中点""圆心""交点"。

（2）分别用圆、直线、圆弧命令绘制图形。

【实训4】绘制矩形、圆、椭圆的综合实例，如图4-71所示。

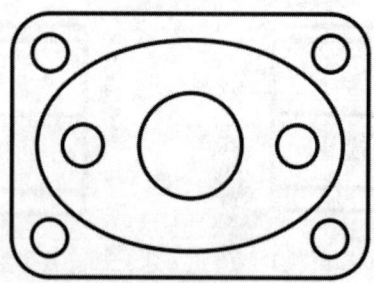

图4-71　实训4：综合实例

1. 实训目的

通过本实训的操作练习，熟练掌握矩形、圆、椭圆命令的使用方法。

2. 操作提示

（1）绘图前首先开启任务栏上的"对象捕捉"和"对象捕捉追踪"，并勾选捕捉"中点""圆心"。

（2）分别用矩形、圆、椭圆命令绘制图形。

第 5 章　复杂二维绘图命令

在 AutoCAD 中还有一些比较复杂的二维绘图命令，比如多段线、样条曲线、多线等，有了这些绘图命令，可以绘制更加丰富的二维线条。本章主要内容包括复杂二维曲线、图案填充命令等。

 重点和难点

- 多段线
- 样条曲线
- 多线
- 图案填充

5.1　多段线

多段线命令和直线命令绘制直线的区别之一

多段线命令与直线命令绘制直线的区别之二

多段线是一种由直线段和圆弧组成的、每段线起点和端点可以有不同线宽的多样线。多段线组合形式多样，线宽可以变化，弥补了直线和圆弧功能的不足，适合绘制复杂的图形。

多段线命令绘制圆弧的方法

执行方式：

（1）功能区：单击"默认"选项卡"绘图"面板中的"多段线"按钮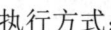。

（2）菜单栏：单击"绘图"→"多段线"命令。

（3）工具栏：单击"绘图"工具栏中的"多段线"按钮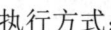。

（4）命令行：输入 pline 命令。

（5）快捷键：pl。

执行上述任一操作都可以调出多段线命令。

操作步骤：

命令行提示与操作如下：

命令: pline（调出多段线命令）
指定起点：（指定多段线的起点）
当前线宽为 0.0000
指定下一个点或 [圆弧(A)/半宽(H)/长度(L)/放弃(U)/宽度(W)]：（指定多段线的下一点）

选项说明：

（1）多段线命令中的"宽度(W)"选项用于设置即将绘制的线段的起点和端点的线宽；"半宽(H)"用于设置即将绘制的线段的中点的线宽。

（2）在命令中线宽为 0 时所绘线条的线宽随所在图层；命令中线宽不为 0 时所绘线条的线宽随命令中设置的线宽。

（3）用多段线命令绘制的图形对象不能用修改命令中的"分解"命令分解。如果分解，则图形中多段线的属性将消失，所有设置的线宽全部变为 0，从而所有线条都会随图层的线宽。如图 5-1（a）所示的图形是用多段线命令绘制的，其中的宽线条和箭头是用多段线命令设置的。图 5-1（b）为用"分解"命令分解后的图形，由于图形中多段线属性消失，因此所有线宽都随了所在图层。

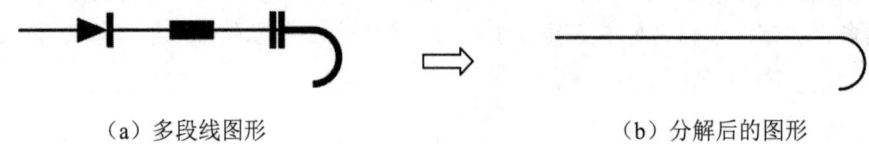

（a）多段线图形　　　　　　　　　　（b）分解后的图形

图 5-1　"分解"多段线

（4）每次调出多段线命令时默认是绘制直线。如果需要绘制圆弧，则在命令行提示中选择"圆弧(A)"选项，然后开始绘制圆弧。绘制圆弧的方法与"圆弧"命令相似，但用多段线命令绘制时可以绘制成起点和端点线宽不一样的圆弧。命令行提示与操作如下：

指定圆弧的端点(按住 Ctrl 键以切换方向)或
[角度(A)/圆心(CE)/闭合(CL)/方向(D)/半宽(H)/直线(L)/半径(R)/第二个点(S)/放弃(U)/宽度(W)]:

（5）从圆弧的绘制切换直线的绘制时，选择命令行提示中的选项"直线(L)"，则开始绘制直线。

实例教学

绘制图 5-2 所示的多段线实例。

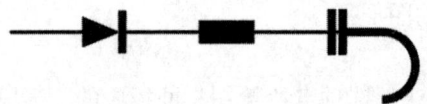

图 5-2　多段线实例

操作步骤：

（1）单击"默认"选项卡"绘图"面板中的"多段线"按钮调出多段线命令，在绘图区开始绘制图形。命令行提示与操作如下：

命令: pline
指定起点：(在绘图区合适的地方拾取一点)
当前线宽为 0（当命令中线宽为 0 时，该段线线宽随图层）
指定下一个点或 [圆弧(A)/半宽(H)/长度(L)/放弃(U)/宽度(W)]: 200（水平向右移动光标，当出现对象捕捉追踪虚线时输入线的长度 200✓）
指定下一点或 [圆弧(A)/闭合(C)/半宽(H)/长度(L)/放弃(U)/宽度(W)]: H（选择"半宽(H)"选项，设置下一段线的宽度）
指定起点半宽 <0>: 40（设置线起点的一半线宽为 40✓）
指定端点半宽 <40>: 0（设置线端点的一半线宽为 0✓）
指定下一点或 [圆弧(A)/闭合(C)/半宽(H)/长度(L)/放弃(U)/宽度(W)]: 100（水平向右移动光标，当出现对象捕捉追踪虚线时输入线的长度 100✓）
指定下一点或 [圆弧(A)/闭合(C)/半宽(H)/长度(L)/放弃(U)/宽度(W)]: H（选择"半宽(H)"选项，设置下一段线的宽度）

指定起点半宽 <0>: 56（设置线起点的一半线宽为56✓）

指定端点半宽 <56>:（设置线端点的一半线宽。注：如果端点和起点的线宽一样，则不用再输半宽，直接按Enter键确定）

指定下一点或 [圆弧(A)/闭合(C)/半宽(H)/长度(L)/放弃(U)/宽度(W)]: 20（水平向右移动光标，当出现对象捕捉追踪虚线时输入线的长度20✓）

指定下一点或 [圆弧(A)/闭合(C)/半宽(H)/长度(L)/放弃(U)/宽度(W)]: H（选择"半宽(H)"选项，设置下一段线的宽度）

指定起点半宽 <56>: 0（设置线起点的半宽为0✓）

指定端点半宽 <0>:（设置线端点的半宽：因和起点一样，直接按Enter键确定）

指定下一点或 [圆弧(A)/闭合(C)/半宽(H)/长度(L)/放弃(U)/宽度(W)]: 200（水平向右移动光标，当出现对象捕捉追踪虚线时输入线的长度200✓）

指定下一点或 [圆弧(A)/闭合(C)/半宽(H)/长度(L)/放弃(U)/宽度(W)]: H（选择"半宽(H)"选项，设置下一段线的宽度）

指定起点半宽 <0>: 30（设置线起点的半宽为30✓）

指定端点半宽 <30>:（设置线端点的半宽：因和起点一样，直接按Enter键确定）

指定下一点或 [圆弧(A)/闭合(C)/半宽(H)/长度(L)/放弃(U)/宽度(W)]: 150（水平向右移动光标，当出现对象捕捉追踪虚线时输入线的长度150✓）

指定下一点或 [圆弧(A)/闭合(C)/半宽(H)/长度(L)/放弃(U)/宽度(W)]: H（选择"半宽(H)"选项，设置下一段线的宽度）

指定起点半宽 <30>: 0（设置线起点的半宽为0✓）

指定端点半宽 <0>:（设置线端点的半宽：因和起点一样，直接按Enter键确定）

指定下一点或 [圆弧(A)/闭合(C)/半宽(H)/长度(L)/放弃(U)/宽度(W)]: 200（水平向右移动光标，当出现对象捕捉追踪虚线时输入线的长度200✓）

指定下一点或 [圆弧(A)/闭合(C)/半宽(H)/长度(L)/放弃(U)/宽度(W)]: H（选择"半宽(H)"选项，设置下一段线的宽度）

指定起点半宽 <0>: 60（设置线起点的半宽为60✓）

指定端点半宽 <60>:（设置线端点的半宽：因和起点一样，直接按Enter键确定）

指定下一点或 [圆弧(A)/闭合(C)/半宽(H)/长度(L)/放弃(U)/宽度(W)]: 20（水平向右移动光标，当出现对象捕捉追踪虚线时输入线的长度20✓）

指定下一点或 [圆弧(A)/闭合(C)/半宽(H)/长度(L)/放弃(U)/宽度(W)]: H（选择"半宽(H)"选项，设置下一段线的宽度）

指定起点半宽 <60>: 0（设置线起点的半宽为0✓）

指定端点半宽 <0>:（设置线端点的半宽：因和起点一样，直接按Enter键确定）

指定下一点或 [圆弧(A)/闭合(C)/半宽(H)/长度(L)/放弃(U)/宽度(W)]: 10（水平向右移动光标，当出现对象捕捉追踪虚线时输入线的长度10✓）

指定下一点或 [圆弧(A)/闭合(C)/半宽(H)/长度(L)/放弃(U)/宽度(W)]: H（选择"半宽(H)"选项，设置下一段线的宽度）

指定起点半宽 <0>: 60（设置线起点的半宽为60✓）

指定端点半宽 <60>:（设置线端点的半宽：因和起点一样，直接按Enter键确定）

指定下一点或 [圆弧(A)/闭合(C)/半宽(H)/长度(L)/放弃(U)/宽度(W)]: 20（水平向右移动光标，当出现对象捕捉追踪虚线时输入线的长度20✓）

指定下一点或 [圆弧(A)/闭合(C)/半宽(H)/长度(L)/放弃(U)/宽度(W)]: H（选择"半宽(H)"选项，设置下一段线的宽度）

指定起点半宽 <60>: 10（设置线起点的半宽为10✓）

指定端点半宽 <10>:（设置线端点的半宽：因和起点一样，直接按Enter键确定）

指定下一点或 [圆弧(A)/闭合(C)/半宽(H)/长度(L)/放弃(U)/宽度(W)]: 100（水平向右移动光标，当出

现对象捕捉追踪虚线时输入线的长度 100✓）

指定下一点或 [圆弧(A)/闭合(C)/半宽(H)/长度(L)/放弃(U)/宽度(W)]: A（选择"圆弧(A)"选项，切换至绘制圆弧）

（2）垂直向下移动光标，当出现对象捕捉追踪虚线时输入圆弧的直径 180✓，如图 5-3（a）所示。再按 Space 键退出命令，完成绘制。最终效果如图 5-3（b）所示。命令行提示与操作如下：

指定圆弧的端点（按住 Ctrl 键以切换方向）或

[角度(A)/圆心(CE)/闭合(CL)/方向(D)/半宽(H)/直线(L)/半径(R)/第二个点(S)/放弃(U)/宽度(W)]: 180（垂直向下移动光标，当出现对象捕捉追踪虚线时输入圆弧的直径 180✓）

指定圆弧的端点（按住 Ctrl 键以切换方向）或

[角度(A)/圆心(CE)/闭合(CL)/方向(D)/半宽(H)/直线(L)/半径(R)/第二个点(S)/放弃(U)/宽度(W)]: （按 Space 键退出命令完成绘制）

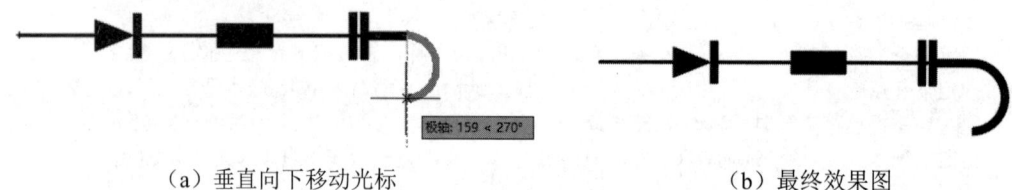

(a) 垂直向下移动光标　　　　　　　　(b) 最终效果图

图 5-3　步骤（2）

5.2　样条曲线

AutoCAD 中使用的样条曲线为非一致有理 B 样条（NURBS），使用 NURBS 曲线能够在控制点之间产生光滑的曲线。样条曲线可用于绘制形状不规则的图形，如图案、花卉、地理信息系统、汽车设计等。

执行方式：

（1）功能区：单击"默认"选项卡"绘图"面板中的"样条曲线拟合"按钮 或"样条曲线控制点"按钮 。

（2）菜单栏：单击"绘图"→"样条曲线"命令。

（3）工具栏：单击"绘图"工具栏中的"样条曲线"按钮 。

（4）命令行：输入 spline 命令。

（5）快捷键：spl。

操作步骤：

命令行提示与操作如下：

命令: spline

当前设置: 方式=拟合　节点=弦

指定第一个点或 [方式(M)/节点(K)/对象(O)]:（指定一点或选择"对象(O)"选项）

输入下一个点或 [起点切向(T)/公差(L)]:（指定第二点）

输入下一个点或 [端点相切(T)/公差(L)/放弃(U)/闭合(C)]:（指定第三个点）

输入下一个点或 [端点相切(T)/公差(L)/放弃(U)/闭合(C)]:C

选项说明：

（1）对象(O)：将二维或三维的二次或三次样条曲线拟合多段线转换为等价的样条曲线，

然后（根据 DELOBJ 系统变量的设置）删除该多段线。

（2）闭合(C)：将最后一点与第一点闭合，并使其在连接处相切，以闭合样条曲线。

（3）拟合公差(F)：修改当前样条曲线的拟合公差，根据新公差以现有点重新定义样条曲线。拟合公差表示样条曲线拟合所指定拟合点集时的拟合精度。公差越小，样条曲线与拟合点越接近，公差为 0，样条曲线将通过该点；输入大于 0 的公差，将使样条曲线在指定的公差范围内通过拟合点。在绘制样条曲线时，可以改变样条曲线拟合公差以查看拟合效果。

实例教学

利用样条曲线完成图 5-4 所示的花瓶图案的绘制。

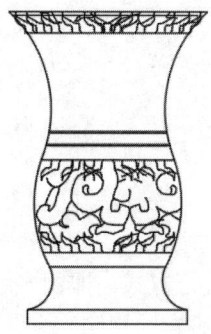

图 5-4　绘制花瓶图案

操作步骤：

（1）打开文件"花瓶.dwg"，如图 5-5 所示。

（2）单击"默认"选项卡"绘图"面板中的"样条曲线拟合"按钮调出样条曲线命令，发挥自己的想象力绘制花瓶瓶身的图案，如图 5-6 所示。

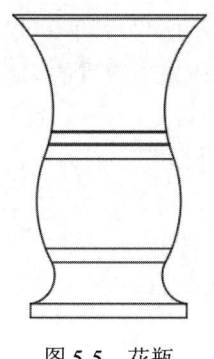 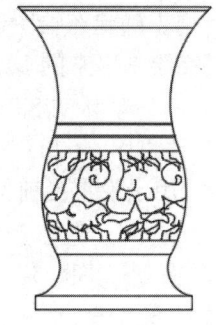

图 5-5　花瓶　　　　　　　　图 5-6　绘制瓶身图案

（3）再继续使用样条曲线命令绘制瓶口的图案。完成绘制。

5.3　多线

多线是由多线命令同时绘制出来的多条线段。一次绘制的多条线是一个对象。默认情况下多线命令一次同时绘制两条平行线，如果需要一次绘制更多条线，可以通过定义多线样式进行设置。使用多线命令能够大大提高绘图效率，并保证线条之间的统一性。

5.3.1 多线的绘制

执行方式：
(1) 菜单栏：单击"绘图"→"多线"命令。
(2) 命令行：输入 mline 命令。
(3) 快捷键：ml。

操作步骤：
命令行提示与操作如下：
  命令: mline
  当前设置: 对正 = 上，比例 = 20.00，样式 = STANDARD
  指定起点或 [对正(J)/比例(S)/样式(ST)]:
  指定下一点：(指定下一点)
  指定下一点或 [放弃(U)]:（继续指定下一点绘制线段；输入 U，则放弃前一段多线的绘制；右击或按 Enter 键，结束命令）
  指定下一点或 [闭合(C)/放弃(U)]:（继续指定下一点绘制线段；输入 C，则闭合线段，结束命令）

选项说明：

(1) 对正(J)：用于确定多线的对正方式，即由多线中的哪一条线的起点确定多线的起点位置，所确定的线在绘制多线过程中随光标移动。

- "上"：表示当从左向右绘制多线时，多线中最上面的一条线的起点位置就是多线的起点，在绘制过程中最顶端的线将随着光标移动。
- "无"：表示当从左向右绘制多线时，多线的中心线的起点位置就是多线的起点，在绘制过程中中心线将随着光标移动。
- "下"：表示当从左向右绘制多线时，多线最下面的一条线的起点位置就是多线的起点，在绘制过程中最下面的一条线将随着光标移动。

(2) 比例(S)：用于确定在绘图过程中将多线样式定义时设置的线间距缩放多少倍。在用多线命令绘图时，最终绘制出来的多线之间的间距是多线样式中设置的间距和绘图时设置的比例(S)的乘积。比如，系统默认的 STANDARD 多线样式中设置两条线之间的间距为 1 个单位，绘图过程中如果设置比例(S)为 20，则绘制出来的多线的间距就为 20。

(3) 样式(ST)：用于设置当前使用的多线样式。

实例教学

用多线的三种对正方式将图 5-7 所示的两个矩形相对的边线的中点连接，以此理解对正的概念。

多线的对正方式

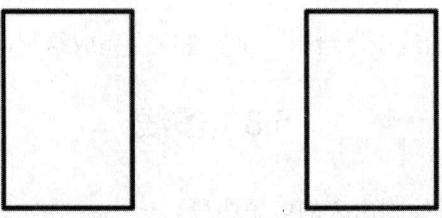

图 5-7 多线对正演示

操作步骤:
(1) 打开文件"多线对正演示"。
(2) 开启状态栏中的"对象捕捉",勾选特征点"中点"。
(3) 输入快捷键 ml✓调出多线命令,设置"对正=上",捕捉左边矩形右边线的中点,拾取得到多线起点,如图 5-8(a)所示。水平移动光标到右边矩形左边线的中点,拾取得到多线端点,如图 5-8(b)所示。命令行提示与操作如下:

命令: ml
mline
当前设置: 对正 = 下,比例 = 20.00,样式 = STANDARD
指定起点或 [对正(J)/比例(S)/样式(ST)]: J(输入 J✓,选择"对正"选项)
输入对正类型 [上(T)/无(Z)/下(B)] <下>: T(输入 T✓,选择对正为"上")
当前设置: 对正 = 上,比例 = 20.00,样式 = STANDARD
指定起点或 [对正(J)/比例(S)/样式(ST)]:(捕捉左边矩形右边线的中点,拾取得到多线起点)
指定下一点:(水平移动光标到右边矩形左边线的中点,拾取得到多线端点)
指定下一点或 [放弃(U)]:(按 Space 键退出命令)

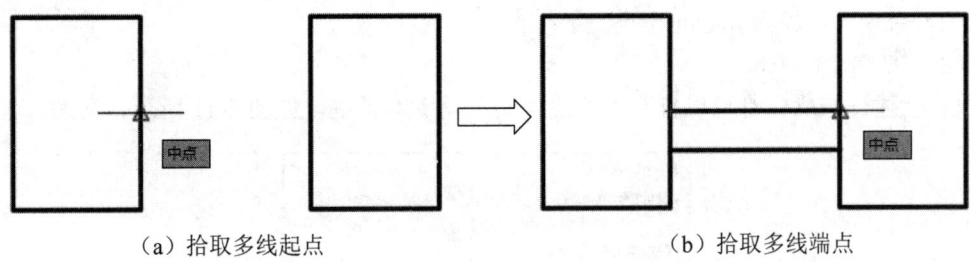

(a) 拾取多线起点　　　　　　　　(b) 拾取多线端点

图 5-8　步骤(3)

(4) 按 Space 键调出多线命令,设置"对正=无",捕捉左边矩形右边线的中点拾取得到多线起点,如图 5-9(a)所示。水平移动光标到右边矩形左边线的中点,拾取得到多线端点,如图 5-9(b)所示。命令行提示与操作如下:

命令: ml
mline
当前设置: 对正 = 上,比例 = 20.00,样式 = STANDARD
指定起点或 [对正(J)/比例(S)/样式(ST)]: J(输入 J✓,选择"对正"选项)
输入对正类型 [上(T)/无(Z)/下(B)] <上>: Z(输入 Z✓,选择对正为"无")
当前设置: 对正 = 无,比例 = 20.00,样式 = STANDARD
指定起点或 [对正(J)/比例(S)/样式(ST)]:(捕捉左边矩形右边线的中点,拾取得到多线起点)
指定下一点:(水平移动光标到右边矩形左边线的中点,拾取得到多线端点)
指定下一点或 [放弃(U)]:(按 Space 键退出命令)

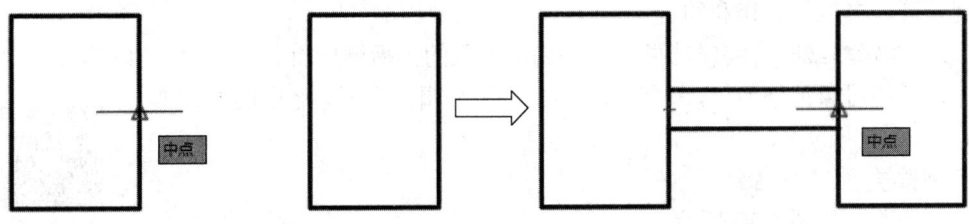

(a) 拾取多线起点　　　　　　　　(b) 拾取多线端点

图 5-9　步骤(4)

（5）用上述方法绘制"下"对正方式的多线，如图 5-10 所示。

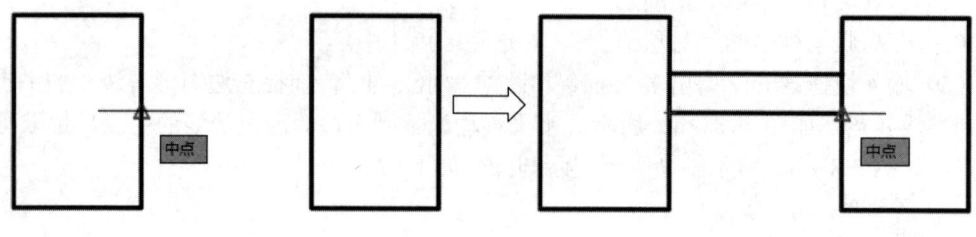

（a）拾取多线起点　　　　　　　　　　（b）拾取多线端点

图 5-10　步骤（5）

5.3.2　多线的编辑

执行方式：

（1）菜单栏：单击"修改"→"对象"→"多线"命令。

（2）命令行：输入 mledit 命令。

（3）在多线上双击。

执行上述任一操作都可以打开"多线编辑工具"对话框，如图 5-11 所示。

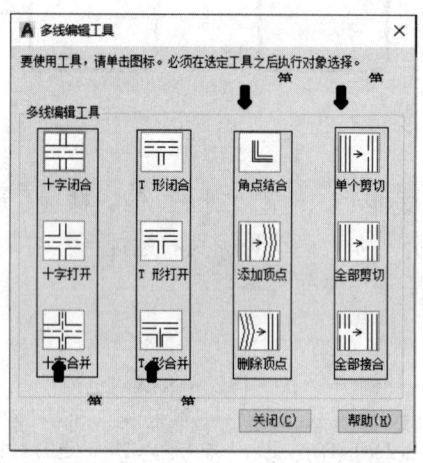

图 5-11　"多线编辑工具"对话框

选项说明：

（1）第一组用于管理交叉点；第二组用于管理 T 形交叉；第三组用于管理角和顶点；第四组用于管理多线的剪切和结合。

（2）编辑多线时，编辑结果与选择编辑对象的先后顺序有关。用第一组和第二组编辑工具时先选择的对象被修剪掉。用第二组和第三组编辑工具时，选取的位置被保留。

实例教学

绘制壁橱，如图 5-12 所示。

操作步骤：

（1）在命令行输入 rec✓调出矩形命令，绘制壁橱的轮廓。命令行提示与操作如下：

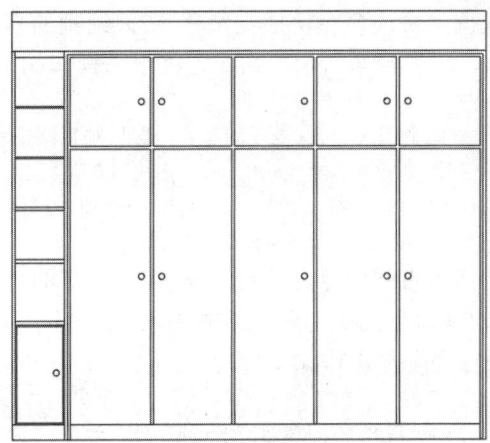

图 5-12 壁橱

命令: rec（输入 rec↙调出直线命令）
rectang
指定第一个角点或 [倒角(C)/标高(E)/圆角(F)/厚度(T)/宽度(W)]:（在绘图区合适的位置拾取一点）
指定另一个角点或 [面积(A)/尺寸(D)/旋转(R)]: D（输入 D↙，选择"尺寸(D)"选项用矩形的长、宽绘制矩形）
指定矩形的长度 <10>: 3200（输入长 3200↙）
指定矩形的宽度 <10>: 2800（输入宽 2800↙）
指定另一个角点或 [面积(A)/尺寸(D)/旋转(R)]:（拾取一点确定矩形位置）

（2）在命令行输入 l↙调出直线命令，捕捉矩形左上角角点，然后垂直向下移动光标，如图 5-13（a）所示。当出现对象捕捉追踪虚线时输入 65↙得到直线的起点。水平向右移动光标，当出现对象捕捉追踪虚线时输入 3200↙得到水平直线，如图 5-13（b）所示。命令行提示与操作如下：

命令: l（输入 l↙调出直线命令）
line
指定第一个点: 65（捕捉矩形左上角角点，然后垂直向下移动光标，输入 65↙得到直线起点）
指定下一点或 [放弃(U)]:（水平移动光标，在和矩形右边的边的交点处拾取得到直线的端点）
指定下一点或 [放弃(U)]: *取消*（按 Space 键退出命令）

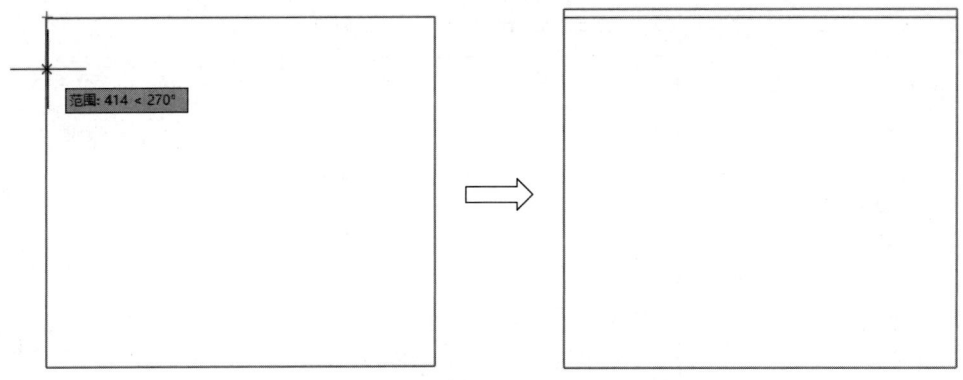

（a）捕捉左上角角点后垂直向下移动光标　　　　（b）输入 3200↙得到水平直线

图 5-13 步骤（2）

（3）按 Space 键再次调出直线命令，捕捉步骤（2）绘制的直线段的起点，用步骤（2）的方法绘制另一条水平线，如图 5-14 所示。命令行提示与操作如下：

命令: line
指定第一个点:195 [捕捉步骤（2）直线段的起点，然后垂直向下移动光标，输入 195↵得到直线起点]
指定下一点或 [放弃(U)]: （水平移动光标，在和矩形右边的边交点处拾取得到直线的端点）
指定下一点或 [放弃(U)]: *取消*（按 Space 键退出命令）

（4）按 Space 键再次调出直线命令，捕捉步骤（3）绘制的直线段的起点（不要拾取），然后水平向右移动光标，出现对象捕捉追踪虚线时输入 350↵得到直线的起点，绘制竖直直线段，如图 5-15 所示。命令行提示与操作如下：

命令: line
指定第一个点: 350 [捕捉步骤（3）直线段的起点，然后水平向右移动光标，输入 350↵得到直线起点]
指定下一点或 [放弃(U)]: （垂直向下移动光标，在和矩形底边的交点处拾取得到直线的端点）
指定下一点或 [放弃(U)]: *取消*（按 Space 键退出命令）

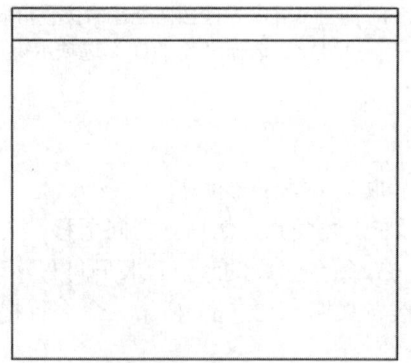 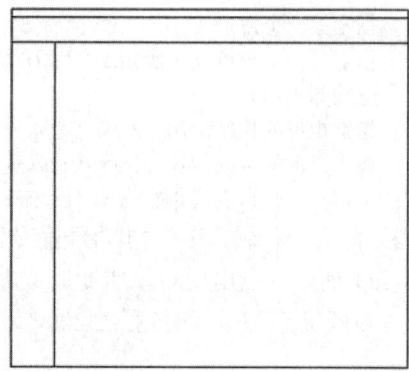

图 5-14 步骤（3）　　　　　　　　　图 5-15 步骤（4）

（5）按 Space 键再次调出直线命令，捕捉步骤（3）绘制的直线段的起点（不要拾取），水平向右移动光标，出现对象捕捉追踪虚线时输入 20↵得到直线段的起点，然后垂直向下移动光标，直到和矩形底边出现交点时拾取得到纵向的线段，如图 5-16 所示。

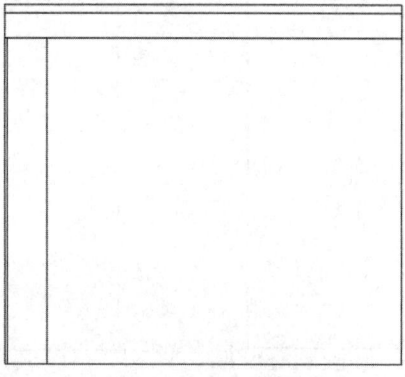

图 5-16 步骤（5）

(6) 捕捉步骤 (5) 绘制的直线段的起点，然后垂直向下移动光标，当出现对象捕捉追踪虚线时输入 40✓ 得到直线的起点。再水平移动光标绘制如图 5-17 所示的直线。命令行提示与操作如下：

命令: line

指定第一个点: 40 [捕捉步骤（5）绘制的直线段的起点，然后垂直向下移动光标，输入 40✓ 得到直线起点]

指定下一点或 [放弃(U)]: [水平移动光标，在和步骤（4）绘制的直线段的交点处拾取得到直线的端点]

指定下一点或 [放弃(U)]: *取消* （按 Space 键退出命令）

(7) 输入快捷键 ml✓ 调出多线命令，设置选项：对正为"上"，比例(S)为 10。捕捉步骤 (6) 所绘直线的起点，然后垂直向下移动光标，当出现对象捕捉追踪虚线时输入 320✓ 得到多线的起点。绘制如图 5-18 所示的水平多线。命令行提示与操作如下：

命令: ml（输入 ml✓ 调出多线命令）

mline

当前设置: 对正 = 上，比例 = 20.00，样式 = STANDARD（正好和需要的对正方式一致）

指定起点或 [对正(J)/比例(S)/样式(ST)]: S（输入 S✓ 设置多线之间的间距）

输入多线比例 <20.00>: 10（设置两条线间的距离为 10✓）

当前设置: 对正 = 上，比例 = 10.00，样式 = STANDARD（使用默认样式 STANDARD）

指定起点或 [对正(J)/比例(S)/样式(ST)]: 320 [捕捉步骤（5）所绘直线的起点，垂直向下移动光标，当出现对象捕捉追踪虚线时输入 320✓ 得到多线的起点]

指定下一点: [水平移动光标，当和步骤（4）绘制的竖直线段出现交点时拾取]

指定下一点或 [放弃(U)]: （按 Space 键退出命令）

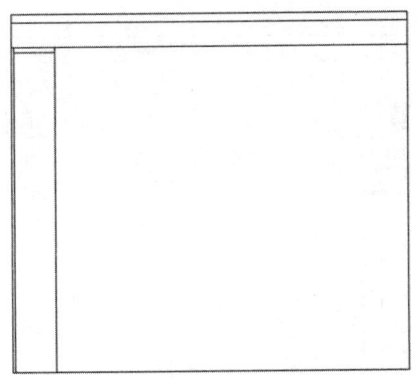

图 5-17　步骤（6）

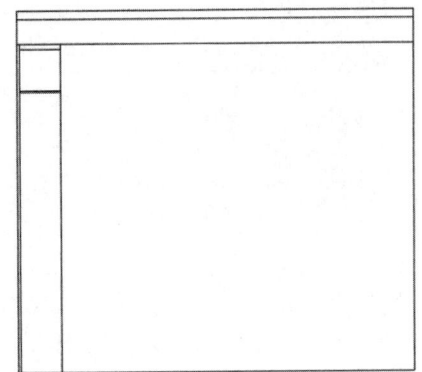

图 5-18　步骤（7）

(8) 按 Space 键再调出多线命令，设置选项：对正为"上"，比例(S)为 10。捕捉步骤（7）所绘多线的下面一条线的起点，然后垂直向下移动光标，当出现对象捕捉追踪虚线时输入 320✓ 得到多线的起点。绘制如图 5-19 所示的水平多线。命令行提示与操作如下：

命令: ml（输入 ML✓ 调出多线命令）

mline

当前设置: 对正 = 上，比例 = 10.00，样式 = STANDARD（不用修改设置）

指定起点或 [对正(J)/比例(S)/样式(ST)]: 320 [捕捉步骤（6）所绘多线的下面一条线的起点，垂直向下移动光标，当出现对象捕捉追踪虚线时输入 320✓ 得到多线的起点]

指定下一点: [水平移动光标，当和步骤（4）绘制的竖线出现交点时拾取]

指定下一点或 [放弃(U)]:（按 Space 键退出命令）

（9）参照步骤（8）的方法绘制一条线间距为 20 的多线和两条线间距为 25 的多线，如图 5-20 所示。

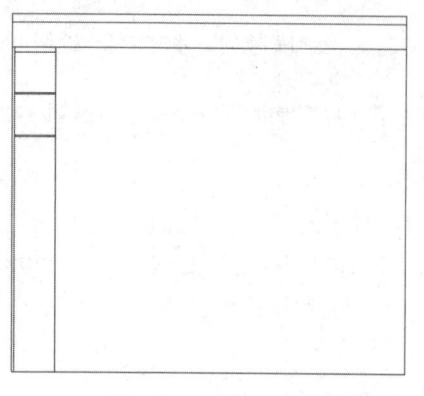

图 5-19　步骤（8）

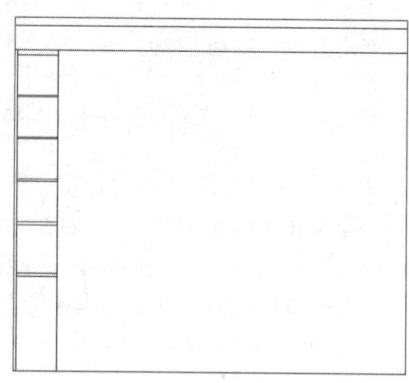

图 5-20　步骤（9）

（10）调出直线命令，捕捉步骤（9）绘制的最后一条多线的下面一条线的起点，垂直向下移动光标，当出现对象捕捉追踪虚线时输入 650✓得到直线的起点，绘制如图 5-21 所示的水平直线段。

（11）再按 Space 键调出直线命令，捕捉步骤（10）绘制的直线段的起点，向右移动光标输入 10✓得到直线的起点，垂直向上移动光标输入 640✓，再水平向右移动光标输入 310✓，垂直向下移动光标输入 640✓，退出直线命令。效果图如图 5-22 所示。

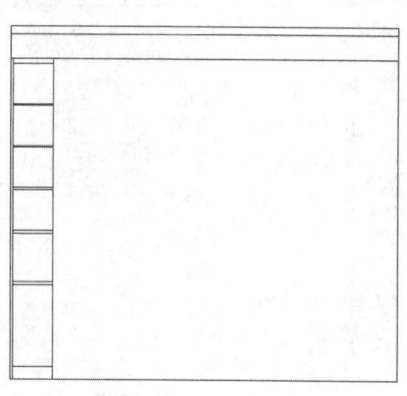

图 5-21　步骤（10）

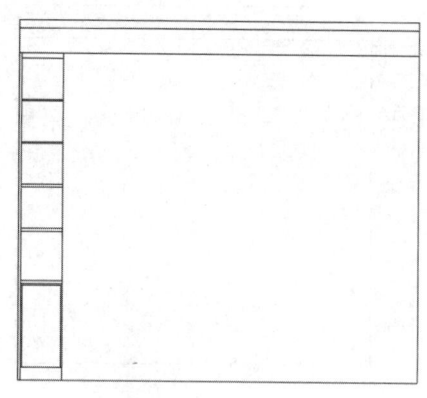

图 5-22　步骤（11）

（12）输入快捷键 ML✓调出多线命令，设置选项：对正为"上"，比例(S)为 18。捕捉如图 5-23（a）所示的点，然后水平向右移动光标，当出现对象捕捉追踪虚线时输入 22✓得到多线的起点，再垂直向上移动光标输入长度 2518✓，水平向右移动光标输入长度 2806✓，垂直向下移动光标，当与下边线出现交点时单击拾取，退出多线命令。效果图如图 5-23（b）所示。
命令行提示与操作如下：

命令: ml
mline
当前设置: 对正 = 上，比例 = 25.00，样式 = STANDARD

指定起点或 [对正(J)/比例(S)/样式(ST)]: S（设置多线比例）
输入多线比例 <25.00>: 18（多线的两条线的间距为18）
当前设置：对正 = 上，比例 = 18.00，样式 = STANDARD
指定起点或 [对正(J)/比例(S)/样式(ST)]: 22
指定下一点：2518（垂直向上移动光标，输入多线的长度2518✓）
指定下一点或 [放弃(U)]: 2806（水平向右移动光标，输入长度2806✓）
指定下一点或 [闭合(C)/放弃(U)]:（垂直向下移动光标，当与下边线出现交点时单击拾取）
指定下一点或 [闭合(C)/放弃(U)]:（按 Space 键退出命令）

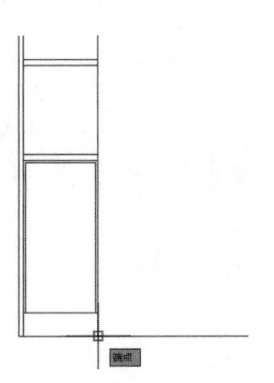

（a）选择定数等分对象　　　　　（b）定数等分后效果

图 5-23　步骤（12）

（13）调出直线命令，绘制如图 5-24 所示的直线。

（14）选择"绘图"中的"点"命令，打开"点样式"对话框，选择需要的点样式，如图 5-25 所示。

（15）单击状态栏"对象捕捉"按钮旁向下的箭头，在打开的窗口中勾选"节点"，开启"对象捕捉"，如图 5-26 所示。

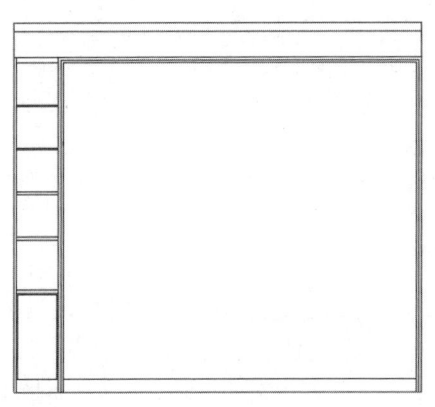
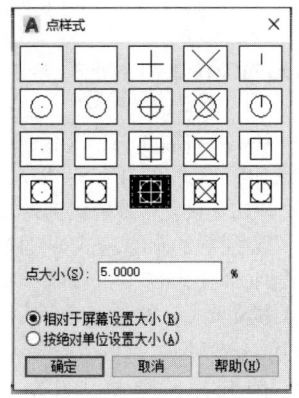
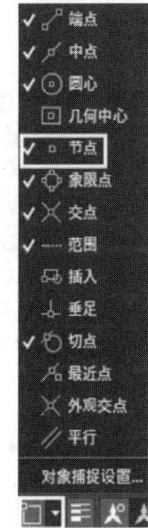

图 5-24　步骤（13）　　　图 5-25　"点样式"对话框　　图 5-26　开启"对象捕捉"

（16）单击"默认"选项卡"绘图"面板中的"定数等分"按钮调出定数等分命令，选择如图 5-27（a）所示的对象，将其分为五等份，如图 5-27（b）所示。命令行提示与操作如下：

命令: divide
选择要定数等分的对象:（选择水平直线段）
输入线段数目或 [块(B)]: 5（输入 5✓）

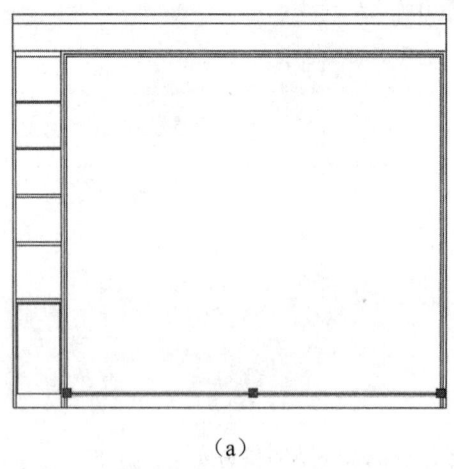
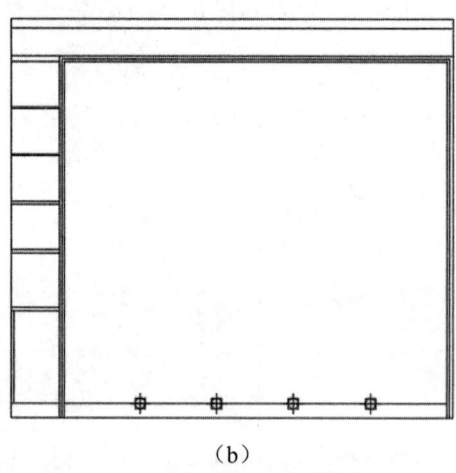

(a)　　　　　　　　　　　　　　(b)

图 5-27　步骤（16）

（17）输入快捷键 ml✓调出多线命令，设置选项：对正为"无"，比例(S)为 20。分别捕捉刚才定数等分得到的节点从下往上绘制多线，共绘制四条竖直多线。绘制完效果如图 5-28 所示。绘制一条多线时的命令行提示与操作如下：

命令: ml
mline
当前设置: 对正 = 上，比例 = 18.00，样式 = STANDARD
指定起点或 [对正(J)/比例(S)/样式(ST)]: J（输入 J✓设置对正方式）
输入对正类型 [上(T)/无(Z)/下(B)] <上>: Z（输入 Z✓选择无对正方式）
当前设置: 对正 = 无，比例 = 18.00，样式 = STANDARD
指定起点或 [对正(J)/比例(S)/样式(ST)]: S（输入 S✓设置比例）
输入多线比例 <18.00>: 20（设置多线的比例为 20✓）
当前设置: 对正 = 无，比例 = 20.00，样式 = STANDARD
指定起点或 [对正(J)/比例(S)/样式(ST)]:（拾取一个节点）
指定下一点:（垂直向上移动光标，和上边的多线相交时拾取）
指定下一点或 [放弃(U)]:（按 Space 键退出多线）

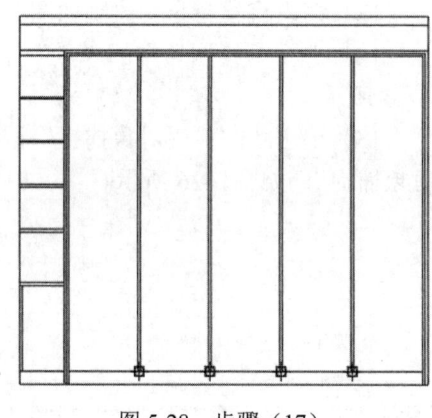

图 5-28　步骤（17）

（18）选择节点并删除（或选择点样式里的第二种样式使点不显示）。删除节点后的效果如图 5-29 所示。

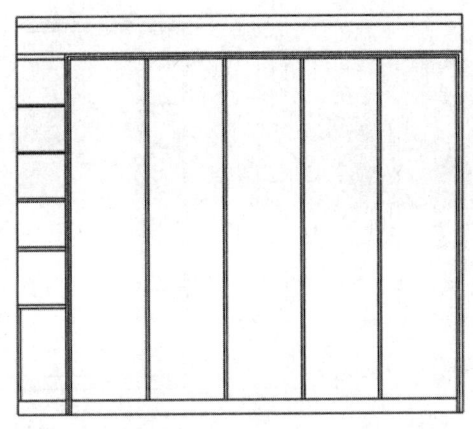

图 5-29　步骤（18）

（19）输入快捷键 ml✓调出多线命令，设置选项：对正为"上"，比例(S)为 20，捕捉如图 5-30（a）所示的点，然后垂直向下移动光标，当出现对象捕捉追踪虚线时输入 580✓得到多线的起点，水平向右移动光标，当和右边的多线相交时单击拾取完成多线的绘制，如图 5-30（b）所示。命令行提示与操作如下：

　　命令: ml
　　mline
　　当前设置: 对正 = 无，比例 = 20.00，样式 = STANDARD
　　指定起点或 [对正(J)/比例(S)/样式(ST)]：580（垂直向下移动光标，当出现对象捕捉追踪虚线时输入 580✓得到多线的起点）
　　指定下一点:（水平向右移动光标，当和右边的多线相交时单击拾取）
　　指定下一点或 [放弃(U)]:（按 Space 键退出命令）

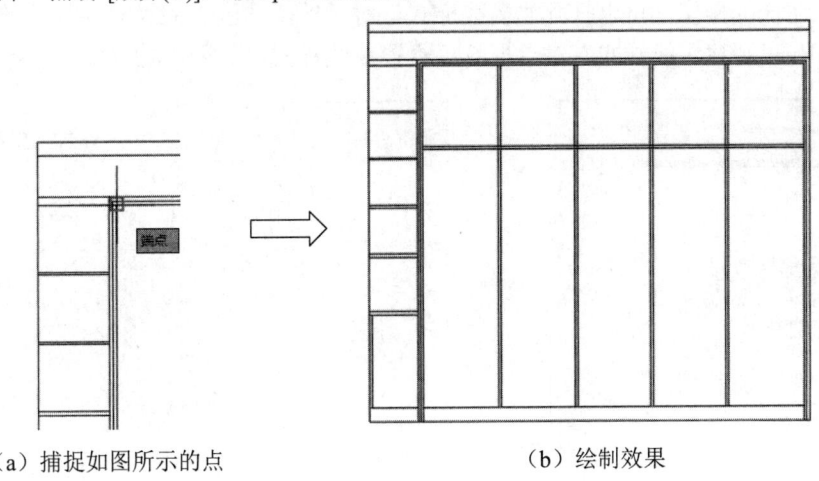

（a）捕捉如图所示的点　　　　　　（b）绘制效果

图 5-30　步骤（19）

（20）在多线上双击，打开"多线编辑工具"对话框，选择"十字打开"选项，如图 5-31（a）所示，将图 5-31（b）中用虚线矩形框起来的多线交点十字打开；再选择"T形打开"选项，将图 5-31（b）中用虚线圆圈起来的多线交点 T 形打开。

（21）用圆命令绘制小圆作为柜门拉手。

　　完成绘制。

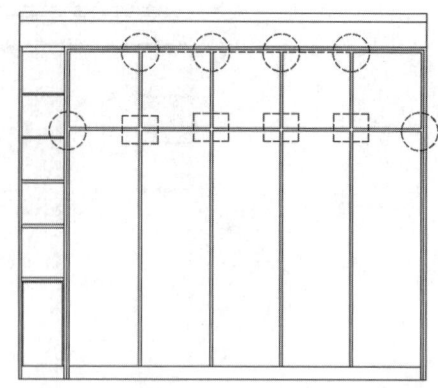

（a）"多线编辑工具"对话框　　　　（b）编辑多线

图 5-31　步骤（20）

多线的样式

5.3.3　多线的样式

一般情况下，用多线命令同时绘制两条平行线时，用系统默认的 STANDARD 多线样式会比较方便，因为 STANDARD 中两条线之间的间距是 1 个单位，所以绘图时两条线的间距由比例(S)的数值就可确定。如果常需要绘制更多条平行线，或绘制的多线中线条需要具有特殊的属性，可以自定义多线样式。

执行方式：

（1）菜单栏：单击"格式"→"多线样式"命令。

（2）命令行：输入 mlstyle 命令。

执行上述任一操作都可以打开"多线样式"对话框，如图 5-32（a）所示。然后单击"新建"按钮打开"新建多线样式"对话框就可设置多线样式，如图 5-32（b）所示。

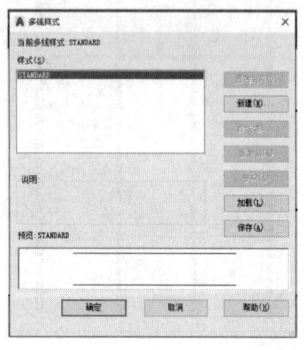
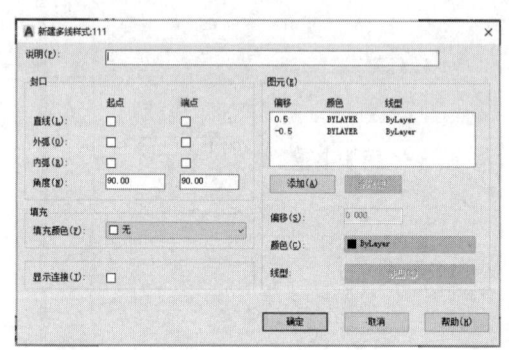

（a）"多线样式"对话框　　　　（b）"新建多线样式"对话框

图 5-32　设置多线样式

图案填充

5.4　图案填充

图案填充功能是使用线条或图案来填充指定的图形区域，这样可以清晰地表现出指定区域的外观纹理，以增加所绘图形的可读性。

5.4.1 图案填充操作

执行方式：
（1）功能区：单击"默认"选项卡"绘图"面板中的"图案填充"按钮。
（2）菜单栏：单击"绘图"→"图案填充"命令。
（3）工具栏：单击"绘图"工具栏中的"图案填充"按钮。
（4）命令行：输入 hatch 命令。
（5）快捷键：h。

执行上述任一操作，都会打开"图案填充创建"选项卡，如图 5-33 所示。用户可以直接在该选项卡中设置图案填充的边界、图案、特性及其他属性。

图 5-33 "图案填充创建"选项卡

5.4.2 "图案填充创建"选项卡介绍

打开"图案填充创建"选项卡后，可根据图形需要，设置相关参数以完成填充操作。其中各面板作用介绍如下：

1. "边界"面板

"边界"面板用于选择填充的边界点或边界线段，也可以通过对边界的删除或重新创建等操作直接改变图案填充的效果。

（1）拾取点：单击"拾取点"按钮，可根据围绕指定点构成的封闭区域来确定边界。执行"图案填充"命令后，命令行提示如下：

　　命令: hatch
　　拾取内部点或 [选择对象(S)/放弃(U)/设置(T)]:

命令行各选项说明：

- 拾取内部点：该选项为默认选项。在填充时，在填充区内部单击，系统会将围绕指定点形成的封闭区域作为填充边界填充图案。
- 选择对象(S)：选择该选项，单击由一个对象形成的封闭区域的边界线来为该区域填充图案。
- 放弃(U)：选择该选项，可放弃上一次的填充操作。
- 设置(T)：设置该选项，将打开"图案填充和渐变色"对话框，在其中进行参数设置。

（2）选择：单击"选择"按钮，可根据构成封闭区域的选定对象确定边界。使用该选项时，"图案填充"命令不会自动检测内部对象，必须选择选定边界内的对象，以按照当前孤岛检测样式填充这些对象。每次单击"选择对象"按钮时，图案填充命令都将清除上一次的选择集。

（3）删除：单击"删除"按钮，可以从边界定义中删除之前添加的任何对象。

（4）重新创建：单击"重新创建"按钮，可围绕选定的图案填充或填充对象创建多段线或面域，并使其与图案填充对象相关联。

2．"图案"面板

该面板用于显示所有预定义和自定义图案的预览图形。打开下拉列表，可从中选择图案的类型，如图5-34所示。

3．"特性"面板

"特性"面板中的第一个选项用于确定填充图案类型。在该面板中，用户可根据需要设置填充方式、填充颜色、填充透明度、填充角度以及填充比例值等，如图5-35所示。

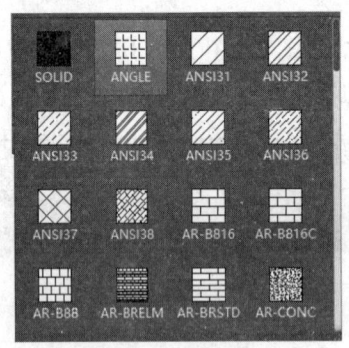

图 5-34 "图案"面板

图 5-35 "特性"面板

面板中各选项说明：

（1）图案填充类型：用于指定是创建实体（纯色）填充、渐变色填充、预定义图案填充，还是用户自定义图案填充。

（2）图案填充颜色：用于替代实体填充和填充图案的当前颜色，如图5-36所示。

（3）背景色：用于指定填充图案背景的颜色，如图5-37所示，图中图案线条为蓝色，背景为黄色。

图 5-36 实体（纯色）填充

图 5-37 图案填充

（4）图案填充透明度：设定新图案填充或填充的透明度，替代当前对象的透明度。

（5）图案填充角度：指定图案填充或填充的角度，有效值为0到359。

（6）填充图案比例：用于确定预定义或自定义填充图案的比例值，默认比例为1。用户可以在该文本框中输入相应的比例值来放大或缩小填充的图案。只有将"图案填充类型"设定为"图案"，此选项才可用。

（7）相对于图纸空间：相对于图纸空间单位缩放填充图案。使用此选项可以按适合布局的比例显示填充图案。该选项仅适用于布局。

（8）"双向"（仅当"图案填充类型"设置为"用户定义"时可用）：将绘制第二组直线，与原始直线成 90°角，从而构成交叉线。

（9）ISO 笔宽（仅对于预定义的 ISO 图案可用）：基于选定的笔宽缩放 ISO 图案。

实例教学

为所给文件"填充图案"填充 ANGLE 图案，如图 5-38 所示。

图 5-38　填充图案

要求：分别填充角度为 0°、比例为 2 和角度为 45°、比例为 4 的 ANGLE 图案，如图 5-39 所示。

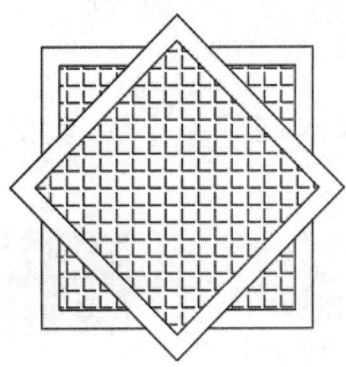　　　

（a）角度为 0°、比例为 2　　　　　　　（b）角度为 45°、比例为 4

图 5-39　ANGLE 图案

操作步骤：

（1）打开文件"填充图案"。

（2）单击"默认"选项卡"绘图"面板中的"图案填充"按钮打开"图案填充创建"选项卡，如图 5-40 所示。

图 5-40　"图案填充创建"选项卡

（3）在"图案"面板中选择 ANGLE 图案，如图 5-41（a）所示；在"特性"面板中设置

"角度"为 0,"比例"为 2,如图 5-41(b)所示。

(a)选择 ANGLE 图案　　　　　　　　(b)设置"角度"和"比例"

图 5-41　步骤(3)

(4)在需要填充的区域 1、2、3、4、5 中,如图 5-42(a)所示,各单击拾取一点,即可填充图案,如图 5-42(b)所示。

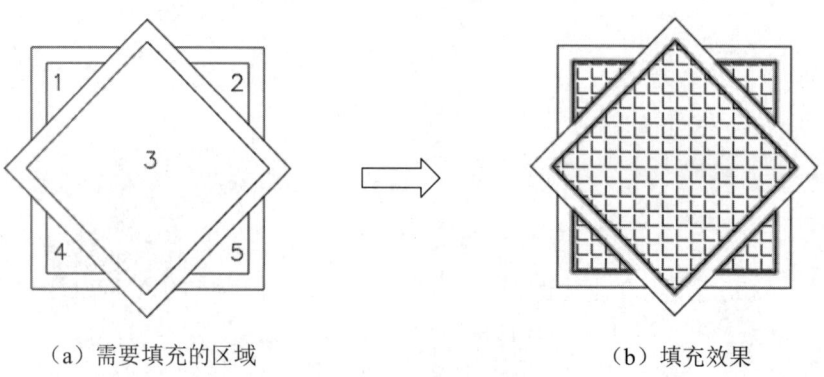

(a)需要填充的区域　　　　　　　　(b)填充效果

图 5-42　步骤(4)

(5)按 Enter 键退出图案填充命令。

(6)按 Space 键再调出图案填充命令,根据步骤(3)~步骤(5)的方法为另一个同样的图形填充角度为 45°、比例为 4 的 ANGLE 图案。

操作完毕。

4. "原点"面板

该面板用于控制填充图案生成的起始位置。某些图案填充(例如砖块图案)需要与图案填充边界上的一点对齐,在所选择的对齐原点处填充的图案是完整的形状。默认情况下,所有图案填充原点都对应于当前的 UCS 原点。"原点"面板如图 5-43 所示。

图 5-43　"原点"面板

例如,为矩形填充 ANGLE 图案。选择图 5-44(a)中的填充"原点"为左下角角点,则左下角的图案就是一个完整的图案;选择图 5-44(b)中的填充"原点"为右下角角点,则右下角的图案就是一个完整的图案。

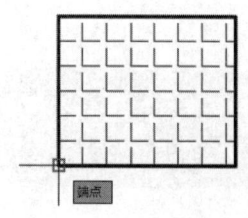 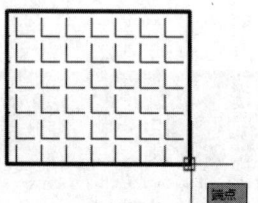

(a)选择"原点"为左下角　　　　　　(b)选择"原点"为右下角

图 5-44　选择填充原点

5. "选项"面板

控制几个常用的图案填充或填充选项,如选择是否自动更新图案、自动视口大小调整填充比例值,以及填充图案属性的设置等。"选项"面板如图 5-45 所示。

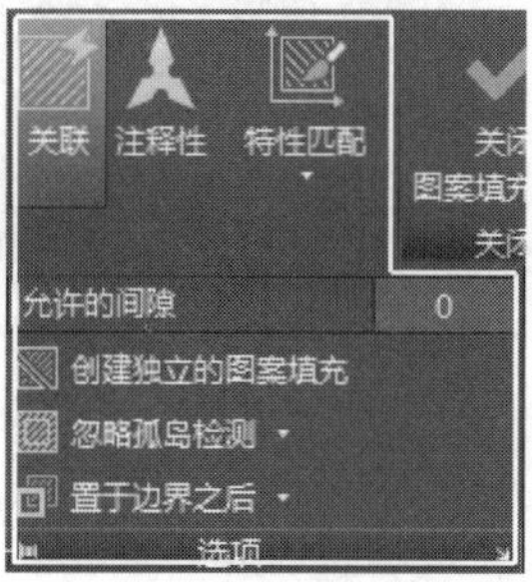

(1)关联:指定填充图案是否与填充边界关联。若设定为关联,则当用户填充好图案后在修改边界形状时填充的图案会随填充区域的变化而变;如果设定为不关联,则填充的图案不会随边界形状的变化而更新。

(2)注释性:指定图案填充为注释性。此特性会自动完成缩放注释过程,从而使注释能够以正确的大小在图纸上打印或显示。

图 5-45 "选项"面板

(3)特性匹配:特性匹配分为使用当前原点和使用源图案填充的原点两种。

1)使用当前原点:使用选定图案填充对象设定图案填充的特性,除图案填充原点外。

2)使用源图案填充的原点:使用选定图案填充对象设定图案填充的特性,其中包括图案填充原点。

(4)允许的间隙:设定将对象用作图案填充边界时可以忽略的最大间隙,默认值为 0,此值指定对象必须为封闭区域且没有间隙。

(5)创建独立的图案填充:控制当指定多条闭合边界时,是创建单个图案填充对象,还是创建多个图案填充对象。

(6)孤岛:在进行图案填充时,把位于总填充区域内的封闭区域称为孤岛,如图 5-46 所示。

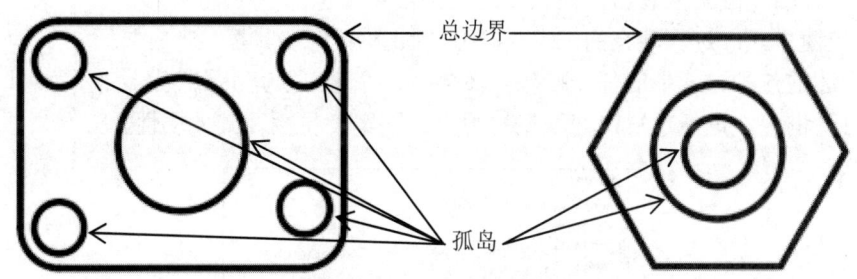

图 5-46 "选项"面板

该功能分为 4 种类型。

1)普通孤岛监测:从外部边界向内填充。如果遇到内部孤岛,填充将关闭,直到遇到孤岛中的另一个孤岛,如图 5-47(a)所示。

2)外部孤岛检测:从外部边界向内填充。此选项仅填充指定的区域,不会影响内部孤岛,如图 5-47(b)所示。

3)忽略孤岛检测:忽略所有内部的对象,填充图案时将通过这些对象,如图 5-47(c)所示。

4)无孤岛检测:关闭孤岛检测。

(7)绘图次序:为图案填充或填充指定绘图次序。选项包括不更改、后置、前置、置于边界之后和置于边界之前。

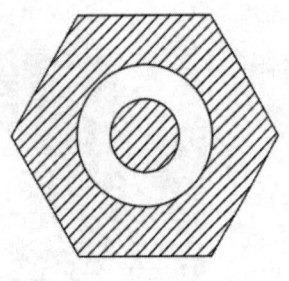 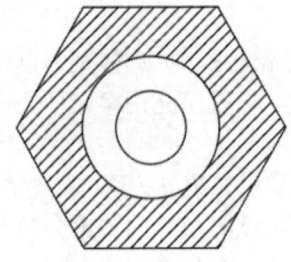 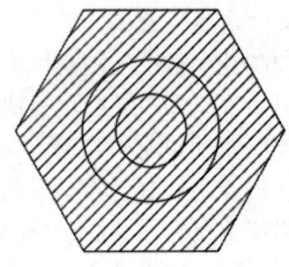

（a）普通孤岛检测　　　　　（b）外部孤岛检测　　　　　（c）忽略孤岛检测

图 5-47　孤岛检测

6．"关闭"面板

关闭"图案填充创建"：退出"图案填充"命令并关闭上下文选项卡，也可以按 Enter 键或 Esc 键退出"图案填充"命令。

5.4.3　编辑填充图案

对已填充的图案，可以进行再次编辑，修改其类型及各项设置。

执行方式：

（1）功能区：单击"默认"选项卡"修改"面板中的"编辑图案填充"按钮。

（2）菜单栏：单击"修改"→"对象"→"图案填充"命令。

（3）工具栏：单击"修改Ⅱ"工具栏中的"编辑图案填充"按钮。

（4）命令行：输入 hatchedit 命令。

（5）在已填充图案上右击，在打开的右键菜单中选择"图案填充编辑"。

（6）快捷方式：选择填充的图案，打开"图案填充编辑器"选项卡。

执行上述前 5 种方式中的任一操作，都会打开"图案填充编辑"对话框，如图 5-48 所示。可以在此对话框中，重新设置图案填充的边界、图案、特性及其他属性。

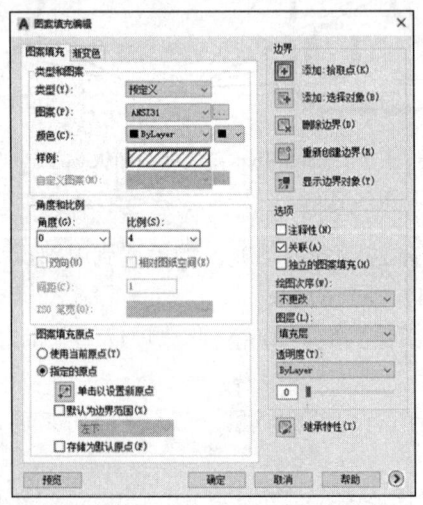

图 5-48　"图案填充编辑"对话框

执行第 6 种操作时，会打开"图案填充编辑器"选项卡，如图 5-49 所示。

图 5-49 "图案填充编辑器"选项卡

"图案填充编辑器"选项卡和"图案填充创建"选项卡各面板和设置方法一样,可以重新在该选项卡中设置图案填充的边界、图案、特性及其他属性。

5.4.4 渐变色填充

执行方式:

(1)功能区:单击"默认"选项卡"绘图"面板中的"渐变色"按钮。

(2)菜单栏:单击"绘图"→"渐变色"命令。

(3)工具栏:单击"绘图"工具栏中的"渐变色"按钮。

(4)命令行:输入 gradient 命令。

执行上述任一操作后,都会打开"图案填充创建"选项卡,如图 5-50 所示。各面板和设置方法与图案填充类似。

图 5-50 "图案填充创建"选项卡

上机实训

【实训 1】为图 5-51 所示的建筑平面图填充地面材料。

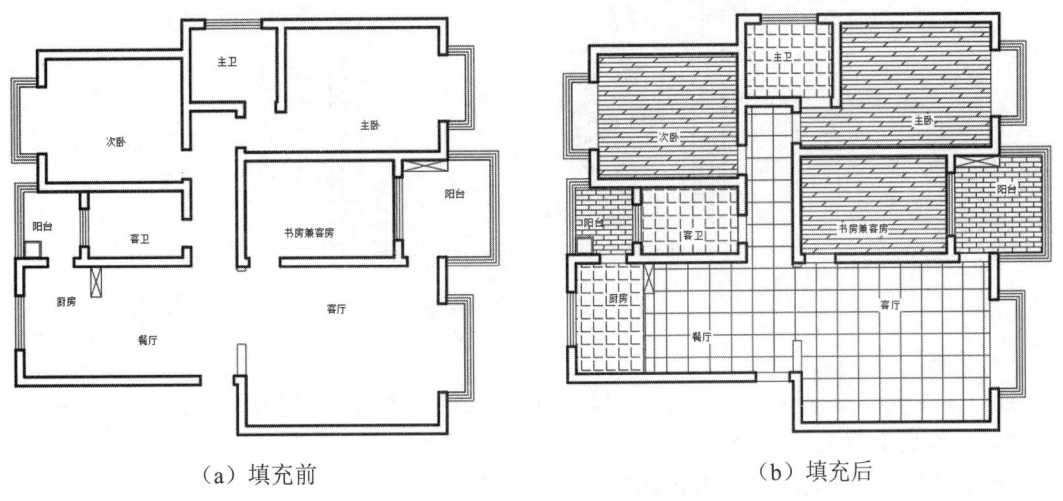

(a)填充前 (b)填充后

图 5-51 实训 1:填充地面材料

1. 实训目的

通过本实训的操作练习,熟练掌握图案填充的方法。

2. 操作提示

(1) 打开文件"实训 1:填充地面材料"。

(2) 用直线命令将填充区域封闭,如图 5-52 所示。

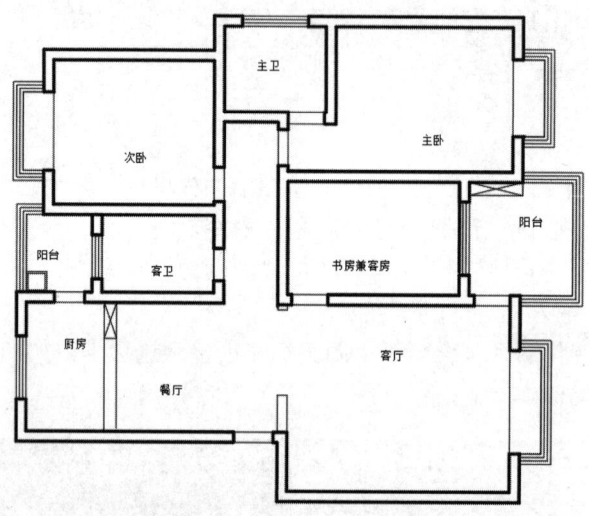

图 5-52　用直线命令封闭填充区域

(3) 将"地面材料"图层置为当前,用图案填充命令分别为不同的区域填充合适的图案(填充图案时注意"图案填充比例"的设置)。

【实训 2】绘制图 5-53 所示的装饰画。

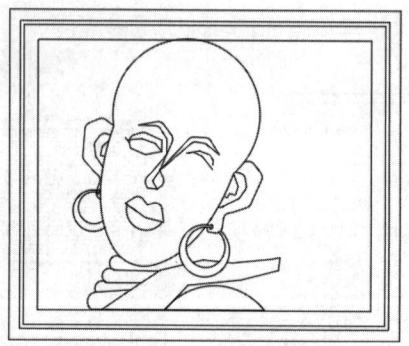

图 5-53　实训 2:装饰画

1. 实训目的

通过本实训的操作练习,熟练掌握样条曲线命令和圆弧命令的使用方法。

2. 操作提示

(1) 打开文件"实训 2:装饰画"。

(2) 使用圆弧命令、样条曲线命令、直线命令绘制装饰图。

第 6 章　二维编辑命令

二维图形的编辑命令配合绘图命令使用,可以进一步完成复杂图形的绘制工作,并且可使用户合理安排和组织图形,保证绘图准确,减少重复。因此熟练掌握编辑命令有助于提高设计和绘图的效率。本章主要内容包括删除及恢复类命令、复制类命令、改变几何特性命令、改变位置类命令和对象编辑等。

重点和难点

- 复制类命令:复制命令、镜像命令、偏移命令、阵列命令
- 改变几何特性命令:修剪命令、圆角命令、倒角命令、拉长命令
- 改变位置类命令:移动命令、旋转命令、缩放命令

6.1　删除及恢复类命令

删除及恢复类命令主要用于删除图形的某部分或对已被删除的部分进行恢复,包括删除、回退、重做、清除等命令。

6.1.1　删除命令

如果所绘制的图形不符合要求或绘错了,可以用删除命令删除。
执行方式:
(1)功能区:单击"默认"选项卡"修改"面板中的"删除"按钮。
(2)菜单栏:单击"修改"→"删除"命令。
(3)工具栏:单击"修改"工具栏中的"删除"按钮。
(4)命令行:输入 erase 命令。
(5)快捷键:e。
操作说明:
(1)可以先选择对象,然后调用删除命令;也可以先调用删除命令,然后再选择对象。
(2)当选择多个对象时,多个对象都会被删除;若选择的对象属于某个对象组,则该对象组的所有对象都被删除。

6.1.2　恢复命令

若误删除了图形,可以使用恢复命令恢复图形。
执行方式:
(1)工具栏:单击"标准"工具栏中的"放弃"按钮。

（2）命令行：输入 oops 或 u 命令。
（3）快捷键：Ctrl+Z。

6.2 复制类命令

复制类命令可以方便地复制所绘制的图形。

6.2.1 复制命令

执行方式：
（1）功能区：单击"默认"选项卡"修改"面板中的"复制"按钮。
（2）菜单栏：单击"修改"→"复制"命令。
（3）工具栏：单击"修改"工具栏中的"复制"按钮。
（4）命令行：输入 copy 命令。
（5）快捷键：co 或 cp。

操作步骤：
命令行提示与操作如下：
  命令: copy（调出命令）
  选择对象：（选择要复制的对象）
用前面介绍的对象选择方法选择一个或多个对象，按 Enter 键结束选择，命令行提示与操作如下：
  指定基点或 [位移(D)/模式(O)] <位移>：（指定基点或位移）
选项说明：
（1）指定基点：指定一个坐标点后，系统把该点作为复制对象的基点，命令行提示"指定第二个点或[阵列(A)]<使用第一个点作为位移>："。在指定第二个点后，系统将根据这两点确定的位移矢量把选择的对象复制到第二点处。如果此时直接按 Enter 键，即选择默认的"使用第一个点作为位移"，则第一个点被当作相对于 X、Y、Z 的位移。例如，如果指定基点为(2,3)，并在下一个提示下按 Enter 键，则该对象从它当前的位置开始在 X 方向上移动 2 个单位，在 Y 方向上移动 3 个单位。复制完后，命令行提示"指定第二个点或[阵列(A)/退出(E)/放弃(U)]<退出>："。这时可以不断指定新的第二点，从而实现多重复制。

（2）位移(D)：直接输入位移值，表示以选择对象时的拾取点为基准，以拾取点坐标为移动方向。按纵横比移动指定位移后确定的点为基点。例如选择对象时拾取点坐标为(2,3)，输入位移为 5，则表示以点(2,3)为基准，沿纵横比为 3:2 的方向移动 5 个单位所确定的点为基点。

（3）模式(O)：控制是否自动重复该命令，该设置由 COPYMODE 系统变量控制。

实例教学

用复制命令复制椅子，如图 6-1 所示。
操作步骤：
方法一：根据"位移"选项复制。
（1）打开文件"复制命令实例"。

复制椅子

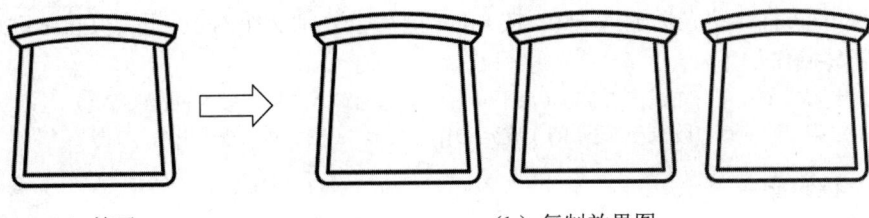

(a)椅子　　　　　　　　　　(b)复制效果图

图 6-1　复制椅子

(2) 勾选状态栏"对象捕捉"中的"中点"。

(3) 输入快捷键 co✓调出复制命令,选中椅子,按 Enter 键确定。

(4) 指定基点如图 6-2 所示,水平向右移动光标输入 550,按 Enter 键复制出第一把椅子。

(5) 不退出命令继续输入数值 1100,按 Enter 键复制出第二把椅子,如图 6-3 所示,再按 Enter 键退出命令。

操作完毕。

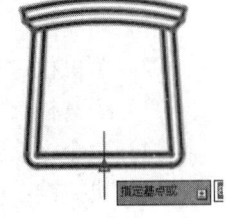

图 6-2　步骤(4)

命令: co
copy
选择对象:
指定对角点: 找到 16 个(选择椅子)
选择对象:(按 Enter 键确定)
当前设置:　复制模式 = 多个
指定基点或 [位移(D)/模式(O)] <位移>:(拾取椅子底边的中点)
指定第二个点或 [阵列(A)] <使用第一个点作为位移>: 550(水平向右移动光标输入距离 550✓)
指定第二个点或 [阵列(A)/退出(E)/放弃(U)] <退出>: 1100(水平向右移动光标输入距离 1100✓)
指定第二个点或 [阵列(A)/退出(E)/放弃(U)] <退出>:(按 Enter 键退出命令)

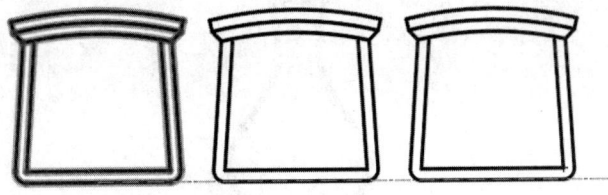

图 6-3　步骤(5)

方法二:根据"阵列"选项复制对象。

(1) 打开文件"复制椅子"。

(2) 勾选状态栏"对象捕捉"中的"中点"。

(3) 输入快捷键 co✓调出复制命令,选中椅子,按 Enter 键确定。

(4) 指定基点如图 6-4 所示。

(5) 在命令行选择"阵列"选项,输入 3(包括源对象共 3 个)按 Enter 键确定。命令行提示与操作如下:

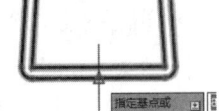

图 6-4　步骤(4)

　　　指定第二个点或 [阵列(A)] <使用第一个点作为位移>: A [选择"阵列(A)"选项]
　　　输入要进行阵列的项目数: 3(输入阵列项目数 3,按 Enter 键确定)

（6）水平向右移动光标输入 550，按 Enter 键后会复制 2 个对象，再按 Enter 键退出命令。命令行提示与操作如下：

  指定第二个点或 [布满(F)]: 550（水平向右移动光标输入 550，按 Enter 键确定）
  指定第二个点或 [阵列(A)/退出(E)/放弃(U)] <退出>:（按 Enter 键退出命令）

6.2.2 镜像命令

镜像是指把选择的对象以一条镜像线为对称轴进行镜像复制。镜像操作完成后，可以保留源对象，也可以删除源对象。

镜像命令

执行方式：

（1）功能区：单击"默认"选项卡"修改"面板中的"镜像"按钮。
（2）菜单栏：单击"修改"→"镜像"命令。
（3）工具栏：单击"修改"工具栏中的"镜像"按钮。
（4）命令行：输入 mirror 命令。
（5）快捷键：mi。

操作步骤：

命令行提示与操作如下：

  命令: mirror（调出命令）
  选择对象:（选择要镜像的对象）
  指定镜像线的第一点:（指定镜像线的第一点）
  指定镜像线的第二点:（指定镜像线的第二点）
  要删除源对象吗？[是(Y)/否(N)] <否>:（确定是否删除源对象）

实例教学

绘制如图 6-5 所示的花瓶。

绘制花瓶

图 6-5 花瓶

操作步骤：

（1）输入快捷键 l 调出直线命令，从左向右绘制一段 60 的水平线段；再垂直向下移动光标输入 500↙绘制一段 500 的线段；继续沿水平方向向左移动光标输入 70↙绘制一段 70 的水平线段，如图 6-6 所示。

（2）输入快捷键 spl 调出样条曲线命令，绘制如图 6-7 所示的曲线。

（3）输入快捷键 mi 调出镜像命令，以竖直线段为对称轴复制左边的三条线得到右边的对称线，如图 6-8 所示。命令行提示与操作如下：

  命令: mirror（调出命令）
  选择对象：

指定对角点: 找到 3 个（选择要镜像的对象）
选择对象:（按 Enter 键确定）
指定镜像线的第一点:
指定镜像线的第二点:
要删除源对象吗？[是(Y)/否(N)] <否>:

  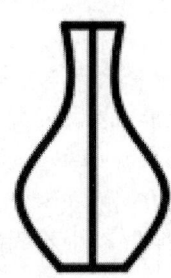

图 6-6　步骤（1）　　　图 6-7　步骤（2）　　　图 6-8　步骤（3）

（4）删除花瓶中间的竖直线段得到最后效果。

6.2.3 偏移命令

偏移命令是对选择的对象进行偏移复制，所复制的对象与源对象具有相同的形状。

执行方式：

（1）功能区：单击"默认"选项卡"修改"面板中的"偏移"按钮 。
（2）菜单栏：单击"修改"→"偏移"命令。
（3）工具栏：单击"修改"工具栏中的"偏移"按钮 。
（4）命令行：输入 offset 命令。
（5）快捷键：o。

操作步骤：

命令行提示与操作如下：

　　命令: offset
　　当前设置: 删除源=否　图层=源　OFFSETGAPTYPE=0
　　指定偏移距离或 [通过(T)/删除(E)/图层(L)] <通过>:（指定偏移距离值）
　　选择要偏移的对象，或 [退出(E)/放弃(U)] <退出>:（选择要偏移的对象，按 Enter 键结束选择）
　　指定要偏移的那一侧上的点，或 [退出(E)/多个(M)/放弃(U)] <退出>:（指定偏移的方向）
　　选择要偏移的对象，或 [退出(E)/放弃(U)] <退出>:（继续选择要偏移的对象重复上述的操作）

选项说明：

（1）指定偏移距离：输入一个距离值，或按 Enter 键使用当前的距离值，系统会把该距离作为当前的距离。

（2）通过(T)：指定偏移的通过点。选择该选项后，命令行提示如下：

　　选择要偏移的对象，或 [退出(E)/放弃(U)] <退出>:（选择要偏移的对象，按 Enter 键结束选择）
　　指定通过点或 [退出(E)/多个(M)/放弃(U)] <退出>:[指定偏移对象的一个通过点（若选"多个(M)"选项，可对所选对象多次指定通过点，每指定一个点，复制一个对象）]

（3）删除(E)：偏移源对象后可将其删除。命令行提示如下：

　　要在偏移后删除源对象吗？[是(Y)/否(N)] <是>:

（4）图层(L)：确定将偏移复制的对象放在当前图层还是放在源对象所在的图层。命令行提示如下：

    输入偏移对象的图层选项 [当前(C)/源(S)] <当前>:

如果偏移对象的图层选择为当前图层，则偏移对象的图层特性和当前图层的相同。

（5）多个(M)：若选该选项，可对所选对象多次指定通过点，每指定一个点，复制一个对象。

注意：

（1）在偏移命令中选择对象时一次只能选择一个对象，偏移完该对象后不会自动退出命令，可以继续选择其他对象用前面输入的距离再进行偏移。

（2）如果偏移的距离发生变化，则需要退出偏移命令后再次调出，重新输入距离。

实例教学

用偏移命令对图 6-9 中不同的对象进行偏移复制，设置偏移距离为 100。观察偏移对象与源对象的区别。

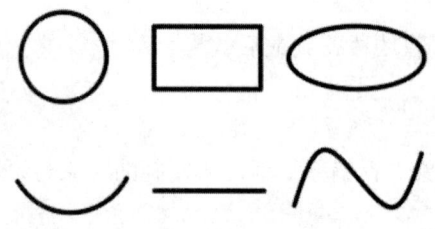

图 6-9　偏移对象

操作步骤：

（1）打开文件"用偏移命令对不同对象复制"。

（2）输入快捷键 o 调出偏移命令。

（3）输入偏移距离 100，按 Enter 键确定。

（4）分别选择图中的对象进行偏移，观察对不同对象偏移复制的对象与源对象的区别。

6.2.4　阵列命令

阵列命令是一种有规则的复制对象的命令，所复制的对象将以矩形阵列、环形阵列和路径阵列 3 种方式排列。

执行方式：

（1）功能区：单击"默认"选项卡"修改"面板中的"矩形阵列"按钮▦/"环形阵列"按钮▦/"路径阵列"按钮▦。

（2）菜单栏：单击"修改"→"阵列"→"矩形阵列"/"环形阵列"/"路径阵列"命令。

（3）工具栏：单击"修改"工具栏中的"矩形阵列"按钮▦/"环形阵列"按钮▦/"路径阵列"按钮▦。

（4）命令行：输入 array 命令。

（5）快捷键：ar。

1．矩形阵列

矩形阵列是对象在横向和纵向按一定位移进行排列的阵列。

操作步骤：

命令行提示与操作如下：

  命令：arrayrect 调出矩形阵列命令
  选择对象：选择对象
  选择对象：按 Enter 键
  类型 = 矩形 关联 = 是
  选择夹点以编辑阵列或 [关联(AS)/基点(B)/计数(COU)/间距(S)/列数(COL)/行数(R)/层数(L)/退出(X)] <退出>：

选项说明：

（1）关联(AS)：指定阵列复制的对象是关联的（即是一个整体）还是独立的。

（2）基点(B)：定义阵列基点和基点夹点的位置。其中"基点"指定在阵列中放置项目的基点；"关键点"是对于关联阵列而言的，在源对象上指定有效的约束（或关键点）以与路径对齐。

（3）计数(COU)：指定行数和列数，并使用户在移动光标时可以动态观察结果。其中"表达式"基于数学公式或方程式导出值。

（4）间距(S)：指定行间距和列间距，并使用户在移动光标时可以动态观察结果。"行间距"用于指定从每个对象的相同位置测量的每行之间的距离。"列间距"用于指定从每个对象的相同位置测量的每列之间的距离，如图 6-10 所示。"单位单元"是通过设置等同于间距的矩形区域的每个角点来同时指定行间距和列间距。

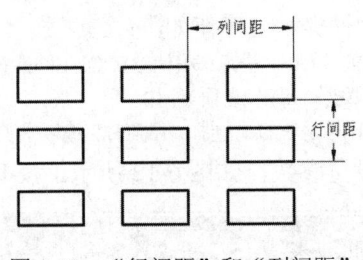

图 6-10 "行间距"和"列间距"

（5）列数(COL)：编辑列数和列间距。"列数"用于设置栏数。"列间距"用于指定从每个对象的相同位置测量的每列之间的距离。"总计"用于指定从开始和结束对象上的相同位置测量的起点和终点列之间的总距离。

（6）行数(R)：指定阵列中的行数、它们之间的距离以及行之间的增量标高。"行数"用于设定行数。"行间距"用于指定从每个对象的相同位置测量的每行之间的距离。"总计"用于指定从开始和结束对象上的相同位置测量的起点和终点行之间的总距离。"增量标高"用于设置每个后续行的增大或减少的标高。"表达式"基于数学公式或方程式导出值。

（7）层数(L)：指定三维阵列的层数和层间距。"层数"用于指定阵列中的层数。"层间距"用于 Z 坐标值中指定每个对象等效位置之间的差值。"总计"用于 Z 坐标值中指定第一个和最后一个层中对象等效位置之间的总差值。"表达式"基于数学公式或方程式导出值。

实例教学

用矩形阵列命令复制装饰画。要求列间距为 550，行间距为 500，共 2 行 3 列，如图 6-11 所示。

矩形阵列实例

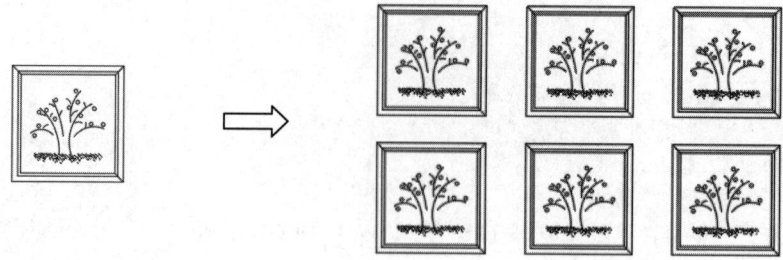

(a) 将装饰画按矩形阵列排列　　　　(b) 复制效果图

图 6-11　复制装饰画

操作步骤：

（1）打开"矩形阵列实例"文件。

（2）单击"默认"选项卡"修改"面板中的"矩形阵列"按钮▦调出矩形阵列命令，选择装饰画，按 Enter 键。命令行提示与操作如下：

  命令: arrayrect（调出矩形阵列命令）
  选择对象:
  指定对角点: 找到 143 个（选择装饰画）
  选择对象:（按 Enter 键）
  类型 = 矩形　关联 = 是

（3）此时默认阵列对象是关联的。在命令行选择 "关联(AS)"选项，再选择"否(N)"选项，则阵列对象将不关联。命令行提示与操作如下：

  选择夹点以编辑阵列或 [关联(AS)/基点(B)/计数(COU)/间距(S)/列数(COL)/行数(R)/层数(L)/退出(X)] <退出>: AS（选择 "关联(AS)"选项）
  创建关联阵列 [是(Y)/否(N)] <是>: N（选择"否(N)"选项，则阵列对象将不关联）

（4）在"阵列"选项卡上设置参数，如图 6-12 所示。按 Enter 键完成阵列。

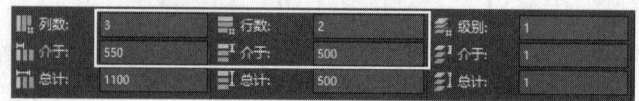

图 6-12　步骤（4）

2．环形阵列

环形阵列是对象以某个中心点为圆心，在圆周上均匀分布的阵列。

操作步骤：

命令行提示与操作如下：

  命令: arraypolar（调出环形阵列命令）
  选择对象:（选择对象）
  选择对象:（按 Enter 键）
  类型 = 极轴　关联 = 是
  指定阵列的中心点或 [基点(B)/旋转轴(A)]:（指定中心点）
  选择夹点以编辑阵列或 [关联(AS)/基点(B)/项目(I)/项目间角度(A)/填充角度(F)/行(ROW)/层(L)/旋转项目(ROT)/退出(X)] <退出>:

选项说明：

（1）中心点：指定分布阵列项目所环绕的点。旋转轴是当前 UCS 的 Z 轴。

(2) 旋转轴(A)：指定由两个点定义的自定义旋转轴。
(3) 项目(I)：使用值或表达式指定阵列中的项目数。
(4) 项目间角度(A)：使用值或表达式指定项目之间的角度。
(5) 填充角度(F)：使用值或表达式指定阵列中第一个和最后一个项目之间的角度。
(6) 旋转项目(ROT)：控制在排列项目时是否旋转项目。

注意：填充角度正负不同则环形阵列分布不同。默认情况下，填充角度若为正值，表示将沿逆时针方向环形阵列对象；若为负值，则表示将沿顺时针方向环形阵列对象。

实例教学

使用环形阵列命令复制椅子，如图 6-13 所示。

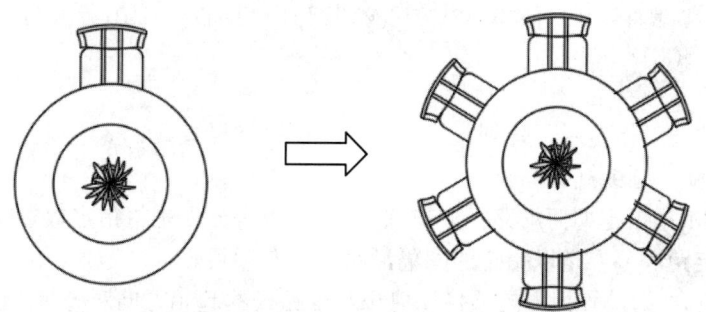

（a）使用环形阵列命令复制椅子　　　（b）复制效果图

图 6-13　复制椅子

操作步骤：
（1）打开"环形阵列实例"文件。
（2）单击"默认"选项卡"修改"面板中的"环形阵列"按钮 调出环形阵列命令。
（3）从左向右框选椅子，如图 6-14 所示。按 Enter 键确定对对象的选择。

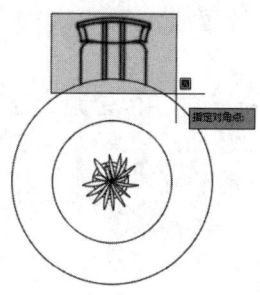

图 6-14　步骤（3）

（4）拾取圆桌的圆心得到环形阵列的中心点。在"阵列"选项卡上设置参数，如图 6-15 所示。按 Enter 键完成环形阵列。

图 6-15　步骤（4）

3. 路径阵列

路径阵列是对象沿整个路径或部分路径平均分布的阵列。路径可以是曲线、折线等所有开放型线段。

操作步骤：

命令行提示与操作如下：

  命令: arraypath（调出路径阵列命令）
  选择对象:（选择对象）
  选择对象:（按 Enter 键）
  类型 = 矩形　关联 = 是
  选择路径曲线:（选择对象分布的路径）
  选择夹点以编辑阵列或 [关联(AS)/方法(M)/基点(B)/切向(T)/项目(I)/行(R)/层(L)/对齐项目(A)/z 方向(Z)/退出(X)] <退出>:

选项说明：

（1）路径曲线：指定用于阵列路径的对象。可以选择直线、多段线、三维多段线、样条曲线、螺旋、圆弧、圆或椭圆。

（2）方法(M)：指定如何沿路径分布项目。"定数等分"是将指定数量的项目沿路径的长度均匀分布。"定距等分"是以指定的间隔沿路径分布项目。

（3）切向(T)：指定阵列中的项目如何相对于路径的起始方向对齐。

（4）项目(I)：根据"方法"设置，指定项目数或项目之间的距离。"沿路径的项目数"（当"方法"为"定数等分"时可用）用于使用值或表达式指定阵列中的项目数。"沿路径的项目之间的距离"（当"方法"为"定距等分"时可用）用于使用值或表达式指定阵列中的项目的距离。默认情况下，使用最大项目数填充阵列，这些项目使用输入的距离填充路径。也可以启用"填充整个路径"，以便在路径长度更改时调整项目数。

（5）对齐项目(A)：指定是否对齐每个项目以与路径的方向相切。对齐每一个项目的方向。

（6）z 方向(Z)：控制是否保持项目的原始 Z 方向或沿三维路径自然倾斜项目。

路径阵列实例

实例教学

用路径阵列命令沿半圆弧复制椅子。使用"定距等分"排列，项间距（即"介于"）为 800，如图 6-16 所示。

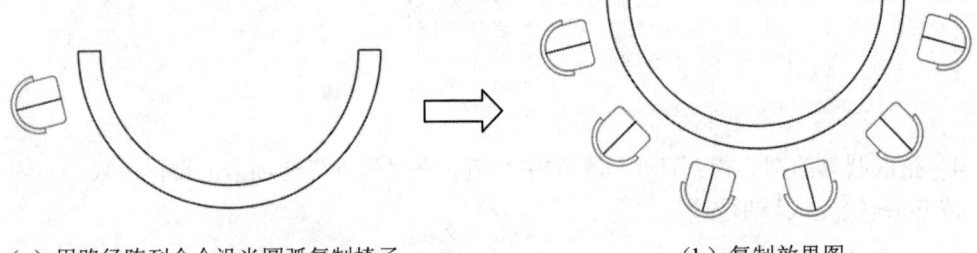

（a）用路径阵列命令沿半圆弧复制椅子　　　　（b）复制效果图

图 6-16　复制椅子

操作步骤：

（1）打开"路径阵列实例"文件。

（2）单击"默认"选项卡"修改"面板中的"路径阵列"按钮调出路径阵列命令，选择椅子，按 Enter 键确定对对象的选择。

（3）选择半圆环外圆弧作为路径，如图 6-17 所示。

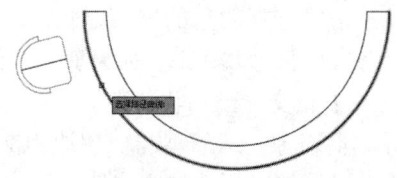

图 6-17　步骤（3）

（4）在"阵列"选项卡上设置参数（"介于"为 800；不关联；定距等分；对齐项目），如图 6-18 所示。按 Enter 键完成路径阵列。

图 6-18　步骤（4）

6.3　改变几何特性类命令

这一类命令可对指定对象进行编辑，编辑后会使编辑对象的几何特性发生改变，包括"倒角""圆角""打断""修剪""延伸""拉长""拉伸"等命令。

6.3.1　修剪命令

修剪命令可对超出图形边界的线段进行修剪。

执行方式：

修剪命令

（1）功能区：单击"默认"选项卡"修改"面板中的"修剪"按钮 。

（2）菜单栏：单击"修改"→"修剪"命令。

（3）工具栏：单击"修改"工具栏中的"修剪"按钮 。

（4）命令行：输入 trim 命令。

（5）快捷键：tr。

操作步骤：

命令行提示与操作如下：

　　命令: trim
　　当前设置:投影=UCS，边=无
　　选择剪切边...
　　选择对象或 <全部选择>：找到 1 个
　　选择对象：
　　选择要修剪的对象，或按住 Shift 键选择要延伸的对象，或

[栏选(F)/窗交(C)/投影(P)/边(E)/删除(R)/放弃(U)]:
选择要修剪的对象,或按住 Shift 键选择要延伸的对象,或
[栏选(F)/窗交(C)/投影(P)/边(E)/删除(R)/放弃(U)]:

选项说明:

(1)按 Shift 键:在选择对象时,如果按住 Shift 键,系统自动将"修剪"命令转换成"延伸"命令。

(2)边(E):选择该选项时,可以选择对象的修剪方式,即延伸和不延伸。

1)延伸(E):延伸边界进行修剪。在此方式下,如果剪切边没有与要修剪的对象相交,系统会延伸剪切边直至与要修剪的对象相交,然后再修剪。

2)不延伸(N):不延伸边界修剪对象,只修剪与剪切边相交的对象。

(3)栏选(F):选择该选项时,系统以栏选的方式选择被修剪对象。

(4)窗交(C):选择该选项时,系统以窗交的方式选择被修剪对象。

实例教学

绘制图案,如图 6-19 所示。

绘制图案

图 6-19　绘制图案

操作步骤:

(1)输入快捷键 rec 调出矩形命令,绘制一个 300×300 的矩形。

(2)输入快捷键 o 调出偏移命令,将矩形向内分别偏移 10 和 5,如图 6-20 所示。

(3)输入快捷键 l 调出直线命令,捕捉最外层矩形左下角交点,如图 6-21(a)所示。水平向右移动光标输入 98✓得到直线起点,然后垂直向上绘制和最外层矩形相交的直线段,如图 6-21(b)所示。

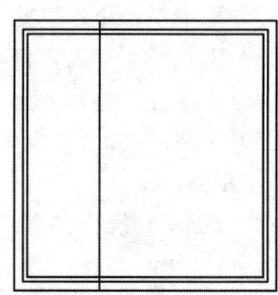

　　　　　　　　　　　　　(a)捕捉最外层矩形左下角交点　(b)绘制和最外层矩形相交的直线段

图 6-20　步骤(2)　　　　　　　　　图 6-21　步骤(3)

(4)输入快捷键 o 调出偏移命令,将直线向右分别偏移 5、12、5、60、5、12、5(共偏

移复制 7 条直线），如图 6-22 所示。

（5）输入快捷键 l 调出直线命令，捕捉最外层矩形左下角交点，如图 6-23（a）所示。垂直向上移动光标输入 98✓得到直线起点，然后水平绘制和最外层矩形相交的直线段，如图 6-23（b）所示。

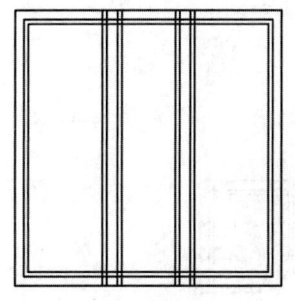 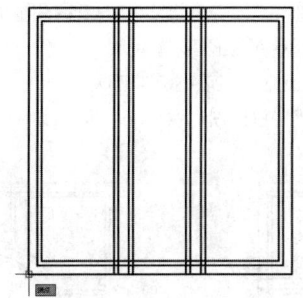 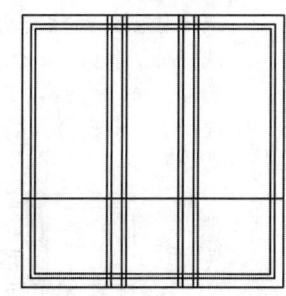

　　　　　　　　　　　　　　　　　（a）捕捉最外层矩形左下角交点　　（b）绘制和最外层矩形相交的直线段

图 6-22　步骤（4）　　　　　　　　　　　图 6-23　步骤（5）

（6）输入快捷键 o 调出偏移命令，将直线向上分别偏移 5、12、5、60、5、12、5（共偏移复制 7 条直线），如图 6-24 所示。

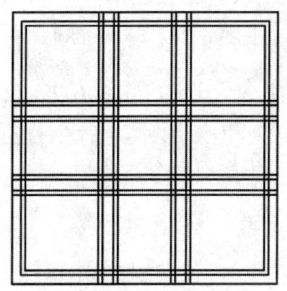

图 6-24　步骤（6）

（7）输入快捷键 c 调出圆命令，捕捉矩形的中心点作为圆心：先捕捉水平直线段的中点垂直移动光标，当出现对象捕捉追踪虚线后，再捕捉垂直方向直线段中点水平移动光标，出现对象捕捉追踪虚线后继续移动光标，直到出现水平和垂直方向虚线的交点时单击拾取，得到圆心，如图 6-25（a）所示。绘制半径为 90、85、75、70 的圆，如图 6-25（b）所示。

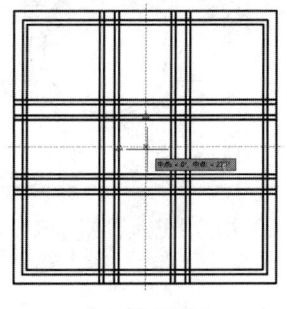 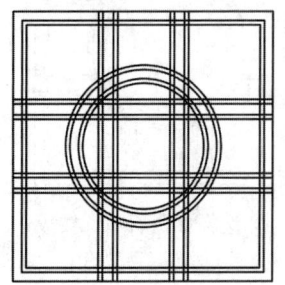

（a）捕捉圆心　　　　　　　（b）绘制圆

图 6-25　步骤（7）

(8) 输入快捷键 tr 调出修剪命令，选择半径为 85 的圆作为边界对象，如图 6-26（a）所示，单击圆内直线段全部修剪掉，效果如图 6-26（b）所示。命令行提示与操作如下：

命令: tr trim（输入快捷键 tr✓调出修剪命令）
当前设置:投影=UCS，边=无
选择剪切边...
选择对象或 <全部选择>： 找到 1 个（选择半径为 85 的圆作为边界对象）
选择对象：（按 Enter 键确定对边界对象的选择）
选择要修剪的对象，或按住 Shift 键选择要延伸的对象，或
[栏选(F)/窗交(C)/投影(P)/边(E)/删除(R)/放弃(U)]:（选择圆内所有直线段修剪，然后按 Space 键退出命令）

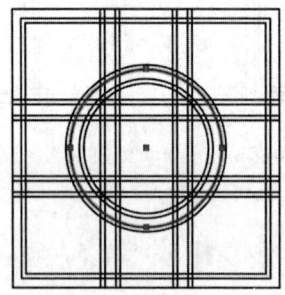 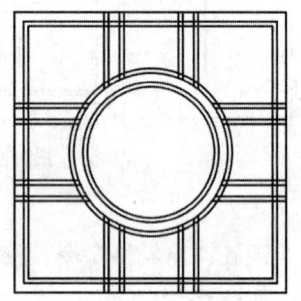

（a）选择半径为 85 的圆　　　　　（b）修剪效果

图 6-26　步骤（8）

(9) 输入快捷键 tr 调出修剪命令，选择如图 6-27（a）所示的直线段作为边界对象，修剪用虚线圆圈起来的线段，如图 6-27（b）所示。命令行提示与操作如下：

命令: tr trim（输入快捷键 tr✓调出修剪命令）
当前设置:投影=UCS，边=无
选择剪切边...
选择对象或 <全部选择>： 找到 16 个［选择如图 6-27（a）所示的直线段作为边界对象］
选择对象：（按 Enter 键确定对边界对象的选择）
选择要修剪的对象，或按住 Shift 键选择要延伸的对象，或
[栏选(F)/窗交(C)/投影(P)/边(E)/删除(R)/放弃(U)]:（修剪用虚线的圆圈起来的线段，然后按 Space 键退出命令）

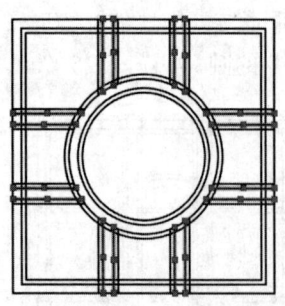 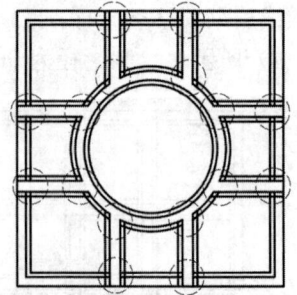

（a）选择如图所示直线段　　　　（b）修剪用虚线圆圈起来的线段效果

图 6-27　步骤（9）

(10) 按 Space 键再调出修剪命令，选择所有对象作为边界，如图 6-28（a）所示，修剪图 6-27（b）中用虚线圆圈起来的部分线段，得到最终效果，如图 6-28（b）所示。

(a) 选择所有对象作为边界　　　　　　(b) 最终效果

图 6-28　步骤（10）

6.3.2　延伸命令

延伸命令是将图形对象延伸到指定的边界对象上。

执行方式：

（1）功能区：单击"默认"选项卡"修改"面板中的"延伸"按钮。

（2）菜单栏：单击"修改"→"延伸"命令。

（3）工具栏：单击"修改"工具栏中的"延伸"按钮。

（4）命令行：输入 extend 命令。

（5）快捷键：ex。

操作步骤：

命令行提示与操作如下：

  命令: extend（调出延伸命令）
  当前设置:投影=UCS，边=无
  选择边界的边...
  选择对象或 <全部选择>:
  指定对角点:（选择作为边界的对象）
  选择对象:（按 Enter 键完成对边界对象的选择）
  选择要延伸的对象，或按住 Shift 键选择要修剪的对象，或
  [栏选(F)/窗交(C)/投影(P)/边(E)/放弃(U)]:（选择要延伸的对象）

选项说明：

按 Shift 键：在选择对象时，如果按住 Shift 键，系统自动将"延伸"命令转换成"修剪"命令。

6.3.3　圆角命令

圆角命令

圆角是指用指定的半径决定的一段平滑的圆弧连接两个对象。系统规定可以用圆角连接一对直线段、非圆弧的多段线段、样条曲线、双向无限长线、射线、圆、圆弧和椭圆。可以在任何时刻用圆角连接非圆弧多段线的每个节点。

执行方式：

（1）功能区：单击"默认"选项卡"修改"面板中的"圆角"按钮。

（2）菜单栏：单击"修改"→"圆角"命令。

（3）工具栏：单击"修改"工具栏中的"圆角"按钮。

(4)命令行：输入 fillet 命令。
(5)快捷键：f。

操作步骤：

命令行提示与操作如下：

命令: fillet
当前设置: 模式 = 修剪, 半径 = 10
选择第一个对象或 [放弃(U)/多段线(P)/半径(R)/修剪(T)/多个(M)]:
选择第二个对象，或按住 Shift 键选择对象以应用角点或 [半径(R)]:

选项说明：

(1)多段线(P)：在一条二维多段线的两段直线段的节点处插入圆滑的弧。选择多段线后，系统会根据指定的圆弧的半径，把多段线各顶点用圆滑的弧连接起来。

(2)修剪(T)：决定用圆角连接两条边时是否修剪这两条边，如图 6-29 所示。

（a）原图　　　　　（b）不修剪　　　　　（c）修剪

图 6-29　圆角命令

(3)多个(M)：可以同时对多个对象进行圆角编辑，而不必重新启用命令。

(4)按住 shift 键并选择两条直线，可以快速创建零距离倒角或零半径圆角。

圆角命令使用技巧：

(1)使用圆角命令可使两条两端相等的平行直线用半圆弧封闭（选对象时靠近哪端端点选取就封闭哪端），圆弧的直径是两条平行线的间距，和圆角命令中半径值的大小无关，如图 6-30 所示。

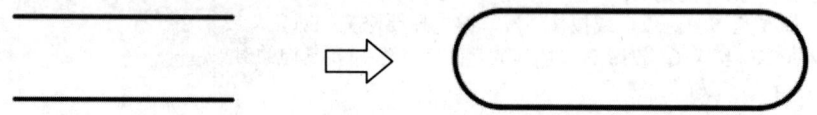

（a）两端相等的平行线　　　　　（b）两端分别使用圆角命令

图 6-30　对两端相等的平行线使用圆角命令

(2)对两条长短不等的平行线使用圆角命令时有两种情况：

1)执行圆角命令时选择的第一个对象为下面一线直线，且靠近 A 端选，第二个对象靠近 C 端选，则 C 端修剪至与 A 端等长，如图 6-31 所示。

（a）长度不等的平行线使用圆角命令　　　（b）先选 A 端后选 C 端，C 端修剪至与 A 端等长

图 6-31　对两条长短不等的平行线使用圆角命令 1

2）执行圆角命令时选择的第一个对象为上面一线直线，且靠近 C 端点选，第二个对象靠近 A 端点选，则 A 端延长至与 C 端等长，如图 6-32 所示。

（a）长度不等的平行线使用圆角命令　　　（b）先选 C 端后选 A 端，A 端延长至与 C 端等长

图 6-32　对两条长短不等的平行线使用圆角命令 2

（3）对两条不平行的线段使用圆角命令时有两种情况：

1）圆角命令中设置半径为零时，相交的线段被修剪，交角为尖角；不相交的线段延长使两线相交，如图 6-33 所示。

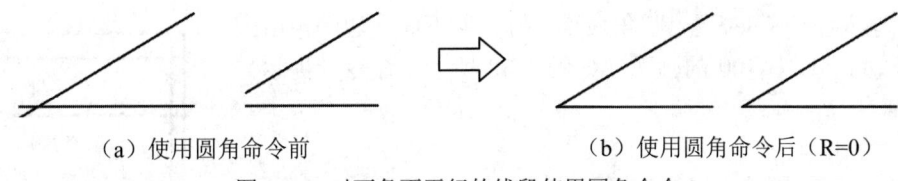

（a）使用圆角命令前　　　　　　　　（b）使用圆角命令后（R=0）

图 6-33　对两条不平行的线段使用圆角命令 1

2）圆角命令中设置半径不为 0 时，无论两条线是否相交，都会形成圆角，如图 6-34 所示。

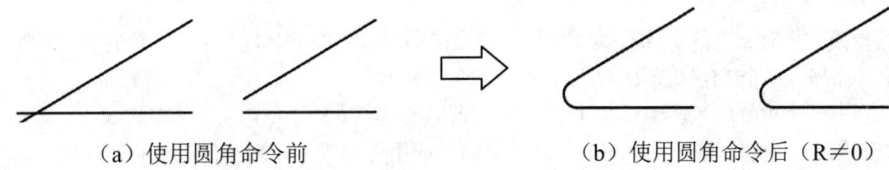

（a）使用圆角命令前　　　　　　　　（b）使用圆角命令后（R≠0）

图 6-34　对两条不平行的线段使用圆角命令 2

实例教学

绘制洗衣机，如图 6-35 所示。

绘制洗衣机

图 6-35　洗衣机

操作步骤：

（1）输入快捷键 l 调出直线命令，绘制 600×600 的矩形。

(2)输入快捷键 o 调出偏移命令,将左、右边线向内偏移 29,如图 6-36 所示。

(3)再按 Space 键调出偏移命令,将上边线向下偏移 58。再调出偏移命令,将刚才复制的对象偏移 132。继续将刚复制的对象偏移 162 和 148,如图 6-37 所示。

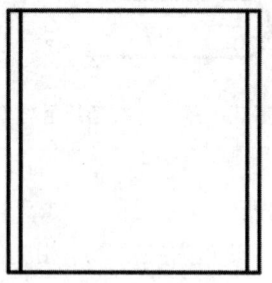

图 6-36　步骤(2)

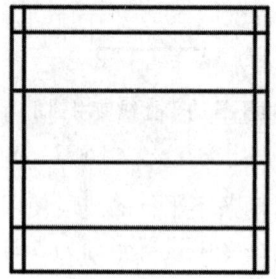

图 6-37　步骤(3)

(4)输入命令 fillet 调出圆角命令,将图形下面两边的角用圆角命令修改为半径为 100 的圆弧,如图 6-38 所示。命令行提示与操作如下:

  命令: fillet
  当前设置: 模式 = 修剪,半径 = 0.0000
  选择第一个对象或 [放弃(U)/多段线(P)/半径(R)/修剪(T)/多个(M)]:
  R 指定圆角半径 <0.0000>: 100(选择"半径(R)"选项,输入半径 100✓)
  选择第一个对象或 [放弃(U)/多段线(P)/半径(R)/修剪(T)/多个(M)]:
  M(选择"多个(M)"选项,可连续进行圆角操作)
  选择第一个对象或 [放弃(U)/多段线(P)/半径(R)/修剪(T)/多个(M)]:(选择左边线)
  选择第二个对象,或按住 Shift 键选择对象以应用角点或 [半径(R)]:(选择下边线)

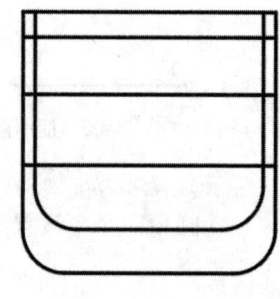

图 6-38　步骤(4)

(5)输入快捷键 tr 调出修剪命令,为选择方便将所有对象选中作为边界对象,修剪多余的线段,如图 6-39 所示。

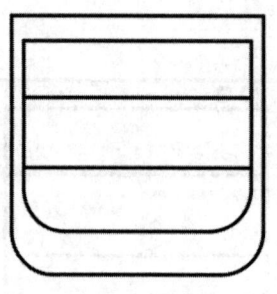

图 6-39　步骤(5)

(6)单击"默认"选项卡"绘图"面板中的"椭圆"按钮，选择椭圆的圆心绘制方法,捕捉下边线的中点后垂直向上移动光标,如图 6-40(a)所示,到合适的位置单击拾取椭圆的中心点,绘制椭圆,如图 6-40(b)所示。

(7)用圆命令和矩形命令绘制合适大小的圆和矩形,得到最终效果图。

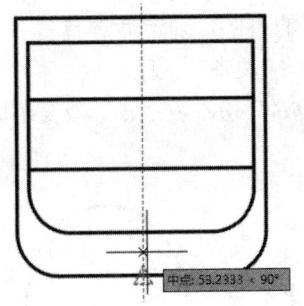
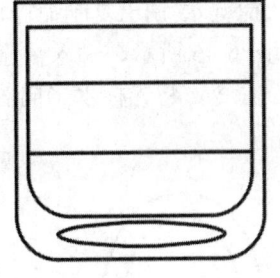

(a) 捕捉下边线的中点后垂直向上移动光标　　　(b) 绘制椭圆

图 6-40　步骤（6）

实例教学

绘制如图 6-41 所示的马桶。

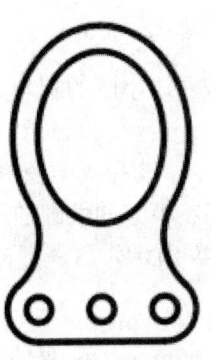

图 6-41　马桶

操作步骤：

（1）输入快捷键 el 调出椭圆命令，绘制水平方向轴长为 60，竖直方向轴长为 80 的椭圆。如图 6-42 所示。

（2）输入快捷键 o 调出偏移命令，输入偏移距离为 12，选择上述椭圆向外偏移复制另一个同心椭圆，如图 6-43 所示。

（3）输入快捷键 c 调出圆命令，捕捉到椭圆圆心后垂直向下移动光标，如图 6-44 所示，输入 80 确定后得到圆心的位置。

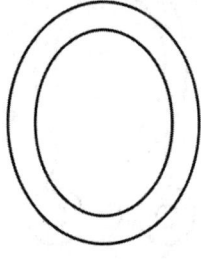
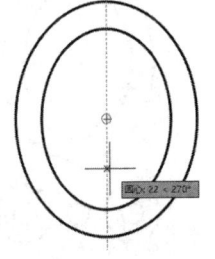

　　图 6-42　步骤（1）　　　　图 6-43　步骤（2）　　　　图 6-44　步骤（3）

（4）输入半径 6↙，得到如图 6-45 所示的圆。

(5)输入快捷键 co 调出复制命令,选中刚绘制的小圆,确定后选择基点为圆心,水平向左移动光标,如图 6-46 所示,输入数值 30✓得到第一个复制的圆。

(6)不退出命令,将光标水平向右移动,输入数值 30✓得到第二个复制的圆,如图 6-47 所示。

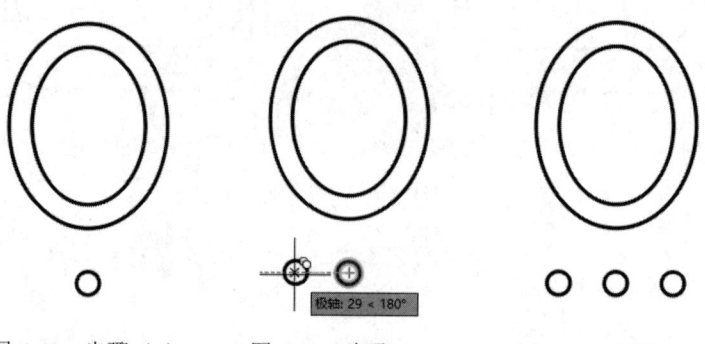

图 6-45　步骤（4）　　　图 6-46　步骤（5）　　　图 6-47　步骤（6）

(7)调出圆命令,分别以左边和右边小圆的圆心为圆心,绘制半径为 15 的同心圆,如图 6-48 所示。

(8)输入命令 fillet 调出圆角命令,选择"半径(R)"选项,输入半径 30✓。选择"多个(M)"选项,分别单击大椭圆的左侧和左下方的大圆的左侧形成圆弧,同理使大椭圆的右侧和右下方的大圆右侧形成圆弧,如图 6-49 所示。命令行提示与操作如下:

命令: fillet（调出圆角命令）
当前设置: 模式 = 修剪,半径 = 15
选择第一个对象或 [放弃(U)/多段线(P)/半径(R)/修剪(T)/多个(M)]: R（选择"半径(R)"选项）
指定圆角半径 <15>: 30（输入半径值确定）
选择第一个对象或 [放弃(U)/多段线(P)/半径(R)/修剪(T)/多个(M)]: M（选择"多个(M)"选项）
选择第一个对象或 [放弃(U)/多段线(P)/半径(R)/修剪(T)/多个(M)]: （选择大椭圆的左边单击）
选择第二个对象,或按住 Shift 键选择对象以应用角点或 [半径(R)]: （选择左下方大圆的左边单击）
选择第一个对象或 [放弃(U)/多段线(P)/半径(R)/修剪(T)/多个(M)]: （选择大椭圆的右边单击）
选择第二个对象,或按住 Shift 键选择对象以应用角点或 [半径(R)]: （选择右下方大圆的右边单击）
选择第一个对象或 [放弃(U)/多段线(P)/半径(R)/修剪(T)/多个(M)]: *取消*（按 Space 键退出命令）

(9)调出直线命令,捕捉左右两个大圆下方的象限点绘制切线,如图 6-50 所示。

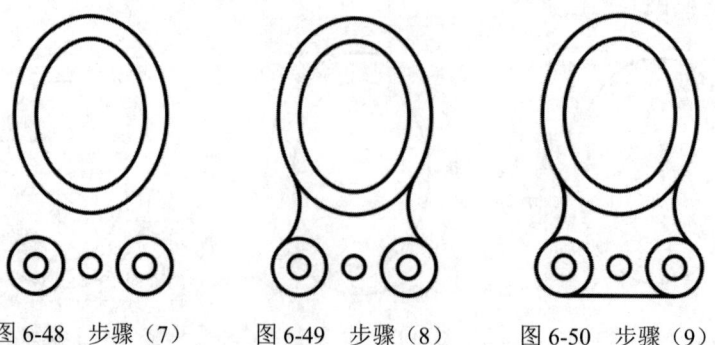

图 6-48　步骤（7）　　　图 6-49　步骤（8）　　　图 6-50　步骤（9）

(10)输入快捷键 tr 调出修剪命令,选择如图 6-51（a）所示的三条线作为边界对象,修剪大椭圆和大圆的部分线段得到最终效果，如图 6-51（b）所示。

（a）选择图中所示的三条线作为边界对象　　　　（b）修剪后效果

图 6-51　步骤（10）

6.3.4　倒角命令

倒角是指用斜线连接两个不平行的线性对象。可以用斜线连接直线段、双向无限长线、射线和多段线。

执行方式：

（1）功能区：单击"默认"选项卡"修改"面板中的"倒角"按钮。

（2）菜单栏：单击"修改"→"倒角"命令。

（3）工具栏：单击"修改"工具栏中的"倒角"按钮。

（4）命令行：输入 chamfer 命令。

（5）快捷键：cha。

操作步骤：

命令行提示与操作如下：

命令: chamfer
（"修剪"模式）当前倒角距离 1 = 10，距离 2 = 5
选择第一条直线或 [放弃(U)/多段线(P)/距离(D)/角度(A)/修剪(T)/方式(E)/多个(M)]:
选择第二条直线，或按住 Shift 键选择直线以应用角点或 [距离(D)/角度(A)/方法(M)]:

选项说明：

（1）距离(D)：该选项用于设置倒角距离。倒角距离是指从被连接的对象与倒角斜线的交点到被连接的两对象的可能的交点之间的距离，如图 6-52 所示。这两个倒角距离可以相同，也可以不相同。若两者均为 0，则系统不绘制连接两条线的斜线，而是把两个对象延伸至相交，并修剪超出的部分，如图 6-53 所示。

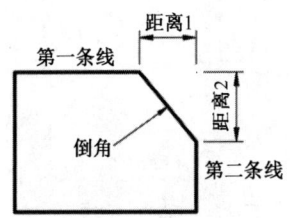

图 6-52　倒角距离

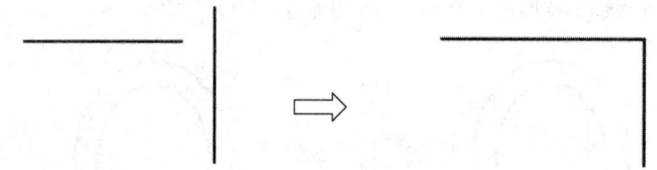

(a) 不相交的线段　　　　(b) 倒角距离为 0，短线延长，长线修剪

图 6-53　倒角距离为 0

（2）角度(A)：选择第一条直线的斜线距离和角度。采用这种方法用斜线连接对象时，需要输入两个参数：斜线与一个对象的斜线距离和斜线与该对象的夹角，如图 6-54 所示。

（3）多段线(P)：对多段线的各个交叉点进行倒角编辑。为了得到最好的连接效果，一般设置斜线为相等的值。系统根据指定的斜线距离把多段线的每个交叉点都进行斜线连接。连接的斜线成为多段线新添加的构成部分，如图 6-55 所示。

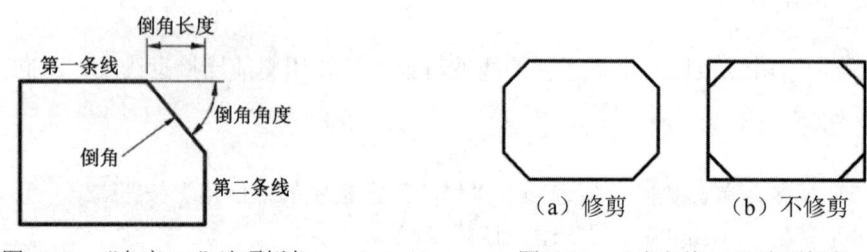

图 6-54　"角度(A)"选项倒角　　　　图 6-55　"多段线(P)"选项倒角

（4）修剪(T)：与圆角连接命令相同，该选项决定连接对象后是否剪切原对象。
（5）方式(E)：决定采用"距离"方式还是"角度"方式来倒角。
（6）多个(M)：同时对多个对象进行倒角编辑而不自动退出命令。

实例教学

绘制如图 6-56 所示的浴缸。
操作步骤：

（1）输入快捷键 rec 调出矩形命令，绘制一个长为 1100，宽为 1150 的矩形，如图 6-57 所示。

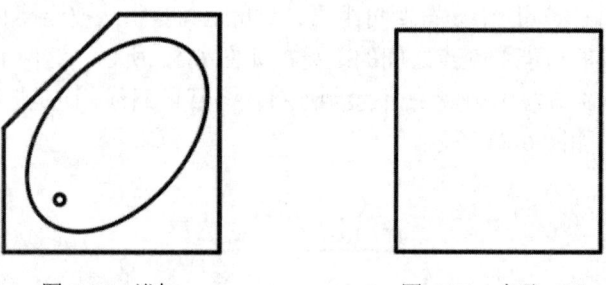

图 6-56　浴缸　　　　图 6-57　步骤（1）

（2）输入命令 chamfer 调出倒角命令，设置第一个倒角距离为 550，第二个倒角距离为 592。
注意：先选哪条直线作为第一条直线，哪条直线的倒角距离就作为第一个倒角距离。
完成倒角后的效果如图 6-58 所示。命令行提示与操作如下：

命令: chamfer
("修剪"模式）当前倒角距离 1 = 0，距离 2 = 0
选择第一条直线或 [放弃(U)/多段线(P)/距离(D)/角度(A)/修剪(T)/方式(E)/多个(M)]: D（选择"距离(D)"选项）
指定 第一个 倒角距离 <0>: 550（输入第一个倒角距离）
指定 第二个 倒角距离 <550>: 592（输入第二个倒角距离）
选择第一条直线或 [放弃(U)/多段线(P)/距离(D)/角度(A)/修剪(T)/方式(E)/多个(M)]:（选择第一条直线）
选择第二条直线，或按住 Shift 键选择直线以应用角点或 [距离(D)/角度(A)/方法(M)]:（选择第二条直线）

（3）用直线命令绘制如图 6-59 所示的直线段。

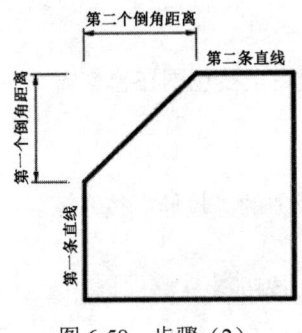
图 6-58 步骤（2）

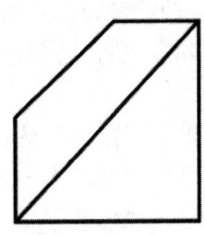
图 6-59 步骤（3）

（4）输入快捷键 el 调出椭圆命令，选择选项"中心点(C)"，拾取步骤（3）绘制的直线的中点为椭圆的中心点。沿直线的方向移动光标，如图 6-60（a）所示，输入 550↙，再输入 350↙，绘制如图 6-60（b）所示的椭圆。

命令: el
ellipse
指定椭圆的轴端点或 [圆弧(A)/中心点(C)]: C（选择选项"中心点(C)"）
指定椭圆的中心点:［捕捉步骤（3）绘制的直线的中点作为椭圆的中心点］
指定轴的端点: 550［沿步骤（3）绘制的直线段方向移动光标，输入长度 550↙］
指定另一条半轴长度或 [旋转(R)]: 350（输入长度 350↙）

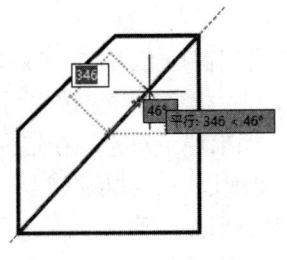
（a）沿直线的方向移动光标

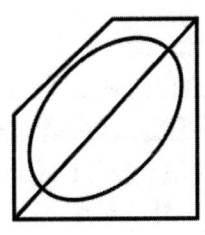
（b）绘制椭圆

图 6-60 步骤（4）

（5）删除步骤（3）绘制的直线段，如图 6-61 所示。
（6）选择椭圆，将光标放在中心点上，如图 6-62（a）所示。移动椭圆到合适的位置，按 Esc 键取消对椭圆的选择。绘制一个小圆，如图 6-62（b）所示。

操作结束。

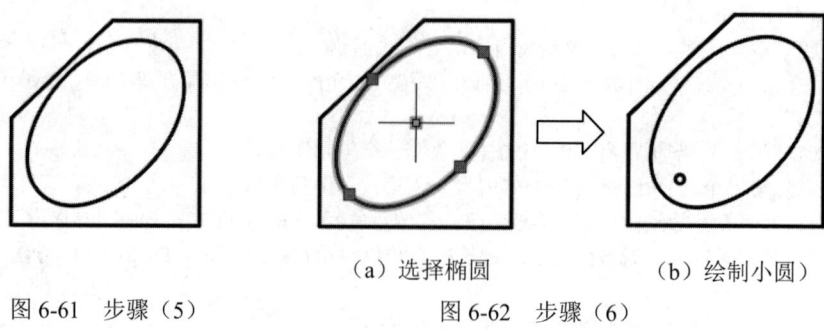

图 6-61 步骤（5）　　　　　图 6-62 步骤（6）

（a）选择椭圆　　　（b）绘制小圆

6.3.5 拉伸命令

拉伸命令用于拉伸窗交窗口部分包围的对象，而完全被包围在窗交窗口中的对象或单独选定的对象只能被移动。圆、椭圆和块不能被拉伸。

执行方式：

（1）功能区：单击"默认"选项卡"修改"面板中的"拉伸"按钮 。

（2）菜单栏：单击"修改"→"拉伸"命令。

（3）工具栏：单击"修改"工具栏中的"拉伸"按钮 。

（4）命令行：输入 stretch 命令。

（5）快捷键：s。

操作步骤：

命令行提示与操作如下：

  命令: stretch
  以交叉窗口或交叉多边形选择要拉伸的对象...
  选择对象:
  指定对角点:（以交叉窗口或交叉多边形选择要拉伸的对象）
  选择对象:（按 Enter 键确定对对象的选择）
  指定基点或 [位移(D)] <位移>:（选择拉伸对象的基点）
  指定第二个点或 <使用第一个点作为位移>:（指定拉伸的第二个点）

说明：

（1）在"选择对象"命令提示下，可输入 C（窗交窗口方式）或 CP（不规则窗交窗口方式）。将位于选择窗口之内的对象进行位移，与窗口边界相交的对象按规则拉伸、压缩和移动。

（2）对于直线、圆弧、区域填充等图形对象，如果整个对象均在选择窗口内，则对象将被移动；如果只有对象的一部分在选择窗口内，则出现以下 5 种情况。

1）直线：位于窗口外的端点不动，位于窗口内的端点移动。

2）圆弧：与直线类似，但在圆弧改变的过程中，圆弧的弦高保持不变，同时调整圆心的位置和圆弧的起始角、终止角的值。

3）区域填充：位于窗口外的端点不动，位于窗口内的端点移动。

4）多段线：与直线和圆弧相似，但多段线两端的宽度、切线方向及曲线拟合信息均不变。

5）其他对象：如果其定义点在选择窗口内，则对象发生移动，否则不动。其中，圆的定义点为圆心，行和块的定义点为插入点，文字和属性的定义点为字符串基线的左端点。

6.3.6 拉长命令

执行方式：
（1）功能区：单击"默认"选项卡"修改"面板中的"拉长"按钮。
（2）菜单栏：单击"修改"→"拉长"命令。
（3）工具栏：单击"修改"工具栏中的"拉长"按钮。
（4）命令行：输入 lengthen 命令。
（5）快捷键：len。

操作步骤：
命令行提示与操作如下：

  命令: lengthen
  选择要测量的对象或 [增量(DE)/百分比(P)/总计(T)/动态(DY)] <总计(T)>:

选项说明：
（1）增量(DE)：用指定增加量的方法来改变对象的长度或角度。
（2）百分比(P)：用指定要修改对象的长度占总长度的百分比的方法来改变圆弧或直线段的长度。
（3）总计(T)：用指定新的总长度或总角度值的方法来改变对象的长度或角度。
（4）动态(DY)：在该模式下，可以使用拖拉鼠标的方法来动态地改变对象的长度或角度。

6.3.7 打断命令

打断命令是指删除图形上的某一部分或将图形分成两部分。

执行方式：
（1）功能区：单击"默认"选项卡"修改"面板中的"打断"按钮。
（2）菜单栏：单击"修改"→"打断"命令。
（3）工具栏：单击"修改"工具栏中的"打断"按钮。
（4）命令行：输入 break 命令。
（5）快捷键：br。

操作步骤：
命令行提示与操作如下：

  命令: break
  选择对象：
  指定第二个打断点 或 [第一点(F)]:

选项说明：
（1）指定第二个打断点：确定第二个打断点，即选择对象时的拾取点为第一个打断点，在此基础上确定第二个打断点。
（2）第一点(F)：用于重新指定第一个打断点。

注意：如果对圆执行打断命令，系统将沿逆时针方向将圆上从第一个打断点到第二个打断点之间的那段圆弧删除，如图 6-63 所示。

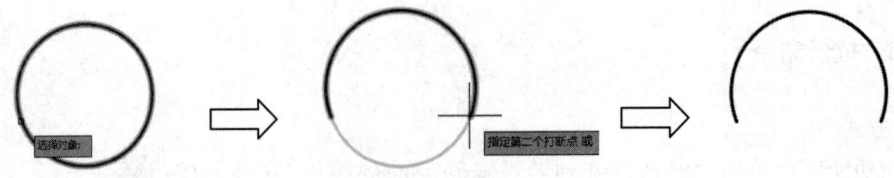

（a）选择对象时的点为第一个打断点　　（b）指定第二个打断点　　（c）打断效果

图 6-63　打断圆

6.3.8　打断于点命令

打断于点是指在对象上指定一点，把对象在此点打断分成两个对象。

执行方式：

（1）功能区：单击"默认"选项卡"修改"面板中的"打断于点"按钮。

（2）工具栏：单击"修改"工具栏中的"打断于点"按钮。

操作步骤：

命令行提示与操作如下：

命令: break（调出命令）
选择对象:（选择要打断的对象）
指定第二个打断点 或 [第一点(F)]: F（系统自动执行[第一点(F)]选项）
指定第一个打断点:选择打断点
指定第二个打断点: @（系统自动忽略此提示）

选项说明：

如果选择"第一点(F)"选项，系统将丢弃前面的第一个选择点，重新提示用户指定两个打断点。

6.3.9　分解命令

执行方式：

（1）功能区：单击"默认"选项卡"修改"面板中的"分解"按钮。
（2）菜单栏：单击"修改"→"分解"命令。
（3）工具栏：单击"修改"工具栏中的"分解"按钮。
（4）命令行：输入 explode 命令。
（5）快捷键：x。

操作步骤：

命令行提示与操作如下：

命令: explode
选择对象:（选择要分解的对象）
选择对象:（继续选择要分解的对象，若选择完按 Enter 键确定分解并退出命令）

6.3.10　合并命令

合并命令可以将直线、圆弧、椭圆弧和样条曲线等独立的对象合并成一个对象。

执行方式：

（1）功能区：单击"默认"选项卡"修改"面板中的"合并"按钮。

（2）菜单栏：单击"修改"→"合并"命令。
（3）工具栏：单击"修改"工具栏中的"合并"按钮。
（4）命令行：输入 join 命令。
（5）快捷键：j。

操作步骤：

命令行提示与操作如下：

    命令: join
    选择源对象或要一次合并的多个对象:（选择合并的第一个对象）
    选择要合并的对象:（选择另外的对象）
    选择要合并的对象:（按 Enter 键确定对对象的选择）
    2 条直线已合并为 1 条直线

说明：

（1）要合并的对象必须位于相同的平面。

（2）合并直线：选择要合并的直线段（必须共线，每段直线可以有间隙），然后按 Enter 键即可，如图 6-64 所示。

（a）合并前　　　　　　　　　　（b）合并后

图 6-64　合并直线

（3）合并圆弧（或椭圆弧）：选择要合并的圆弧（或椭圆弧），每段圆弧（或椭圆弧）必须位于假想的同一个圆（或椭圆弧）上，可以有间隙，然后按 Enter 键即可。圆弧（或椭圆弧）沿逆时针方向合并，如图 6-65 所示。

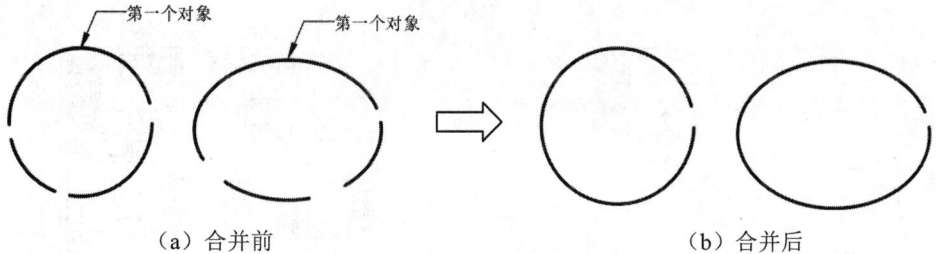

（a）合并前　　　　　　　　　　（b）合并后

图 6-65　合并圆弧（或椭圆弧）

（4）合并样条曲线（或螺旋线）：选择要合并的样条曲线（对象间的起点和端点必须相接），按 Enter 键即可，如图 6-66 所示。

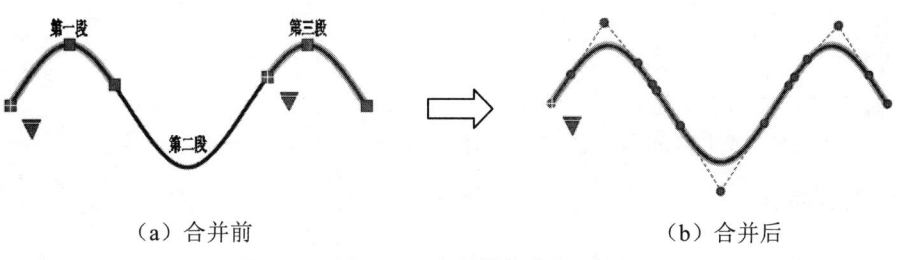

（a）合并前　　　　　　　　　　（b）合并后

图 6-66　合并样条曲线

6.4　改变位置类命令

这一类编辑命令的功能是按照指定要求改变当前图形或图形的某部分的位置，主要包括移动、旋转、缩放等命令。

6.4.1　移动命令

移动命令可以将图形对象从当前位置移动到新的位置。

执行方式：

（1）功能区：单击"默认"选项卡"修改"面板中的"移动"按钮✥。

（2）菜单栏：单击"修改"→"移动"命令。

（3）工具栏：单击"修改"工具栏中的"移动"按钮✥。

（4）命令行：输入 move 命令。

（5）快捷键：m。

操作步骤：

命令行提示与操作如下：

  命令: move
  选择对象:
  指定对角点:（选择对象）
  选择对象:（按 Enter 键确定对对象的选择）
  指定基点或 [位移(D)] <位移>:（指定跟着光标移动并确定新位置的基点）
  指定第二个点或 <使用第一个点作为位移>:（确定新位置的点）

实例教学

用所给家具及家电布置房间，如图 6-67 所示。

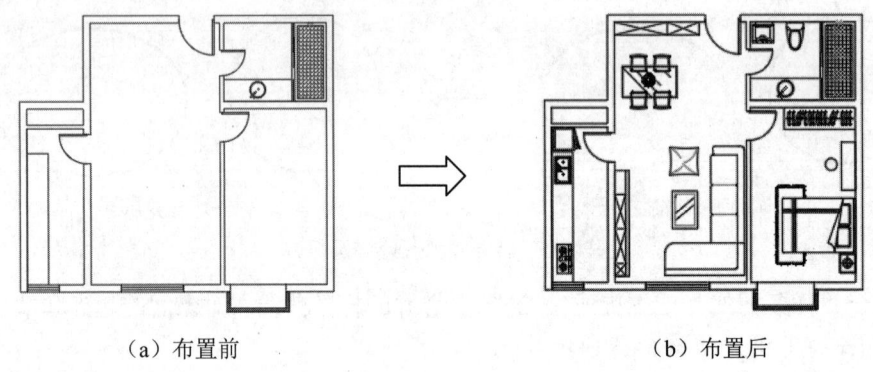

（a）布置前　　　　　　　　　　（b）布置后

图 6-67　布置房间

操作过程：

（1）打开文件"布置房间"。

（2）用移动命令将所给的家具和家电移动到房间。

6.4.2　旋转命令

旋转命令可以将图形以指定的基点旋转一定的角度。旋转对象时可以复制源对象。

执行方式：

（1）功能区：单击"默认"选项卡"修改"面板中的"旋转"按钮 。
（2）菜单栏：单击"修改"→"旋转"命令。
（3）工具栏：单击"修改"工具栏中的"旋转"按钮 。
（4）命令行：输入 rotate 命令。
（5）快捷键：ro。

操作步骤：

命令行提示与操作如下：

    命令: rotate（调出命令）
    UCS 当前的正角方向： ANGDIR=逆时针 ANGBASE=0
    选择对象：（选择旋转对象）
    选择对象：（按 Enter 键确定对对象的选择）
    指定基点：（指定基点）
    指定旋转角度，或 [复制(C)/参照(R)] <30>:［输入旋转角度后确定（或选择其他选项）］

选项说明：

（1）复制(C)：选择该选项，旋转对象的同时会复制源对象。
（2）参照(R)：选择以参照方式旋转对象时，命令行提示与操作如下。

    指定参照角 <0>:（指定要参照的角度）
    指定新角度或 [点(P)] <0>:（输入旋转后的角度值）

操作完毕后，对象被旋转到指定的角度位置。

实例教学

绘制旋转楼梯，如图 6-68 所示。

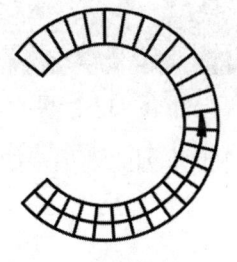

旋转楼梯

图 6-68 旋转楼梯

操作步骤：

（1）用圆命令绘制半径为 1000 和 700 的圆，如图 6-69 所示。
（2）用直线命令从圆心到外圆左边的象限点绘制一条直线段，如图 6-70 所示。

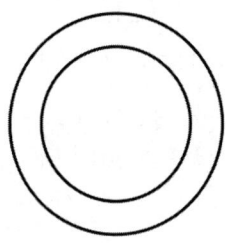
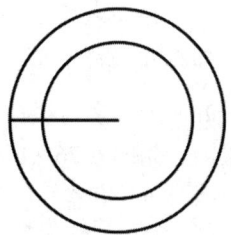

图 6-69 步骤（1）　　　　　　　　图 6-70 步骤（2）

(3) 使用命令 rotate 调出旋转命令旋转直线段，如图 6-71 所示。命令行提示与操作如下：
命令: rotate（调出旋转命令）
UCS 当前的正角方向： ANGDIR=逆时针 ANGBASE=0
选择对象: 找到 1 个（选择直线段）
选择对象: （按 Enter 键确定对对象的选择）
指定基点:（指定直线段与圆心重合的端点为基点）
指定旋转角度，或 [复制(C)/参照(R)] <0>: 40（输入旋转角度 40✓，正值则以逆时针方向旋转）

(4) 输入快捷键 tr 调出修剪命令，选择内圆作为边界对象，修剪内圆里的直线段，如图 6-72 所示。

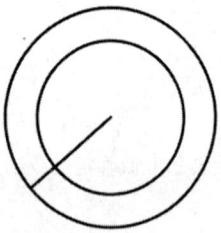
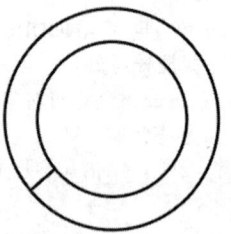

图 6-71 步骤（3）　　　　　　　图 6-72 步骤（4）

(5) 单击"默认"选项卡"修改"面板中的"环形阵列"按钮 调出环形阵列命令，选择直线段（注意不要选择圆）作为阵列复制的对象，选择圆心作为环形阵列的中心，其余参数参照图 6-73 设置。

图 6-73 步骤（5）

(6) 按 Enter 键确定后得到环形阵列的效果，如图 6-74 所示。

(7) 输入快捷键 tr 调出修剪命令，修剪左边的圆弧，得到如图 6-75 所示的效果。

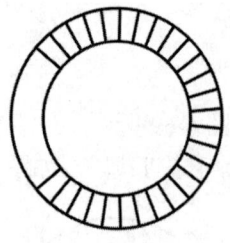
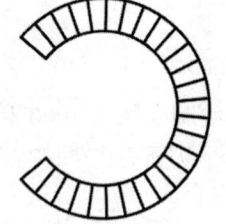

图 6-74 步骤（6）　　　　　　　图 6-75 步骤（7）

(8) 输入命令 pline 调出多段线命令，拾取起点，如图 6-76（a）所示。绘制圆弧及圆弧箭头，得到最终效果图，如图 6-76（b）所示。命令行提示与操作如下：
命令: pline（调出多段线命令）
指定起点:［指定多段线的起点，如图 6-76（a）所示］
当前线宽为 0（此时命令中的线宽为 0，即所绘制的对象的线宽随层）

指定下一个点或 [圆弧(A)/半宽(H)/长度(L)/放弃(U)/宽度(W)]: A（选择选项"圆弧(A)"）
指定圆弧的端点（按住 Ctrl 键以切换方向）或
[角度(A)/圆心(CE)/方向(D)/半宽(H)/直线(L)/半径(R)/第二个点(S)/放弃(U)/宽度(W)]: CE（选择选项"圆心(CE)"）
指定圆弧的圆心:（拾取已绘制的圆的圆心作为圆弧的圆心）
指定圆弧的端点（按住 Ctrl 键以切换方向 或 [角度(A)/长度(L)]:（确定合适的地方拾取一点）
指定圆弧的端点（按住 Ctrl 键以切换方向）或
[角度(A)/圆心(CE)/闭合(CL)/方向(D)/半宽(H)/直线(L)/半径(R)/第二个点(S)/放弃(U)/宽度(W)]: W（选择选项"宽度(W)"）
指定起点宽度 <0>: 100（输入下一段线起点的宽度）
指定端点宽度 <100>: 0（输入下一段线端点的宽度）
指定圆弧的端点（按住 Ctrl 键以切换方向）或
[角度(A)/圆心(CE)/闭合(CL)/方向(D)/半宽(H)/直线(L)/半径(R)/第二个点(S)/放弃(U)/宽度(W)]: CE（选择选项"圆心(CE)"）
指定圆弧的圆心:（拾取已绘制的圆的圆心作为圆弧的圆心）
指定圆弧的端点(按住 Ctrl 键以切换方向)或 [角度(A)/长度(L)]:（确定合适的地方拾取一点）
指定圆弧的端点(按住 Ctrl 键以切换方向)或
[角度(A)/圆心(CE)/闭合(CL)/方向(D)/半宽(H)/直线(L)/半径(R)/第二个点(S)/放弃(U)/宽度(W)]:（按 Enter 键退出命令）

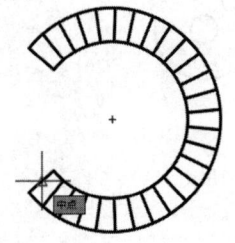 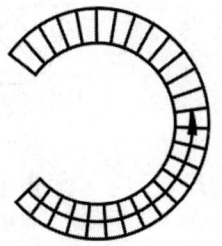

（a）拾取起点　　　　　（b）最终效果图

图 6-76　步骤（8）

6.4.3 缩放命令

缩放命令是将选择的对象按一定的比例进行缩小或放大。
执行方式：
（1）功能区：单击"默认"选项卡"修改"面板中的"缩放"按钮。
（2）菜单栏：单击"修改"→"缩放"命令。
（3）工具栏：单击"修改"工具栏中的"缩放"按钮。
（4）命令行：输入 scale 命令。
（5）快捷键：sc。
操作步骤：
命令行提示与操作如下：
命令: scale（调出命令）
选择对象:（选择缩放对象）
选择对象:（按 Enter 键确定对对象的选择）

指定基点:（指定基点）
指定比例因子或 [复制(C)/参照(R)]:（指定比例因子）

选项说明：

（1）比例因子：按指定的比例缩放选定的对象。比例因子大于 1 时将对象放大，介于 0 和 1 之间时将对象缩小。

（2）复制(C)：创建选择的要缩放对象的副本。

（3）参照(R)：按参照长度和指定的新长度缩放所选对象。

上机实训

【**实训 1**】绘制豪华吊灯，如图 6-77 所示。

【实训 1】绘制豪华吊灯

图 6-77　实训 1：豪华吊灯

1. 实训目的

通过本实训的操作练习，熟练掌握阵列命令、多线命令、旋转命令、镜像命令、修剪命令。

2. 操作提示

（1）输入快捷键 c 调出圆命令，分别绘制半径为 43、102、178 的圆，如图 6-78 所示。

（2）输入快捷键 ml 调出多线命令，绘制长为 39 的线段，如图 6-79 所示。命令行提示与操作如下：

  命令: ml
  mline（输入快捷键 ml 调出多线命令）
  当前设置: 对正 = 上，比例 = 20.00，样式 = STANDARD
  指定起点或 [对正(J)/比例(S)/样式(ST)]: J（输入 J✓选择 "对正(J)" 选项）
  输入对正类型 [上(T)/无(Z)/下(B)]<上>: Z（输入 Z✓选择 "无(Z)" 选项）
  当前设置: 对正 = 无，比例 = 20.00，样式 = STANDARD
  指定起点或 [对正(J)/比例(S)/样式(ST)]: S（输入 S✓选择 "比例(S)" 选项）
  输入多线比例 <20.00>: 11（输入两条线之间的间距 11✓）
  当前设置: 对正 = 无，比例 = 11.00，样式 = STANDARD
  指定起点或 [对正(J)/比例(S)/样式(ST)]:（捕捉小圆上面的象限点拾取）
  指定下一点: 39（垂直向上移动光标，输入 39✓）
  指定下一点或 [放弃(U)]:（按 Space 键退出命令）

（3）输入快捷键 a 调出圆弧命令，将步骤（2）绘制的多线用合适半径的圆弧连接，如图 6-80 所示。

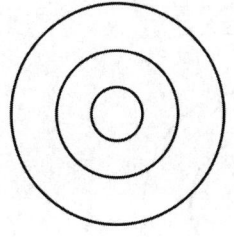 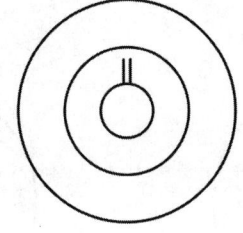 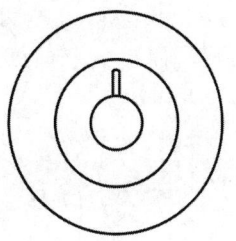

图 6-78　步骤（1）　　　　图 6-79　步骤（2）　　　　图 6-80　步骤（3）

（4）输入快捷键 mi 调出镜像命令，选择步骤（2）和步骤（3）绘制的多线和圆弧，以圆的水平直径为轴线，镜像复制多线和圆弧，如图 6-81 所示。

（5）输入快捷键 ro 调出旋转命令，选择所有多线和圆弧，以圆心为基点，顺时针旋转 30°，如图 6-82 所示。命令行提示与操作如下：

命令: ro
rotate（输入快捷键 mi 调出镜像命令）
UCS 当前的正角方向：　ANGDIR=逆时针　ANGBASE=0
选择对象：
指定对角点：找到 4 个（选择所有多线和圆弧）
选择对象：（右击退出对对象的选择）
指定基点：（拾取圆心为基点）
指定旋转角度，或 [复制(C)/参照(R)] <0>: –30（输入–30✓顺时针旋转对象）

（6）输入快捷键 c 调出圆命令，捕捉圆心后垂直向上移动光标，输入 230✓得到即将绘制的圆的圆心，输入半径 25✓。再绘制半径为 90 的同心圆，如图 6-83 所示。

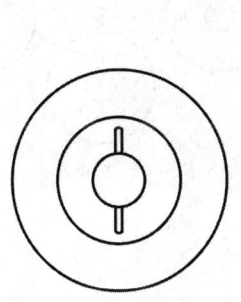 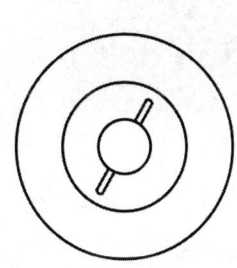 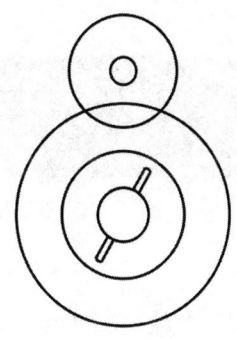

图 6-81　步骤（4）　　　　图 6-82　步骤（5）　　　　图 6-83　步骤（6）

（7）输入命令 mline 调出多线命令，捕捉如图 6-84（a）所示的象限点并拾取，垂直向下移动光标，输入 142✓得到多线，如图 6-84（b）所示。命令行提示与操作如下：

命令: mline（调出多线命令）
当前设置：对正 = 无，比例 = 11.00，样式 = STANDARD
指定起点或 [对正(J)/比例(S)/样式(ST)]: S（输入 S✓选择"比例(S)"选项）
输入多线比例 <11.00>:　8（输入两条线之间的间距 8✓）
当前设置：对正 = 无，比例 = 8.00，样式 = STANDARD
指定起点或 [对正(J)/比例(S)/样式(ST)]:（捕捉上面小圆的象限点拾取）
指定下一点：　142（垂直向下移动光标，输入 142✓）
指定下一点或 [放弃(U)]:（按 Space 键退出命令）

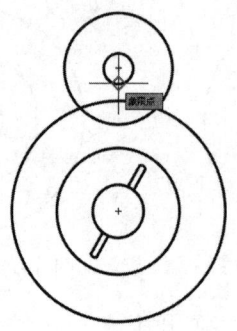
（a）捕捉象限点并拾取

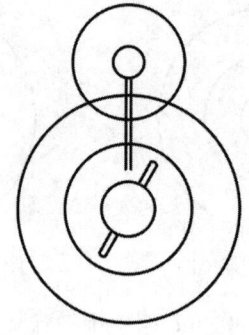
（b）多线

图 6-84　步骤（7）

（8）输入快捷键 l 调出直线命令将步骤（7）绘制的多线封闭。

（9）单击"默认"选项卡"修改"面板中的"环形阵列"按钮调出环形阵列命令，选择步骤（6）～步骤（8）绘制的图形进行阵列复制。"阵列创建"选项卡的参数设置如图 6-85（a）所示，图形效果如图 6-85（b）所示。

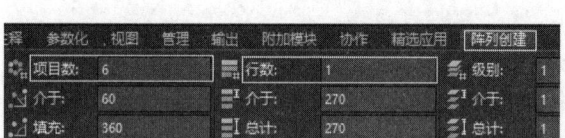
（a）参数设置

（b）图形效果

图 6-85　步骤（9）

【实训 2】绘制燃气灶，如图 6-86 所示。

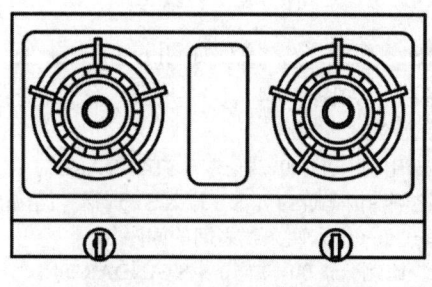

【实训 2】绘制燃气灶

图 6-86　实训 2：燃气灶

1. 实训目的

通过本实训的操作练习，熟练掌握矩形命令、分解命令、偏移命令、直线命令、阵列命令、镜像命令、圆角命令。

2. 操作提示

（1）绘制煤气灶外轮廓。输入命令 rectang 调出矩形命令，绘制一个长为 700，宽为 400 的矩形。命令行提示与操作如下：

命令: rectang（调出矩形命令）
指定第一个角点或 [倒角(C)/标高(E)/圆角(F)/厚度(T)/宽度(W)]:（拾取一点作为第一个角点）
指定另一个角点或 [面积(A)/尺寸(D)/旋转(R)]: D（选择"尺寸(D)"选项）
指定矩形的长度 <10>: 700（输入矩形长度 700✓）
指定矩形的宽度 <10>: 400（输入矩形宽度 400✓）
指定另一个角点或 [面积(A)/尺寸(D)/旋转(R)]:（拾取一点确定矩形位置）

（2）输入快捷键 x 调出分解命令，将刚才绘制的矩形分解。

（3）输入快捷键 o 调出偏移命令，将上述矩形下面的边向上偏移 60，如图 6-87 所示。

（4）再用偏移命令将步骤（3）偏移复制得到的直线段向上偏移 40，如图 6-88 所示。

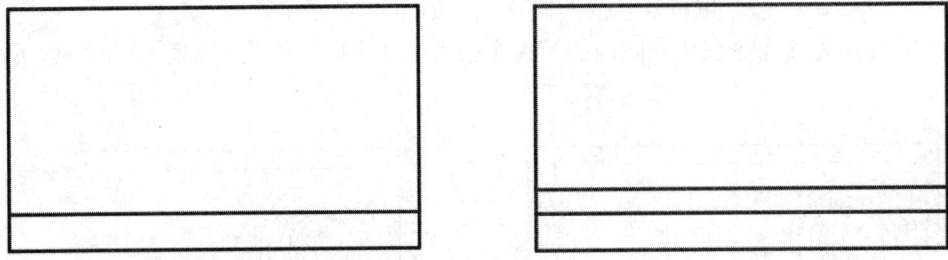

图 6-87　步骤（3）　　　　　　　　图 6-88　步骤（4）

（5）再分别用偏移命令将矩形左边的边、右边的边向内偏移 20，上面的边向下偏移 30，如图 6-89 所示。

（6）输入命令 fillet 调出圆角命令，输入圆角半径 20，为图形进行圆角处理，得到燃气灶里面的轮廓，如图 6-90 所示。命令行提示与操作如下：

命令: fillet
当前设置: 模式 = 修剪，半径 = 0
选择第一个对象或 [放弃(U)/多段线(P)/半径(R)/修剪(T)/多个(M)]: R（选择"半径(R)"选项）
指定圆角半径 <0>: 20（输入圆角半径为 20✓）
选择第一个对象或 [放弃(U)/多段线(P)/半径(R)/修剪(T)/多个(M)]: M（选择"多个(M)"选项）
选择第一个对象或 [放弃(U)/多段线(P)/半径(R)/修剪(T)/多个(M)]:（单击第一个对象）
选择第二个对象，或按住 Shift 键选择对象以应用角点或 [半径(R)]:（单击第二个对象）

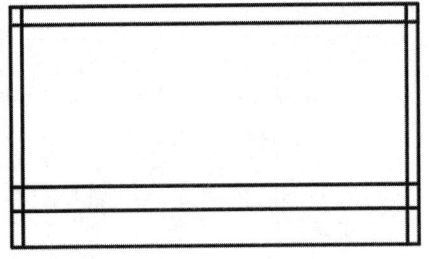 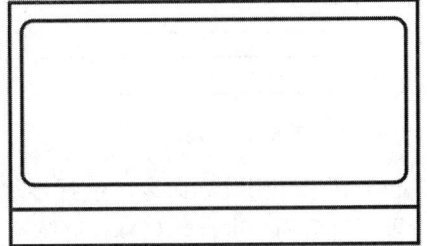

图 6-89　步骤（5）　　　　　　　　图 6-90　步骤（6）

（7）输入快捷键 o 调出偏移命令，将圆角矩形左边的边向内偏移 126，上边的边向内偏移 131，得到如图 6-91 所示的效果。

（8）将步骤（7）得到的两直线的交点作为圆心绘制半径为 20、25、50、60、75、95、110 的 7 个圆，如图 6-92 所示。

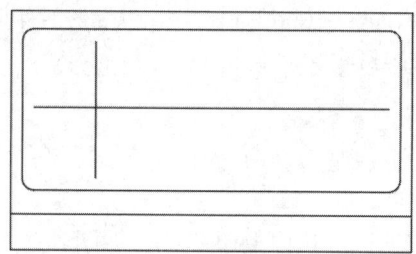

图 6-91　步骤（7）

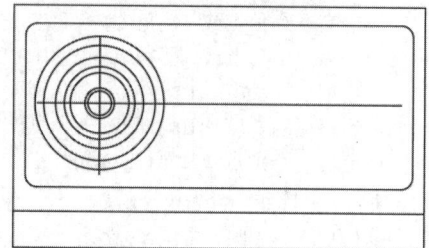

图 6-92　步骤（8）

（9）删除步骤（7）偏移复制的两段直线，如图 6-93 所示。

（10）使用直线命令在从外向内的第 3 个圆和第 4 个圆之间绘制一段竖直直线，如图 6-94 所示。

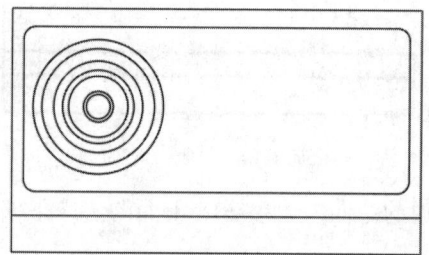

图 6-93　步骤（9）

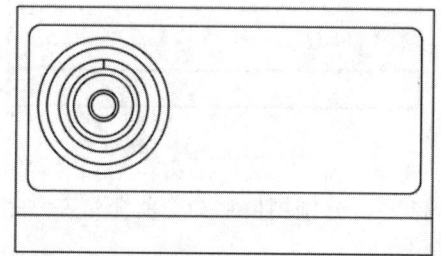

图 6-94　步骤（10）

（11）调出环形阵列命令，选择步骤（10）绘制的竖直线段为阵列对象，以圆心为阵列中心点，设置项目数为 20 进行阵列复制，阵列效果如图 6-95 所示。

（12）绘制一个长为 10，宽为 45 的矩形，用移动命令移动到如图 6-96 所示的位置。

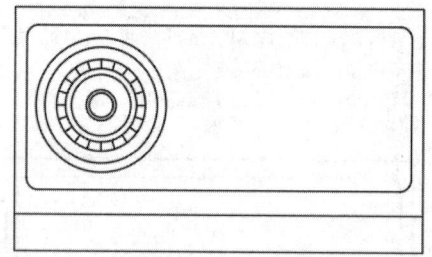

图 6-95　步骤（11）

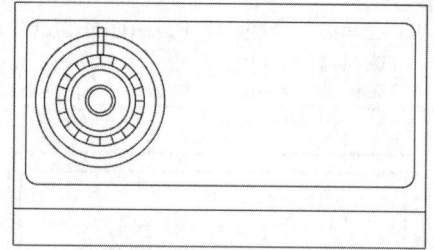

图 6-96　步骤（12）

（13）调出环形阵列命令，选择步骤（12）绘制的矩形为阵列对象，以圆心为阵列中心点，设置项目数为 5 进行阵列复制，阵列效果如图 6-97 所示。

（14）使用修剪命令对图形进行修剪，如图 6-98 所示。

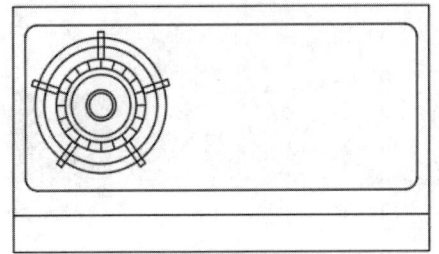
图 6-97 步骤（13）
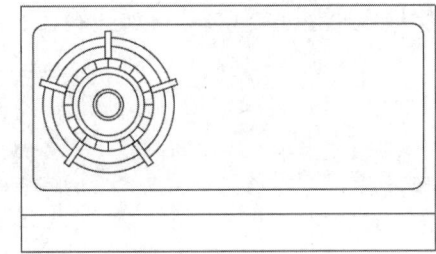
图 6-98 步骤（14）

（15）使用镜像命令对称复制出另一个炉盘，如图 6-99 所示。

（16）使用矩形命令绘制一个长为 100，宽为 230，圆角半径为 20 的圆角矩形。用移动命令移动到中间位置放置，如图 6-100 所示。命令行提示与操作如下：

  命令: rectang（调出矩形命令）
  指定第一个角点或 [倒角(C)/标高(E)/圆角(F)/厚度(T)/宽度(W)]: F（选择"圆角(F)"选项）
  指定矩形的圆角半径 <0>: 20（输入圆角半径 20✓）
  指定第一个角点或 [倒角(C)/标高(E)/圆角(F)/厚度(T)/宽度(W)]:（在合适的位置拾取一点）
  指定另一个角点或 [面积(A)/尺寸(D)/旋转(R)]: D（选择"尺寸(D)"选项）
  指定矩形的长度 <10>: 100（输入矩形的长度 100✓）
  指定矩形的宽度 <45>: 230（输入矩形的宽度 230✓）
  指定另一个角点或 [面积(A)/尺寸(D)/旋转(R)]:（在合适的位置拾取一点固定矩形）

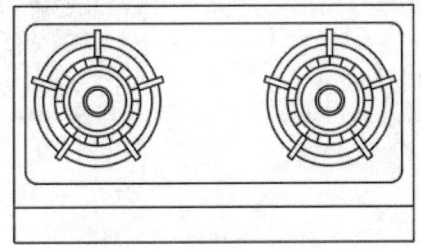
图 6-99 步骤（15）
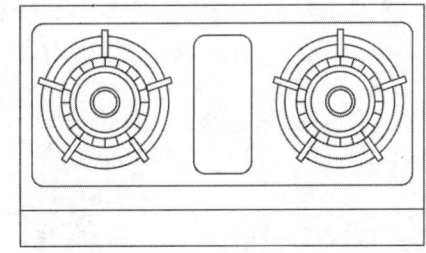
图 6-100 步骤（16）

（17）绘制燃气灶开关。绘制半径分别为 26 和 10 的圆，一个长为 12，宽为 37 的矩形，移动到如图 6-101（a）所示的位置。镜像复制得到另一个开关，得到最终效果图，如图 6-101（b）所示。

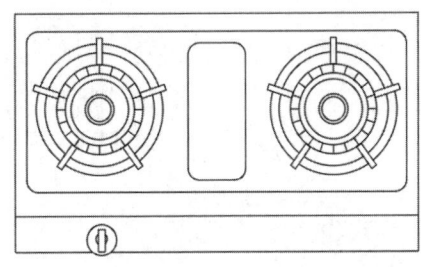
（a）绘制燃气灶开关
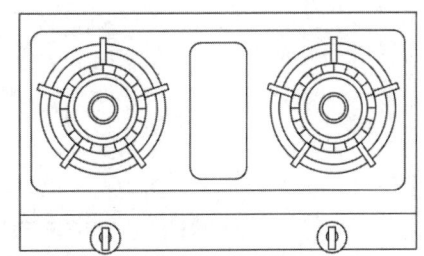
（b）镜像复制开关

图 6-101 步骤（17）

【**实训 3**】绘制古代窗户，如图 6-102 所示。

【实训 3】绘制古代窗户

图 6-102　实训 3：古代窗户

1. 实训目的

通过本实训的操作练习，熟练掌握矩形命令、分解命令、偏移命令、直线命令、圆弧命令、样条曲线命令、镜像命令、修剪命令。

2. 操作提示

（1）先用矩形命令绘制外面的矩形，然后分解矩形，将各边向内偏移复制。
（2）用圆弧命令绘制中间图案的半圆弧时，根据自己的审美绘制圆弧的半径。
（3）用样条曲线命令绘制图案。

【**实训 4**】绘制钟表，如图 6-103 所示。

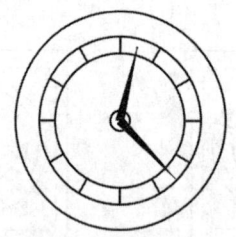

【实训 4】绘制钟表

图 6-103　实训 4：钟表

1. 实训目的

通过本实训的操作练习，熟练掌握圆命令、阵列命令、多段线命令。

2. 操作提示

指针用多段线命令绘制。

【**实训 5**】绘制吊灯，如图 6-104 所示。

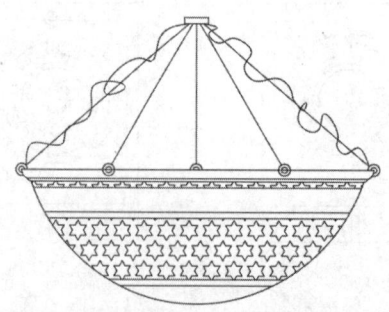

【实训 5】绘制吊灯

图 6-104　实训 5：吊灯

1. 实训目的

通过本实训的操作练习,熟练掌握圆命令、直线命令、偏移命令、样条曲线命令、图案填充命令、修剪命令、圆弧命令、定数等分命令。

2. 操作提示

(1) 先绘制半径为 300 的圆,再通过圆下面的象限点绘制一条长度大于圆的直径的线段,然后进行偏移复制,再修剪、填充。

(2) 绘制靠近灯罩口两端的圆弧时自己确定半径,只需曲线美观。

【实训 6】绘制瓷砖图案,如图 6-105 所示。

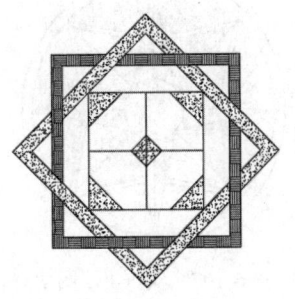

【实训 6】绘制瓷砖图案

图 6-105 实训 6:瓷砖图案

1. 实训目的

通过本实训的操作练习,熟练掌握用正多边形命令绘制正方形的方法和用修剪命令修剪图形的方法。

2. 操作提示

(1) 先用正多边形命令绘制内接于圆(半径为 150)的正方形,然后旋转 45°,再向内偏移复制一个(偏移距离为 15)。

(2) 再用矩形命令绘制边长为 212 的矩形,向内偏移复制一个正方形(偏移距离为 12)。

(3) 将两个正方形环用移动命令移动到同一个中心点上。

(4) 再用直线命令捕捉边长中点绘制里面的两个正方形。

(5) 最小的正方形同样用正多边形命令绘制。

(6) 修剪图形,分别填充图案 AR-PARQ1 和 AR-RROOF。

【实训 7】绘制洗衣机,如图 6-106 所示。

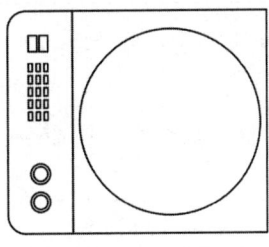

【实训 7】绘制洗衣机

图 6-106 实训 7:洗衣机

1. 实训目的

通过本实训的操作练习,熟练掌握圆命令、阵列命令、复制命令、偏移命令、圆角命令。

2. 操作提示

（1）用矩形命令先绘制外面的大矩形。

（2）用分解命令分解矩形后偏移复制里面偏右的直线段。

（3）用圆角命令倒圆角。

（4）右边的大圆需置于右边矩形正中。

（5）左边的按键、旋钮绘制在合适位置即可。

【实训 8】 绘制图案，如图 6-107 所示。

【实训 8】绘制图案

图 6-107　实训 8：图案

1. 实训目的

通过本实训的操作练习，熟练掌握圆命令、阵列命令、定数等分命令、偏移命令、修剪命令。

2. 操作提示

（1）对里面的两个圆需要进行定数等分。

（2）图案可以阵列复制。

【实训 9】 绘制厨房洗涤池，如图 6-108 所示。

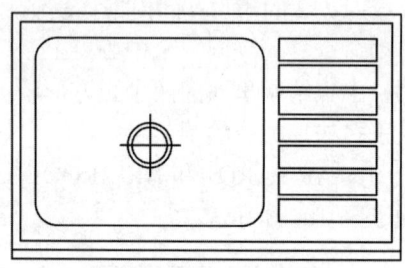

图 6-108　实训 9：厨房洗涤池

1. 实训目的

通过本实训的操作练习，熟练掌握矩形命令、圆命令、阵列命令、偏移命令、修剪命令、圆角命令。

2. 操作提示

如果用矩形命令绘制外轮廓，则需要用分解命令分解矩形后再用偏移命令复制并进行修剪得到里面的矩形。

第 7 章 文本标注与表格

　　文字注释是图形中很重要的一部分内容，在进行各种设计时，通常不仅要绘出图形，还要在图形中标注一些文字，如技术要求、材料说明、注释说明等，以对图形对象加以解释。AutoCAD 2019 提供了多种写入文字的方法，本章主要内容包括文本样式、文本标注、文本编辑、表格样式、创建和编辑表格、输入文字等。

重点和难点

- 文本样式
- 文本标注
- 文本编辑
- 表格样式
- 创建和编辑表格
- 输入文字

7.1　创建文字样式

　　AutoCAD 2019 中的所有文字都有与其相应的文字样式。文字样式是用来控制文字基本形状的一组设置。在进行文字标注之前，要先设置文字样式，从而可方便、快捷地对图形对象进行标注，得到统一、标准、整齐的文字注释。定义文字样式包括选择字体文件、设置文字高度和宽度比例等。

　　在 AutoCAD 2019 中，可以使用"文字样式"对话框来创建和修改文字样式。打开"文字样式"对话框有如下几种方式。

　　执行方式：

　　（1）功能区：单击"默认"选项卡"注释"面板中的"文字样式"按钮 （图 7-1）/"注释"选项卡"文字"面板中的右下角箭头 /"注释"选项卡"文字"面板"文字样式"下拉菜单中的"管理文字样式"按钮（图 7-2）。

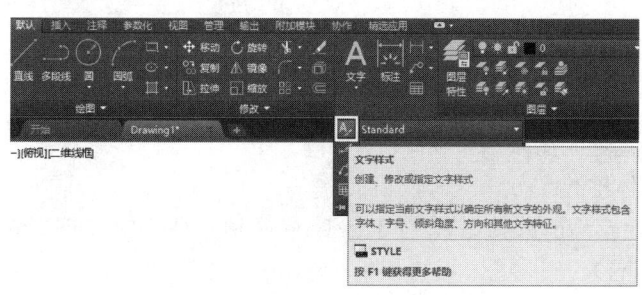

图 7-1　"默认"选项卡"注释"面板　　　　图 7-2　"注释"选项卡"文字"面板

（2）菜单栏：单击"格式"→"文字样式"命令。

（3）工具栏：单击"文字"工具栏中的"文字样式"按钮。

（4）命令行：输入 style 命令。

（5）快捷键：st。

执行上述任一操作都可以打开"文字样式"对话框，如图 7-3 所示。在该对话框中，可创建新的文字样式，也可对已定义的文字样式进行编辑。

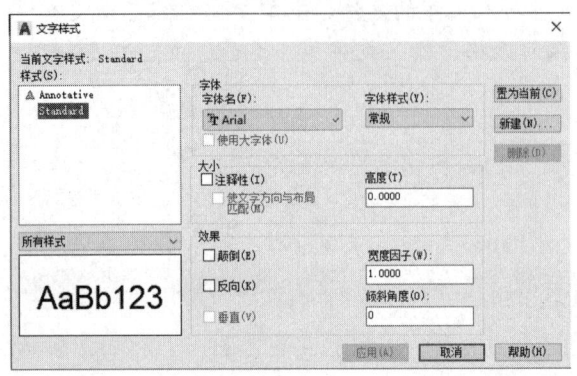

图 7-3 "文字样式"对话框

选项说明：

（1）"样式"列表框：列出所有已设定的文字样式名或对已有样式名进行相关操作。单击"新建"按钮，系统打开如图 7-4 所示的"新建文字样式"对话框。在该对话框中可以为新建的文字样式输入名称。从"样式"列表中选中要改名的文字样式并右击，选择快捷菜单中的"重命名"命令，可以为所选文字样式输入新的名称，如图 7-5 所示。

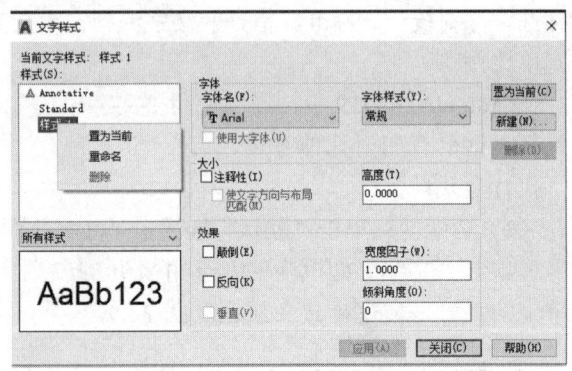

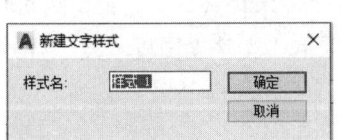

图 7-4 "新建文字样式"对话框　　　　　图 7-5 重命名

注意：Standard 文字样式是 AutoCAD 默认的文字样式，既不能删除，也不能重命名。另外，当前图形文件中正在使用的文字样式不能删除。

（2）"字体"选项组：用于确定字体样式。

1）在"字体名"下拉列表中，列出了 Windows 注册的 TrueType 字体文件（如宋体、楷体等）和 AutoCAD 特有的字体文件（.shx）。

2）"使用大字体"用于指定亚洲语言的大字体文件。只有".shx"文件可以创建"大字体"。

注意：
- 在"字体名"下拉列表中，有一类字体前有@，如果选择该类字体样式，则标注的文字效果为向左旋转 90°。
- 在中文标注的前提下，只有选择了有中文字库的字体文件，如宋体、仿宋体或大字体中的 Hztxt.shx 等字体文件，才能正常进行中文标注，否则会出现问号或乱码。

（3）"高度"文本框：用来设置创建文字时的固定高度。在用 text 命令输入文字时，AutoCAD 不再提示输入字高参数。如果在此文本框中设置字高为 0，系统会在每一次创建文字时提示输入字高。所以如果不想固定字高，就可以把"高度"文本框中的数值设置为 0。

（4）"效果"选项组：

1）"颠倒"复选框：勾选该复选框，表示将文字倒置，如图 7-6（a）所示。

2）"反向"复选框：确定是否将文本文字反向标注，如图 7-6（b）所示。

注意： 在"效果"选项组中进行的"颠倒"和"反向"文字效果设置只限于单行文字标注。

3）"垂直"复选框：显示垂直对齐的字符。只有在选定字体支持双向时"垂直"才可用。TrueType 字体的垂直定位不可用。

4）"宽度因子"文本框：设置宽度系数，确定文本字符的宽高比。当比例系数为 1 时，表示按字体文件中定义的宽高比标注文字；当此系数小于 1 时，字会变窄，反之变宽。图 7-6（c）所示是在不同比例系数下标注的文本文字。

5）"倾斜角度"文本框：用于确定文字的倾斜角度。输入一个 –85 和 85 之间的值时，将使文字倾斜。角度为 0 时不倾斜，为正数时向右倾斜，为负数时向左倾斜，如图 7-6（d）所示。

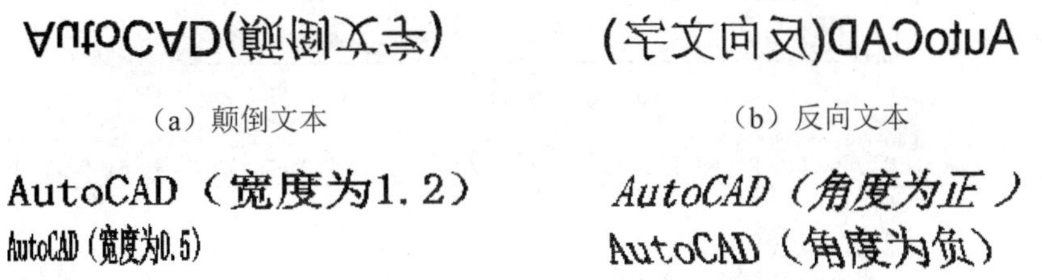

（a）颠倒文本　　　　　　　　　　（b）反向文本

（c）宽度因子不同　　　　　　　　（d）倾斜角度不同

图 7-6　文字效果

（5）"应用"按钮：确认对文字样式的设置。当创建新的文字样式或对现有文字样式的某些特征进行修改后，都需要单击此按钮，系统才会确认所做的改动。

（6）"置为当前"按钮：用于将在"样式"下选定的样式设置为当前。

（7）"新建"按钮：用于新建文字样式。

（8）"删除"按钮：用于删除未使用的文字样式。

实例教学

定义名为"文字标注"的文字样式，字体为宋体，字高为 8，宽度为 2。

操作步骤：

（1）执行"格式"→"文字样式"命令，打开"文字样式"对话框，单击"新建"按钮，如图 7-7 所示。

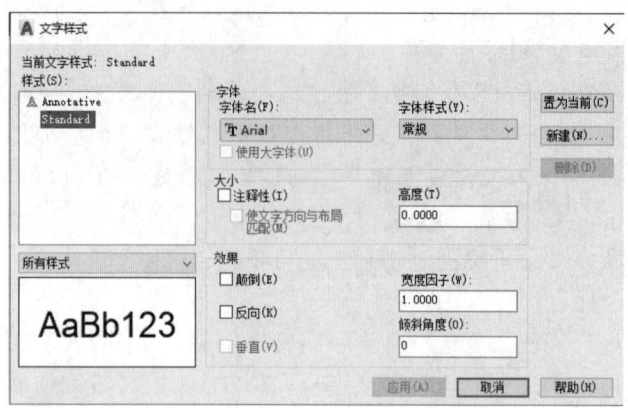

图 7-7 "文字样式"对话框

（2）打开"新建文字样式"对话框，输入样式名"文字标注"，如图 7-8 所示。

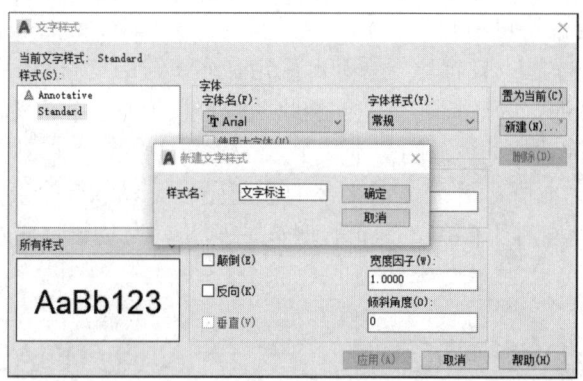

图 7-8 输入样式名

（3）单击"确定"按钮返回到上一对话框，在"字体名"下拉列表中选择"仿宋"，如图 7-9 所示。

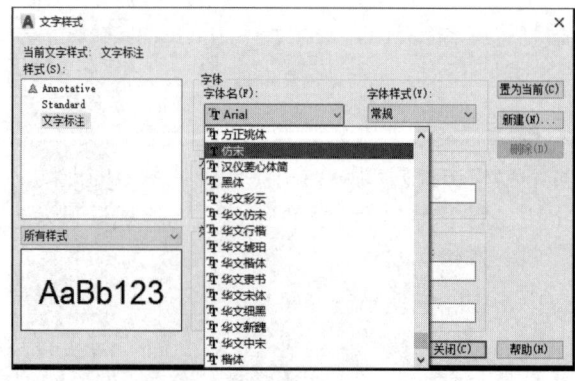

图 7-9 选择"仿宋"

（4）设置高度为 8，宽度因子为 2，如图 7-10 所示。

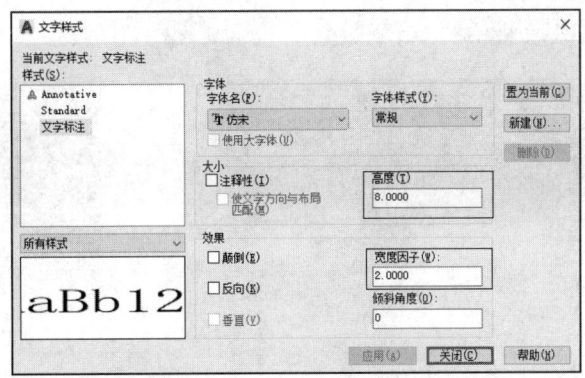

图 7-10　设置文字高度和宽度

（5）依次单击"应用""置为当前""关闭"按钮，即可完成文字样式的创建，如图 7-11 所示。

定义完毕。

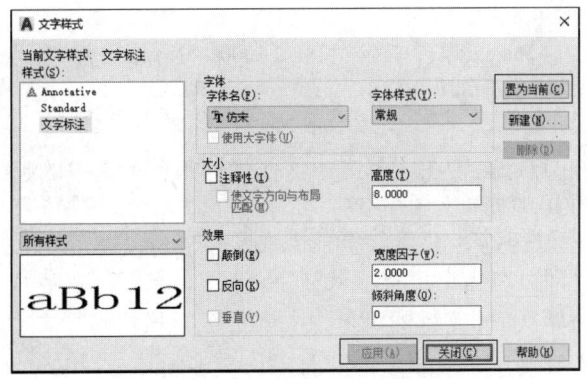

图 7-11　单击"应用"按钮

7.2　文本标注

在绘制图形的过程中，文字传递了很多设计信息，它可能很复杂，也可能很简短。当需要标注的文本不太长时，可以利用 text 命令创建单行文本；当需要标注很长很复杂的文字信息时，可以利用 mtext 命令创建多行文本。

7.2.1　单行文本

单行文本就是将每一行作为一个对象，一次性在图纸中的任意位置添加所需的文本内容，并且可对每个文字对象进行单独修改。下面将介绍单行文本的标注与编辑，以及在文本标注中使用控制符输入特殊字符的方法。

1. 单行文字命令及选项说明

执行方式：

（1）功能区：单击"默认"选项卡"注释"面板中的"单行文字"按钮（图 7-12）

/"注释"选项卡"文字"面板中的"单行文字"按钮（图 7-13）。

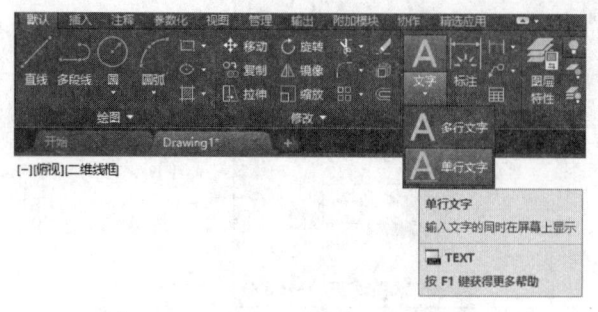

图 7-12 "注释"面板中"单行文字"

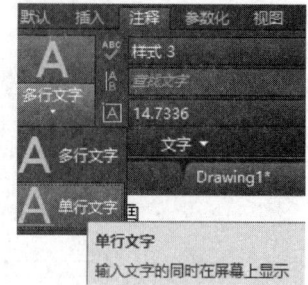

图 7-13 "文字"面板中"单行文字"

（2）菜单栏：单击"绘图"→"文字"→"单行文字"命令。

（3）工具栏：单击"文字"工具栏中的"单行文字"按钮。

（4）命令行：输入 text 命令。

执行上述任一操作都可以调出单行文字命令。命令行提示与操作如下：

命令：_text
当前文字样式："Standard" 文字高度：2.5000 注释性：否 对正：左
指定文字的起点 或 [对正(J)/样式(S)]:

选项说明：

（1）指定文字的起点：在绘图区单击一点作为输入单行文字的起始点。

指定高度 <2.5000>：（指定文字的高度）
指定文字的旋转角度 <0>：（指定文字的旋转角度）

执行上述命令后，即可在指定位置输入文字，按 Enter 键，文字另起一行，可继续输入文字，当全部输完后，按两次 Enter 键即可退出 text 命令。虽然单行文字命令可创建多行文本，但是这种多行文本每一行是一个对象，不能对多行文本同时进行编辑操作。

注意：

● 只有当前文字样式中设置的字符高度为 0，在使用 text 命令时，系统才出现要求用户确定字符高度的提示。在出现指定文字高度的提示下，可以输入文本高度，也可以在绘图区拉出一条直线来确定文本高度。

● AutoCAD 允许将文本行倾斜排列，如图 7-14 所示的单行文本为倾斜角度分别是 0 度、30 度和–30 度时的排列效果。在指定文字旋转角度的提示下，可以输入文本行的倾斜角度，也可以在绘图区拉出一条直线来确定倾斜角度。

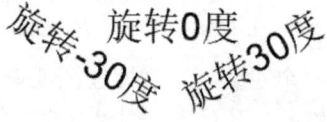

图 7-14 单行文字倾斜效果

● 确定文字的高度后，将指定文字的旋转角度，按 Enter 键即可完成创建。在执行"单行文字"命令的过程中，可随时用鼠标来确定下一行文字的起点，也可按 Enter 键换行，但输入的文字与前面的文字属于不同的对象。

（2）"对正(J)"选项：在"指定文字的起点或[对正(J)/样式(S)]"提示下输入 J，用来确定文本的对齐方式，对齐方式决定文本的哪部分与所选插入点对齐。执行此选项命令行提示如下：

输入选项 [左(L)/居中(C)/右(R)/对齐(A)/中间(M)/布满(F)/左上(TL)/中上(TC)/右上(TR)/左中(ML)/正中(MC)/右中(MR)/左下(BL)/中下(BC)/右下(BR)]：

在此提示下，选择一个选项作为文本的对齐方式。当文本文字水平排列时，AutoCAD为标注文本的文字定义了如图 7-15 所示的顶线、中线、基线和底线。各种对齐方式如图 7-16 所示。

图 7-15　文本行的顶线、中线、基线和底线

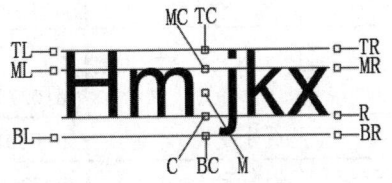

图 7-16　文本的对齐方式

其中几种对齐方式说明如下：

1）对齐：通过指定基线端点来指定文字的高度和方向。

2）布满：指定文字按照由两点定义的方向和一个高度值布满一个区域。

3）居中：用于确定标注文本基线的中点，选择该选项后，输入的文本均分布在该中点的两侧。

4）中间：文字在基线的水平中点和指定高度的垂直中点上对齐。中间对齐的文字不保持在基线上，"中间"选项与"正中"选项不同，"中间"选项使用的中点是所有文字包括下行文字在内的中点，而"正中"选项使用大写字母高度的中点。

注意：

● 用"对齐"和"布满"方式标注的文本都有两个夹点，即基线的起点和终点，拖动夹点可以快速改变文本字符的高度和宽度。

比如，以"对齐(A)"方式为例，选择"对齐(A)"选项，要求用户指定文本行基线的起始点与终止点的位置。命令行提示与操作如下：

指定文字基线的第一个端点：（指定文字基线的起点位置）
指定文字基线的第二个端点：（指定文字基线的终点位置）
输入文字：（输入文本文字↙）
输入文字：↙

执行结果：输入的文本文字均匀地分布在指定的两点之间，如果两点间的连线不水平，则文本行倾斜放置，倾斜角度由两点间的连线与 X 轴夹角确定；字高、字宽根据两点间的距离、字符的多少以及文本样式中设置的宽度系数自动确定。指定了两点之后，每行输入的字符越多，字宽和字高越小。其他选项与对齐类似。

● 使用"居中"和后面介绍的各种对齐方式时，文字大小由输入的高度值和当前文字样式的宽度系数确定。

（3）"样式(S)"选项：指定文字样式。

2．特殊符号的输入

实际绘图时，有时需要标注一些特殊字符，例如直径符号、上划线或下划线、温度符号等。由于这些符号不能直接从键盘输入，AutoCAD 提供了一些控制码。常用的控制码及其功能见表 7-1。

表 7-1　AutoCAD 常用控制码及其功能

控制码	标注的特殊字符	控制码	标注的特殊字符	控制码	标注的特殊字符
%%O	上划线	\u+2220	角度（∠）	\u+E102	界碑线
%%U	下划线	\u+E100	边界线	\u+2260	不相等（≠）
%%D	"度"符号（°）	\u+2104	中心线	\u+2126	欧姆（Ω）
%%P	正负符号（±）	\u+0394	差值	\u+03A9	欧米伽（Ω）
%%C	直径符号（Φ）	\u+0278	电相位	\u+214A	低界限
%%%	百分号（%）	\u+E101	流行	\u+2082	下标 2
\u+2248	约等于（≈）	\u+2261	标识	\u+00B2	上标 2

其中，%%O 和%%U 分别是上划线和下划线的开关，第一次出现此符号开始画上划线或下划线，第二次出现此符号则上划线和下划线终止。例如输入"AutoCAD 2019%%U 实例教程%%U"，则得到如图 7-17 所示的文本。

AutoCAD实例教程

图 7-17　输入"AutoCAD 2019%%U 实例教程%%U"文本

利用 text 命令可以创建一个或若干个单行文本，即此命令可以标注多行文本。在"输入文字"提示下输入一行文本文字后按 Enter 键，命令行继续提示"输入文字"，用户可输入第二行文本文字，依次类推，直到文本文字全部输完，输入完毕，再在此提示下按两次 Enter 键，结束文本输入命令。每一次按 Enter 键就结束一个单行文本的输入，每一个单行文本是一个对象，可以单独修改文本样式。

用 text 命令创建文本式时，在命令行输入的文字同时显示在绘图区，而且在创建过程中可以随时改变文本的位置。只要移动光标到新的位置并单击，则当前行结束，随后输入的文字在新的文本位置出现。用这种方法可以把多行文本标注到绘图区的不同位置。

7.2.2　多行文本

多行文本包含一行或多行文字，一个或多个文字段落，它们作为单一的对象进行处理。在输入文字之前需要先指定文字边框的对角点，文字边框用于定义多行文字对象中段落的宽度。可利用"文字编辑器"面板对多行文本进行编辑。

1. 多行文字命令及选项说明

在 AutoCAD 2019 中，可以通过以下方式执行"多行文字"命令。
执行方式：
（1）功能区：单击"默认"选项卡"注释"面板中的"多行文字"按钮 A 多行文字（图 7-18）/"注释"选项卡"文字"面板中的"多行文字"按钮 A 多行文字（图 7-19）。
（2）菜单栏：单击"绘图"→"文字"→"多行文字"命令。

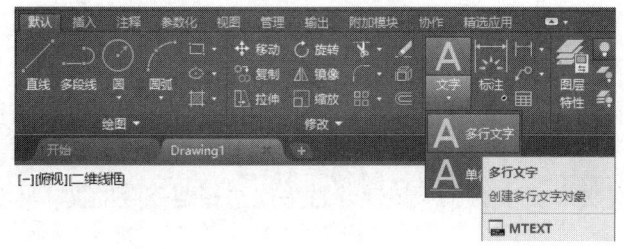

图 7-18 "注释"面板中"多行文字"　　　　图 7-19 "文字"面板中"多行文字"

（3）工具栏：单击"文字"工具栏中的"多行文字"按钮。
（4）命令行：输入 mtext 命令。
（5）快捷键：t。

执行上述任一操作都可以调出多行文字命令。命令行提示与操作如下：

命令: mtext
当前文字样式: "Standard"　文字高度：2.5　注释性：否
指定第一角点:（在合适的地方单击拾取第一个角点）
指定对角点或 [高度(H)/对正(J)/行距(L)/旋转(R)/样式(S)/宽度(W)/栏(C)]:（在合适的地方单击拾取对角点）

选项说明：

（1）指定第一角点：可在合适的地方单击拾取第一个角点。

（2）指定对角点：直接在屏幕上拾取一个点作为矩形框的第二个角点。AutoCAD 以这两个点为对角点形成一个矩形区域。其宽度作为将来要标注的多行文本的宽度，而且第一个点作为第一行文本顶线的起点。响应后 AutoCAD 打开"文字编辑器"选项卡和多行文字编辑器，如图 7-20 所示。可利用此编辑器输入多行文本并对其格式进行设置。关于对话框中各选项的含义与编辑器功能稍后介绍。

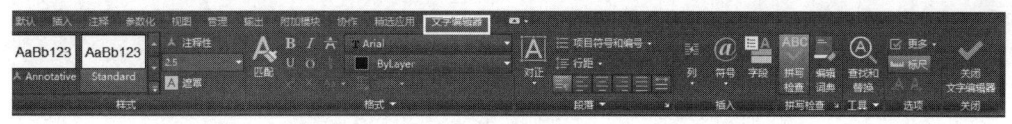

图 7-20　"文字编辑器"选项卡

注意：对现有文本文字进行编辑时，只需要在文本上双击 AutoCAD 就可以打开"文字编辑器"选项卡和多行文字编辑器，选择文本文字即可进行格式设置或文字修改。

（3）对正(J)：用于设置文本的对齐方式。

（4）行距(L)：指定多行文字对象的行距。行距是一行文字的底部（或基线）与下一行文字底部之间的垂直距离。

（5）旋转(R)：确定文本行的倾斜角度。

（6）样式(S)：用于指定多行文字的文字样式。其中"样式名"用于指定文字样式名；"列出样式"用于列出文字样式名称和特性。

（7）宽度(W)：指定多行文本的宽度。可在屏幕上拾取一点，将其与前面确定的第一个角点组成的矩形框的宽度作为多行文本的宽度。也可以输入一个数值，精确设置多行文本的宽度。

(8) 栏(C)：指定多行文字对象的栏选项。

2. "文字编辑器"选项卡

用来控制文本文字的显示特性。可以在输入文本文字前设置文本的特性，也可以改变已输入的文本文字的特性。

（1）选择文本的方式。要改变已有文本文字的显示特性，首先应选择要修改的文本，选择文本的方式有以下 3 种。

1）将光标定位到文本文字的开始处，按住鼠标左键，拖到文本末尾。

2）双击某个文字，则选中该文字。

3）3 次单击鼠标，则选中全部内容。

（2）"文字编辑器"选项卡中部分选项的功能。

堆叠按钮：为设置层叠和非层叠文本的按钮，用于层叠所选的文本文字，也就是创建分数形式。当文本中某处出现"/""^"或"#"三种层叠符号之一时，选中需层叠的文字，才可层叠文字。层叠时符号左边的文字作为分子，右边的文字作为分母。

AutoCAD 提供了 3 种分数形式。

1）如果选中"123/456"后单击此按钮，则得到如图 7-21（a）所示的分数形式。

2）如果选中"123^456"后单击此按钮，则得到如图 7-21（b）所示的分数形式。此形式多用于标注极限偏差。

3）如果选中"123#456"后单击此按钮，则创建斜排的分数形式，如图 7-21（c）所示。

$$\frac{123}{456} \qquad \frac{123}{456} \qquad {}^{123}\!/\!_{456}$$

　（a）选中"123/456"后　　　（b）选中"123^456"后　　　（c）选中"123#456"后

图 7-21　文字层叠

如果选中已经层叠的文字对象后单击此按钮，则恢复到非层叠形式。

7.3　表格

AutoCAD 没有表格绘图功能的时候，必须采用绘制图线、偏移复制、修剪图形等操作来完成表格绘制，操作过程十分烦琐，不利于提高绘图效率。自从有了表格绘图功能创建表格就变得非常容易，用户可以直接插入设置好样式的表格，而不用手动绘制。

7.3.1　定义表格样式

和文字样式一样，所有 AutoCAD 图形中的表格都有与其相应的表格样式。当插入表格对象时，系统将使用当前设置的表格样式。表格样式是用来控制表格基本形状和间距的一组设置。模板文件 ACAD.DWT 和 ACADISO.DWT 中定义了名为 Standard 的默认表格样式。

执行方式：

（1）功能区：单击"默认"选项卡"注释"面板中的"表格样式"按钮 [图 7-22（a）] /"注释"选项卡"表格"面板中"表格样式"下拉菜单中的"管理表格样式"按钮 [图 7-22（b）]

/"注释"选项卡"表格"面板中的"表格样式"按钮 。

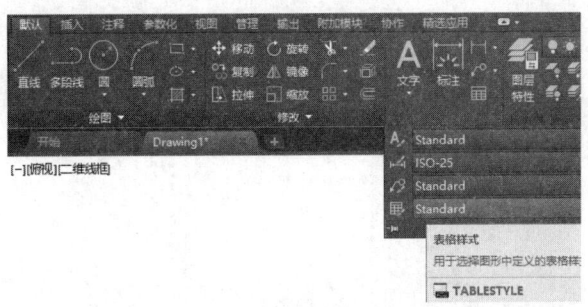

（a）"注释"面板

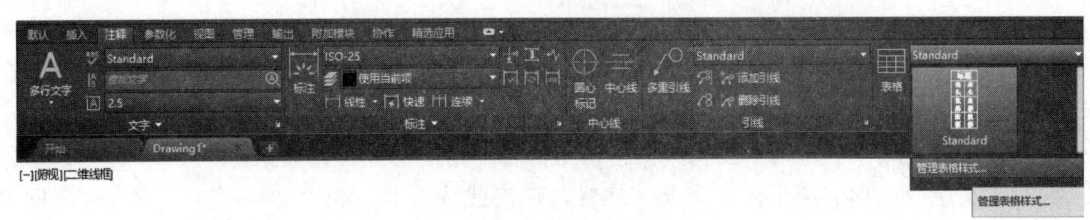

（b）"表格样式"下拉菜单

图 7-22 功能区

（2）菜单栏：单击"格式"→"表格样式"命令。
（3）工具栏：单击"样式"工具栏中的"表格样式"按钮 。
（4）命令行：输入 tablestyle 命令。

执行上述操作后，系统打开"表格样式"对话框，如图 7-23 所示。

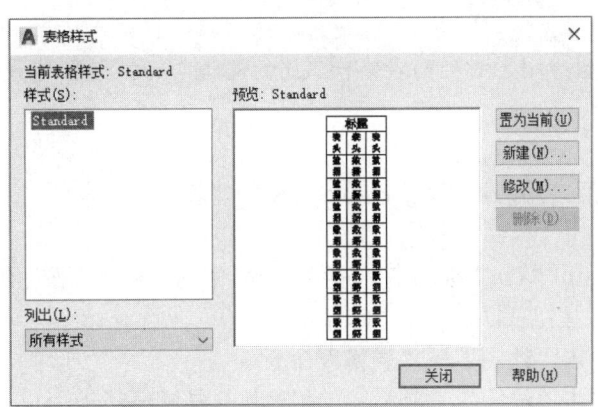

图 7-23 "表格样式"对话框

选项说明：
（1）"新建"按钮：单击该按钮系统打开"创建新的表格样式"对话框，如图 7-24 所示，输入新的表格样式名后，单击"继续"按钮，系统打开"新建表格样式"对话框，从中可以定义新的表格样式，如图 7-25 所示。

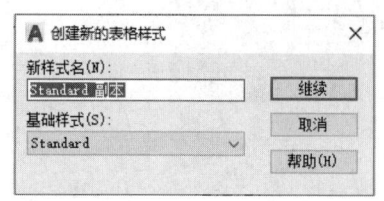
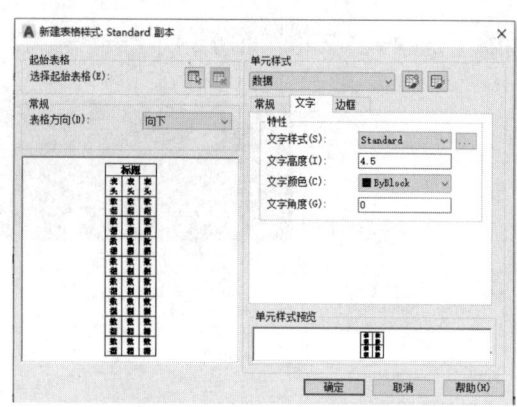

图 7-24 "创建新的表格样式"对话框　　　图 7-25 "新建表格样式"对话框

"新建表格样式"对话框的"单元样式"下拉列表框中有 3 个重要选项——"数据""表头"和"标题",分别控制表格中数据、列标题和总标题的有关参数。在"新建表格样式"对话框中有 3 个重要的选项卡,分别介绍如下:

1)"常规"选项卡:用于控制数据栏格与标题栏格的上下位置关系。

2)"文字"选项卡:用于设置文字属性,单击此选项卡,在"文字样式"下拉列表框中可以选择已定义的文字样式并应用于数据文字;也可以单击右侧的按钮重新定义文字样式。其中"文字高度""文字颜色"和"文字角度"各选项设定的相应参数格式可供用户选择。

3)"边框"选项卡:用于设置表格的边框属性。下面的边框线按钮控制数据边框线的各种形式,如绘制所有数据边框线、只绘制数据边框外部边框线、只绘制数据边框内部边框线、无边框线、只绘制底部边框线等。选项卡中的"线宽""线型"和"颜色"下拉列表框则控制边框线的线宽、线型和颜色;选项卡中的"间距"文本框用于控制单元边界和内容的间距。

图 7-25 所示数据文字样式为 Standard 的文字高度为 4.5,文字颜色为随块,对齐方式为右下标题。

(2)"修改"按钮:用于对当前表格样式进行修改,方式与新建表格样式相同。

7.3.2 创建表格

设置好表格样式后,用户可以利用 table 命令创建表格。

执行方式:

(1)功能区:单击"默认"选项卡"注释"面板中的"表格"按钮/"注释"选项卡"表格"面板中的"表格"按钮。

(2)菜单栏:单击"绘图"→"表格"命令。

(3)工具栏:单击"绘图"工具栏中的"表格"按钮。

(4)命令行:输入 table 命令。

执行上述任一操作系统都会打开"插入表格"对话框,如图 7-26 所示。

选项说明:

(1)"表格样式"下拉列表:用于选择表格样式,也可以单击右侧的按钮新建或修改表格样式。

(2)"插入方式"选项组。

第 7 章 文本标注与表格

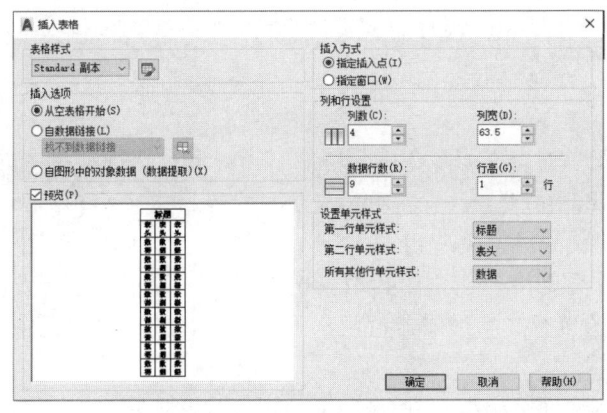

图 7-26 "插入表格"对话框

1)"指定插入点"单选按钮:指定表左上角的位置。可以使用定点设备,也可以在命令行输入坐标值。如果在"表格样式"对话框中将表格的方向设置为由下而上读取,则插入点位于表格的左下角。

2)"指定窗口"单选按钮:指定表格的大小和位置。可以使用定点设置,也可以在命令行输入坐标值。选定该选项时,行数、列数、行高和列宽取决于窗口的大小以及列和行的设置。

(3)"列和行设置"选项组:用于指定列和行的数目以及列宽与行高。

注意:在"插入方式"选项组中选择"指定窗口"单选按钮后,列和行设置的两个参数中只能指定一个,另外一个由指定窗口的大小自动等分确定。

在"插入表格"对话框中进行相应设置后,单击"确定"按钮,系统在指定的插入点或窗口自动插入一个空表格,并打开多行文字编辑器,用户可以逐行逐列输入相应的文字或数据,如图 7-27 所示。

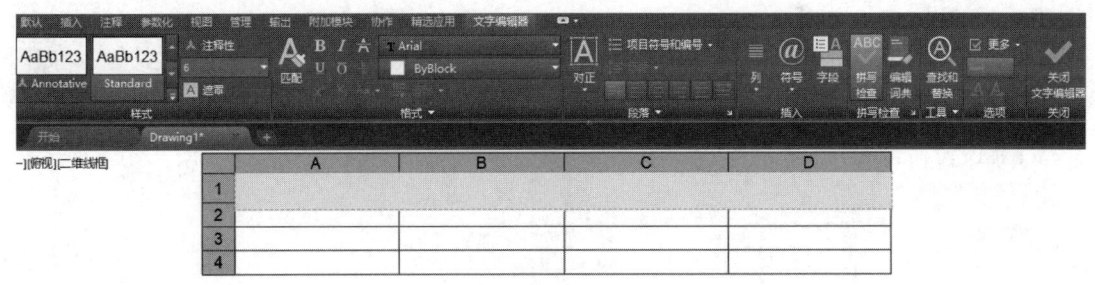

图 7-27 空表格和多行文字编辑器

注意:在插入点的表格中选择某一个单元格,单击后出现钳夹点,通过移动钳夹点可以改变单元格大小,如图 7-28 所示。

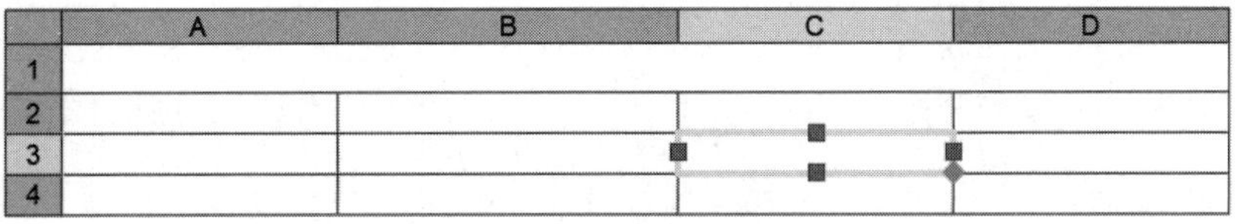

图 7-28 改变单元格大小

7.3.3 表格文字编辑

执行方式：

快捷菜单：选择表中的一个或多个单元格后右击，选择快捷菜单中的"编辑文字"命令。

命令行：输入 tabledit 命令。

定点设备：在表中的单元格内双击。

执行上述任一操作，命令行出现"拾取表格单元"的提示，选择要编辑的表格单元，系统打开如图 7-27 所示的多行文字编辑器，用户可以对选择的表格单元中的文字进行编辑。

实例教学

创建"图纸的基本幅面及边框尺寸"表格，如图 7-29 所示。

图纸的基本幅面
及边框尺寸

图纸的基本幅面及边框尺寸				
幅面代号	幅面尺寸（B×L）	装订边（a）	非装订边（c）	不装钉边（e）
A0	841×1189	25	10	20
A1	594×841			
A2	420×594			
A3	297×420		5	10
A4	210×297			

图 7-29　图纸的基本幅面及边框尺寸

操作步骤：

1. 创建表格样式

（1）单击"默认"选项卡"注释"面板中的"表格样式"按钮 ![icon]，打开"表格样式"对话框，如图 7-30 所示。

（2）单击"新建"按钮打开"创建新的表格样式"对话框，可输入新的表格样式，如图 7-31 所示。

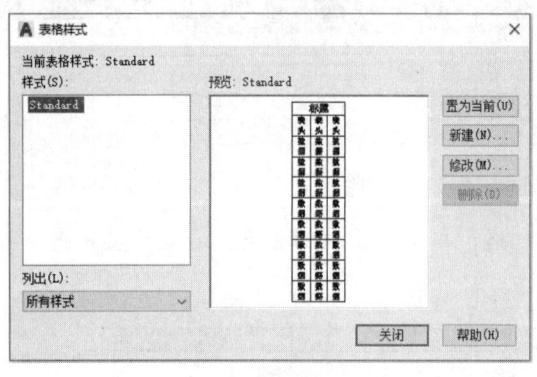

图 7-30　"表格样式"对话框

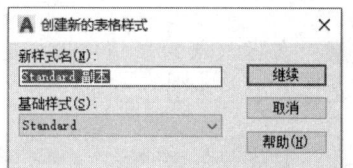

图 7-31　"创建新的表格样式"对话框

（3）单击"继续"按钮打开"新建表格样式"对话框，从中选择"标题"选项，设置参数，如图 7-32 所示。

（4）再在"新建表格样式"对话框中选择"表头"选项，设置参数，如图 7-33 所示。

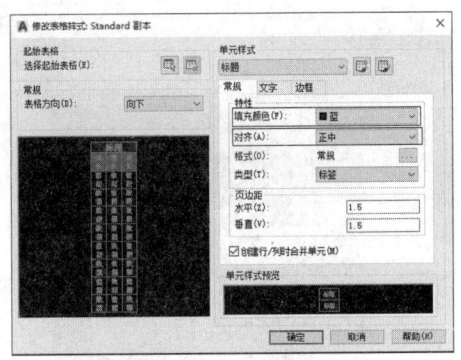
图 7-32 "标题"选项

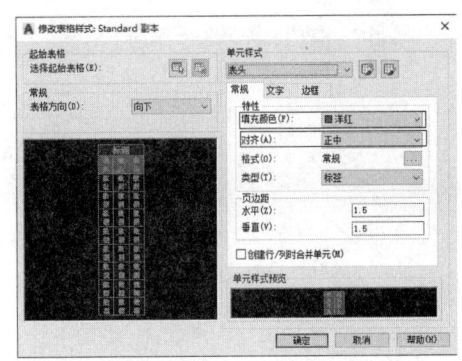
图 7-33 "表头"选项

（5）在"新建表格样式"对话框中选择"数据"选项，设置参数，如图 7-34 所示。

（6）单击"确定"按钮后，在"表格样式"对话框中单击"置为当前"按钮，如图 7-35 所示。单击"关闭"按钮关闭"表格样式"对话框。

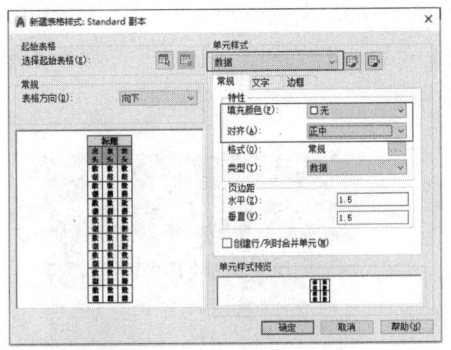
图 7-34 "数据"选项

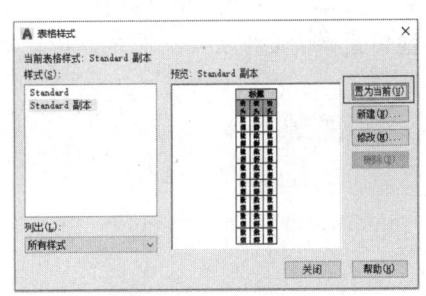
图 7-35 "置为当前"按钮

2. 创建和编辑表格

（1）单击"默认"选项卡"注释"面板中的"表格"按钮打开"插入表格"对话框，设置参数，如图 7-36 所示。

（2）单击"确定"按钮后在绘图区合适的地方单击，可在绘图区绘制一个表格，如图 7-37 所示。

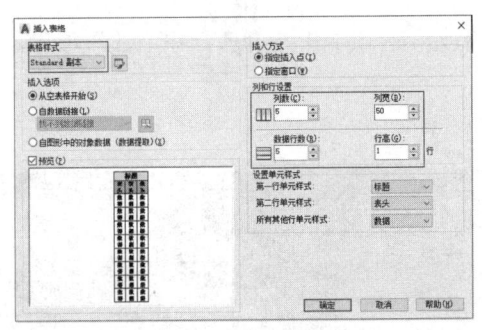
图 7-36 "插入表格"对话框

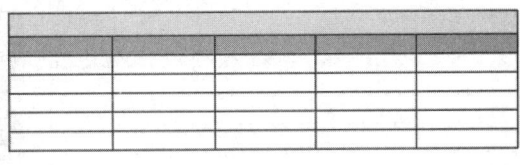
图 7-37 插入的表格

（3）单击表格的第一行将其选中，如图 7-38 所示。右击，在快捷菜单中选择"特性"选项打开"特性"窗口,设置"单元高度"为20✓,如图 7-39 所示。

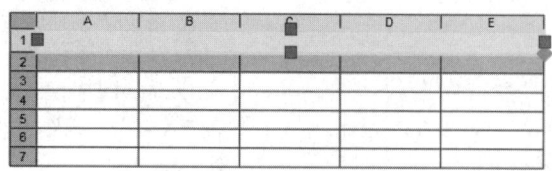

图 7-38 选择表格第一行

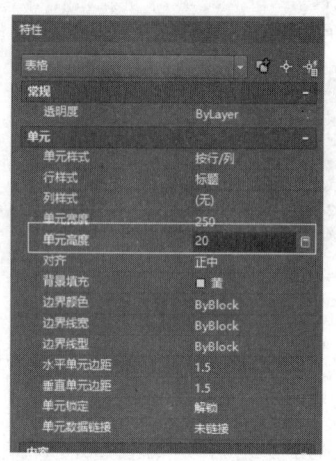

图 7-39 设置"单元高度"

(4)选择除标题单元格外的第一列,如图 7-40 所示。在"特性"窗口设置除标题单元格外的其他单元格的高度和第一列的宽度,如图 7-41 所示。

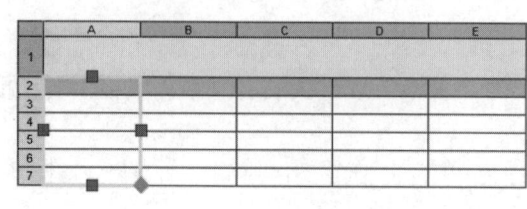

图 7-40 选择第一列

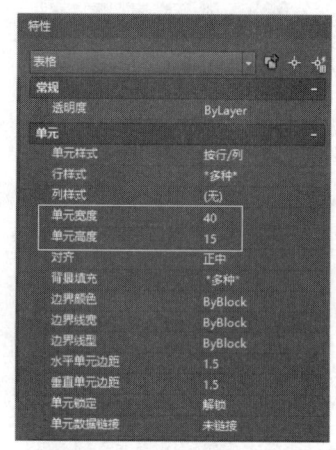

图 7-41 设置"单元高度"和"单元宽度"

(5)选择如图 7-42 所示的单元格,在"表格单元"选项卡中选择"合并全部",如图 7-43 所示。

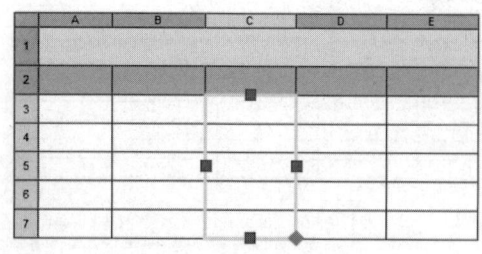

图 7-42 选择数据单元格第三列

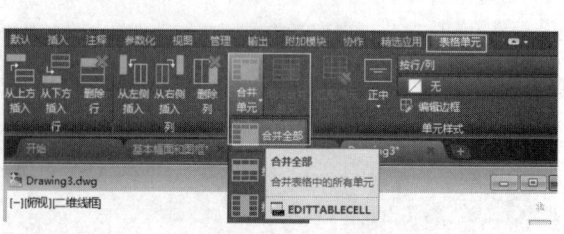

图 7-43 合并所选单元格

（6）分别再选择相应的数据单元格合并，表格最终效果如图 7-44 所示。

3. 输入和编辑文字

（1）双击标题单元格输入文字，用 Tab 键或上、下、左、右键切换单元格输入相应的文字，如图 7-45 所示。

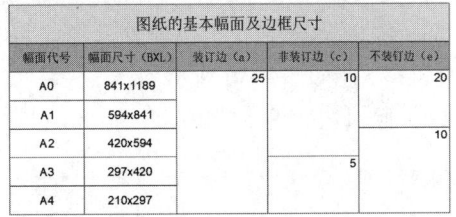

图 7-44　表格最终效果　　　　　　　　图 7-45　输入文字

（2）选中文字不居中的所有单元格，在"表格单元"选项卡中选择文字对齐方式为"正中"，如图 7-46 所示。

（3）最终文字效果如图 7-47 所示。制作完毕。

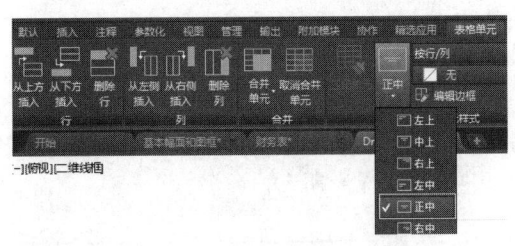

图 7-46　选择对齐方式为"正中"　　　　图 7-47　最终效果

上机实训

【实训 1】绘制带装订边的 A3 图框，如图 7-48 所示。其中标题栏如图 7-49 所示。

【实训 1】A3 图框

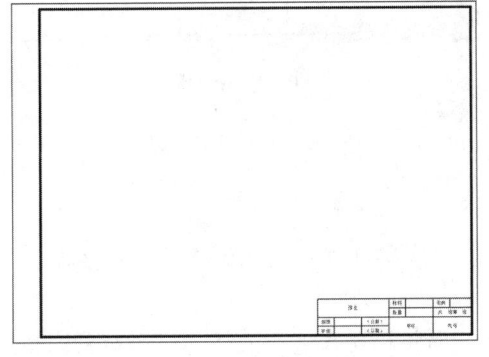

图 7-48　实训 1：A3 图框　　　　　　　图 7-49　标题栏

一、实训目的

通过本实训的操作练习，熟练掌握表格样式的创建和表格的创建及编辑方法；熟练掌握表格中文字的输入及编辑方法。

二、操作提示

（一）绘制矩形图框

（1）在"0"图层上用矩形命令绘制一个 420×297 的矩形。

（2）输入快捷键 x 调出分解命令将矩形分解。

（3）输入快捷键 o 调出偏移命令，将左边的边线向内偏移 25 作为装订边，其他三条边线向内偏移 5，如图 7-50 所示。

（4）输入快捷键 f 调出圆角命令，设置半径为 0，修剪偏移复制的线段，如图 7-51 所示。

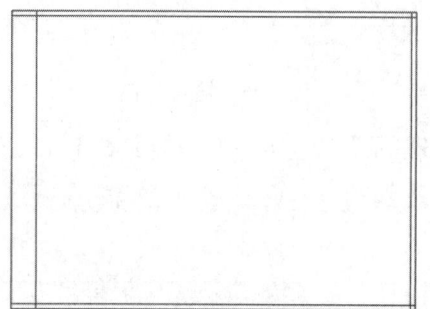

图 7-50　步骤（3）　　　　　　　　图 7-51　步骤（4）

（5）设置对象的属性。将小矩形的边选中，在"默认"选项卡"特性"面板中设置线宽为"0.30 毫米"，如图 7-52（a）所示，图形效果如图 7-52（b）所示。

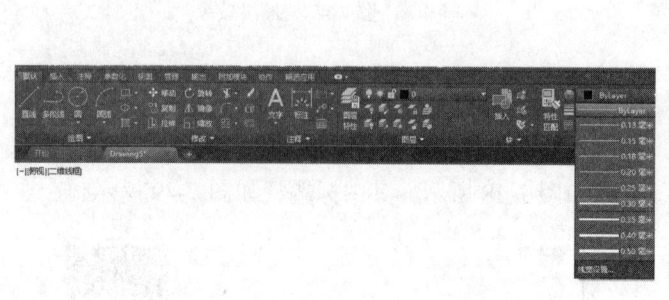
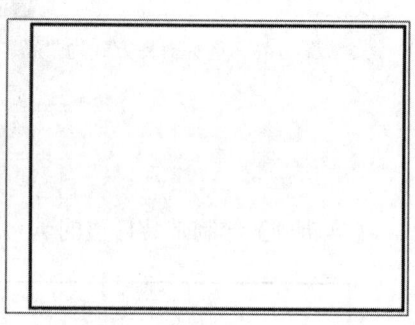

（a）"特性"面板　　　　　　　　　　（b）图形效果

图 7-52　步骤（5）

（二）绘制标题栏

1. 设置表格样式

（1）单击"默认"选项卡"注释"面板中的"表格样式"按钮打开"表格样式"对话框。

（2）单击"修改"按钮打开"修改表格样式"对话框，在"单元样式"下拉列表框中选择"数据"选项，在下面的"文字"选项卡中将"文字高度"设置为 3，如图 7-53（a）所示。再打开"常规"选项卡，将"页边距"选项组中的"水平"和"垂直"都设置成 1，如图 7-53（b）所示。

第 7 章　文本标注与表格

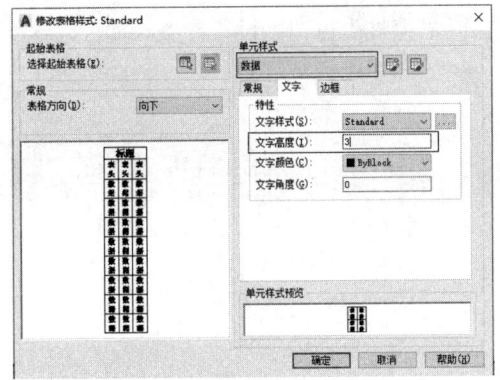 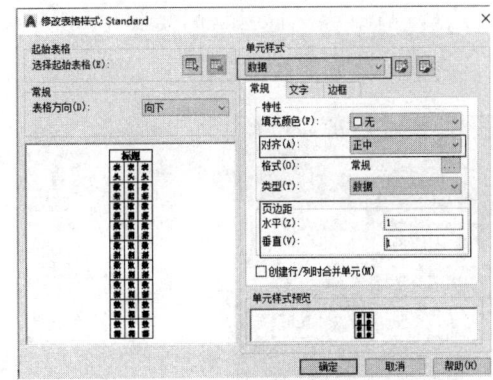

(a)"文字"选项卡　　　　　　　　　　(b)"常规"选项卡

图 7-53　设置表格样式

2. 创建和编辑表格

(1) 单击"默认"选项卡"注释"面板中的"表格"按钮打开"插入表格"对话框，设置参数，如图 7-54 所示。

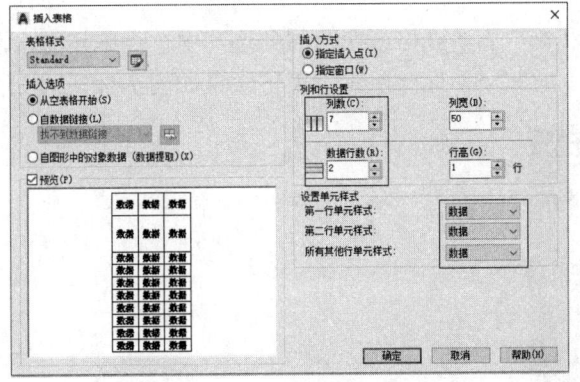

图 7-54　"插入表格"对话框

(2) 单击"确定"按钮后在绘图区合适的地方单击，可在绘图区绘制一个表格，如图 7-55 所示。

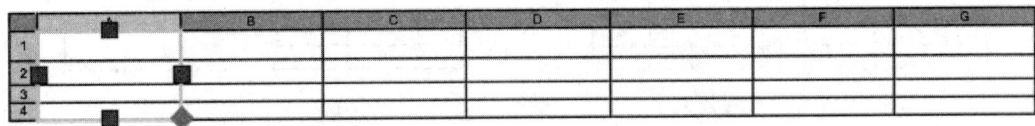

图 7-55　插入的表格

(3) 将表格第一列选中，如图 7-56 所示，设置第一列的列宽和所有行的行宽。

图 7-56　将第一列选中

(4)右击,在快捷菜单中选择"特性"选项打开"特性"窗口,设置参数,如图 7-57(a)所示,表格效果如图 7-57(b)所示。

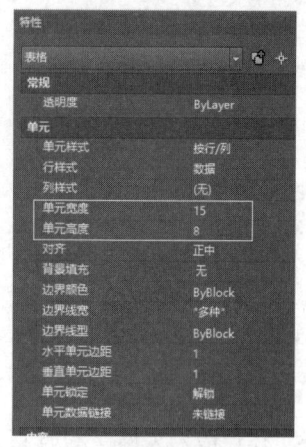

(a)"特性"窗口　　　　　　　　　　　　　　(b)表格效果

图 7-57　设置第一列列宽和所有行行宽

(5)选择第二列和第三列单元格或在两列各选其中一个单元格,设置第二列和第三列单元格列宽。设置参数,如图 7-58(a)所示,表格效果如图 7-58(b)所示。

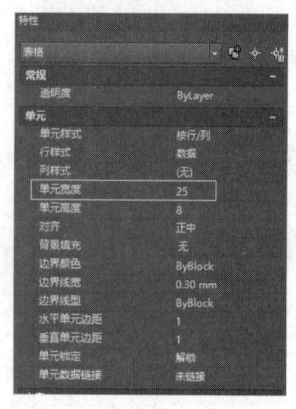

(a)"特性"窗口　　　　　　　　　　　　　　(b)表格效果

图 7-58　设置第二列第三列列宽

(6)用同样的方法设置第四列、第五列、第六列、第七列的宽度分别为 15、25、15、20,效果如图 7-59 所示。

(7)选择相应的单元格合并,效果如图 7-60 所示。

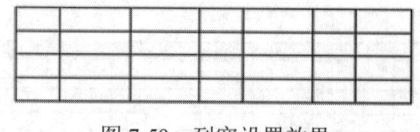　　　　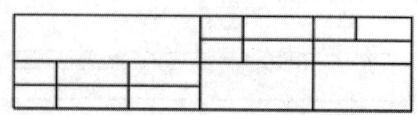

图 7-59　列宽设置效果　　　　　　　　　图 7-60　合并单元格效果

(8)输入文字,效果如图 7-61 所示。

<table>
<tr><td colspan="3" rowspan="2">图名</td><td>材料</td><td></td><td>比例</td><td></td></tr>
<tr><td>数量</td><td></td><td colspan="2">共　张第　张</td></tr>
<tr><td>制图</td><td></td><td>（日期）</td><td colspan="2" rowspan="2">单位</td><td colspan="2" rowspan="2">代号</td></tr>
<tr><td>审核</td><td></td><td>（日期）</td></tr>
</table>

图 7-61　输入文字效果

（9）用移动工具将标题栏移动到矩形图框内，最终 A3 横向图框效果如图 7-62 所示。

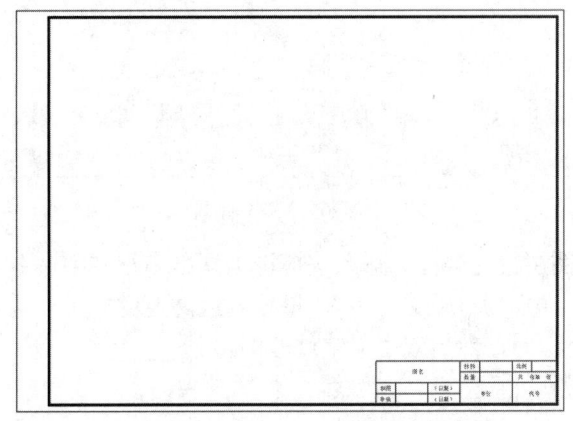

图 7-62　A3 图框效果

【实训 2】在文件“实训 2：建筑平面图”中标注房间名称，如图 7-63 所示。

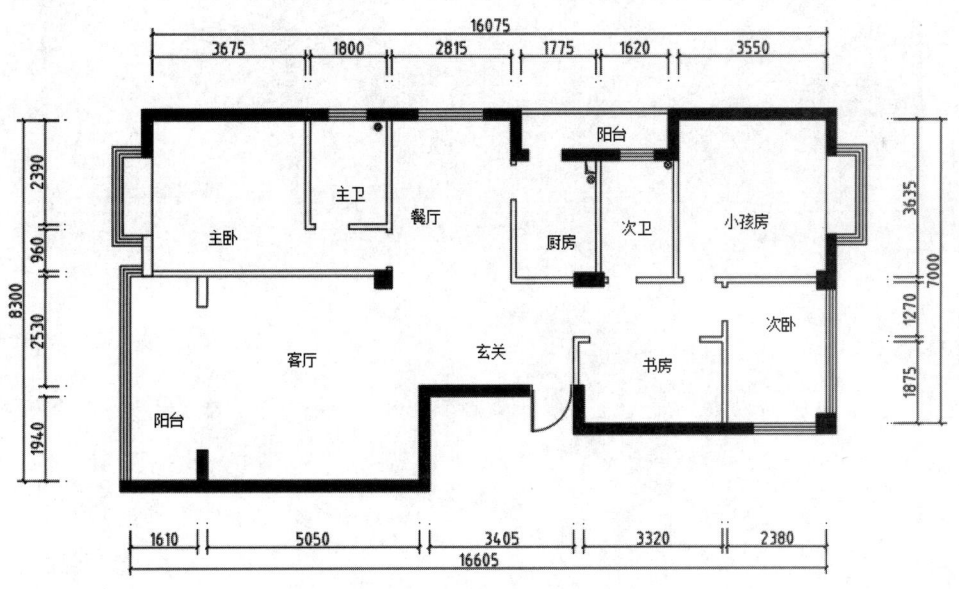

图 7-63　实训 2：建筑平面图

1. 实训目的

通过本实训的操作练习，熟练掌握文字样式的设置方法和多行文字命令的使用方法。

2. 操作提示

（1）打开文件“实训 2：建筑平面图”。

(2)设置文字样式:样式名为"中文文字",选择字体为"仿宋",其他参数设置如图 7-64 所示。

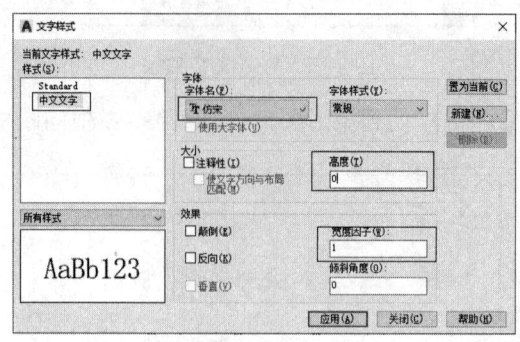

图 7-64　文字样式

(3)将"标注"图层置为当前。输入快捷键 t 调出多行文字命令,在打开的"文字编辑器"选项卡中选择文字样式为"中文文字",设置合适高度的文字,输入一个房间的名称,再用复制命令复制到各个房间,然后双击文字修改即可。

第 8 章　尺寸标注与编辑

尺寸标注是工程绘图设计中的一个重要内容，它描述了图形对象的真实大小、形状和位置，是实际生活和生产中的重要依据，没有正确的尺寸标注，绘制出的图纸就不能使用。本章主要内容包括尺寸标注的规则与组成、新建和设置标注样式、尺寸标注类型及方法、多重引线标注等。

- 新建和设置标注样式
- 尺寸标注类型及方法
- 多重引线标注

8.1　尺寸标注的组成与规则

这节介绍尺寸标注的组成、标注的规则和尺寸标注的一般步骤。

8.1.1　尺寸标注的组成

一个完整的尺寸标注具有尺寸界线、尺寸线、箭头和尺寸数字 4 个要素，如图 8-1 所示。

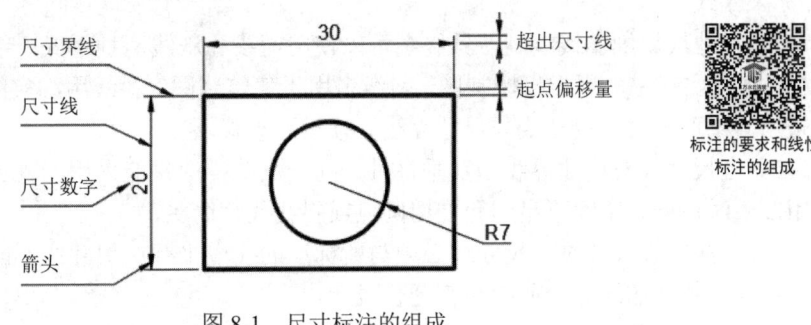

图 8-1　尺寸标注的组成

尺寸标注基本要素的作用与含义如下：

（1）尺寸线：表示尺寸标注的范围。通常与所标注的对象平行，一端或两端带有终端号，如箭头或斜线。角度标注的尺寸线为圆弧线。

（2）尺寸界线：也称为投影线，从被标注的对象延伸到尺寸线。尺寸界线一般与尺寸线垂直，特别情况下，也可以将尺寸界线倾斜，有时也用对象的轮廓线或中心线代替尺寸界线。

（3）箭头：位于尺寸线两端，用于标记标注的起始和终点位置。箭头的范围很广，既可以是短划线、点或其他标记，也可以是块，还可以是用户创建的自定义符号。

（4）尺寸数字：用于指示测量的字符串，一般位于尺寸线上方或中断处。标注文字可以

8.1.2 尺寸标注的规则

1. 基本规则

在 AutoCAD 中，对绘制的图形创建尺寸标注时，应遵循以下 5 个规则。

（1）图样上所标注的尺寸数为图形的真实大小，与绘图比例和绘图的准确度无关。

（2）图样上所标注的尺寸以系统默认值 mm（毫米）为单位时，不需要计算单位代号或名称。如果采用其他单位，则必须注明相应计量的代号或名称，如"度"的符号"°"、英寸"""等。

（3）图样上所标注的尺寸数值应为工程图完工的实际尺寸，否则需要另外说明。

（4）建筑图形中的每个尺寸一般只标注一次，并标注在最能清楚表达该图形结构特征的视图上。

（5）尺寸的配置要合理，功能尺寸应该直接标注，尽量避免在不可见的轮廓线上标注尺寸。数字之间不允许有任何图形穿过，必要时可以将图线断开。

2. 尺寸数字

（1）线性尺寸的数字一般应标注在尺寸线的上方，也允许标注在尺寸线的中断处。

（2）线性尺寸数字的方向，以平面坐标系的 Y 为分界线，左侧按顺时针方向标注在尺寸线的上方，右侧按逆时针方向标注在尺寸线的上方，但在与 Y 轴正负方向呈 30°的范围内不标注尺寸数字。在不引起误解时，也允许采用引线标注。但在一张图样中，应尽可能采用一种方法。

（3）尺寸数字不可被任何图线通过，如果必须通过，需要将该图形断开。

3. 尺寸线

（1）尺寸线用细实线绘制，其终端可以使用箭头和斜线两种形式。箭头适用于各种类型的图样，但在实践中多用于机械制图，斜线多用于建筑制图。斜线用细实线绘制，当尺寸线的终端采用斜线形式时，尺寸线与尺寸界线必须相互垂直。

（2）当尺寸线与尺寸界线相互垂直时，同一张图样中只能采用一种尺寸线终端的形式。当采用箭头时，如果空间不足，允许用圆点或斜线代替箭头。

（3）标注线性尺寸时，尺寸线必须与所标注的线段平行。尺寸线不能用其他图线代替，一般也不得与其他图线重合或画在其延长线上。

（4）标注角度时，尺寸线应画成圆弧，其圆心是该角的顶点。

（5）当对称图形对象只画出一半或略大于一半时，尺寸线应略超过对称中心线或断裂处的边界线，此时仅在尺寸线的一端画出箭头。

4. 尺寸界线

（1）尺寸界线用细实线绘制，并应由图形的轮廓线、轴线或对称中心线引出，也可利用轮廓线、轴线或对称中心线作尺寸界线。

（2）当表示曲线轮廓上各点的坐标时，可将尺寸线或其延长线作为尺寸界线。

（3）尺寸界线一般应与尺寸线垂直，必要时才允许倾斜。在光滑过渡处标注尺寸时，必须用细实线将轮廓线延长，从它们的交点处引出尺寸界线。

（4）标注角度的尺寸界线应沿径向引出。标注弦长或弧长的尺寸界线应平行于该弦的垂直平分线。当弧度较大时，可沿径向引出。

5. 标注尺寸的符号

（1）标注直径时，应在尺寸标注前加注符号"Φ"；标注半径时，应在尺寸数字前加注符号"R"；标注球面的直径或半径时，应在符号"Φ"或"R"前再加注符号"S"。

（2）标注弧长时，应在尺寸数字上方加注符号"⌒"。

（3）标注参考尺寸时，应将尺寸数字加上圆括号。

（4）当需要指明半径尺寸是由其他尺寸所确定时，应用尺寸线和符号"R"标出，但不要注明尺寸数。

8.1.3 创建尺寸标注的步骤

尺寸标注是一项系统化的工作，涉及尺寸线、尺寸界线、指引线所属的图层、尺寸文本的样式、尺寸样式等。在 AutoCAD 中对图形进行尺寸标注时，通常按以下步骤进行。

（1）创建或设置尺寸标注图层，将尺寸标注在该图层上。

（2）创建或设置尺寸标注的文字样式。

（3）创建或设置尺寸标注样式。

（4）使用对象捕捉功能对图形的元素进行相应的标注。

（5）修改并调整尺寸标注。

8.2 新建和设置标注样式

在进行标注前，要先新建标注样式，标注样式可以控制尺寸标注的格式和外观，因为组成尺寸标注的尺寸线、尺寸界线、尺寸文本、圆心标记和尺寸箭头可以采用多种样式。如果用户不新建标注样式直接进行标注，系统会使用默认的标注样式。假如用户认为默认标注样式的某些设置不合适，则可以进行修改。

在 AutoCAD 2019 中，用户可以利用"标注样式管理器"对话框方便地设置自己需要的尺寸标注样式。打开"标注样式管理器"对话框的方式如下：

执行方式：

（1）功能区：单击"默认"选项卡"注释"面板中的"标注样式"按钮 /"注释"选项卡"标注"面板中"标注样式"下拉菜单中的"管理标注样式"按钮 /"注释"选项卡"标注"面板中的"对话框启动器"按钮 。

（2）菜单栏：单击"标注"→"标注样式"/"格式"→"标注样式"命令。

（3）工具栏：单击"标注"工具栏中的"标注样式"按钮 。

（4）命令行：输入 dimstyle 命令。

（5）快捷键：d。

执行上述任一操作系统都会打开如图 8-2 所示的"标注样式管理器"对话框。利用此对话框可方便直观地定制和浏览标注样式，包括创建新的标注样式、修改已存在的标注样式、设置当前标注样式、重命名样式以及删除已有标注样式等。

"标注样式管理器"对话框各选项的含义如下：

（1）"置为当前"按钮：单击此按钮，把在"样式"列表中选择的样式设置为当前标注样式。

（2）"新建"按钮：创建新的尺寸标注样式。单击此按钮，系统打开"创建新标注样式"对话框，如图8-3所示。利用此对话框可创建一个新的尺寸标注样式，其中各项的功能说明如下：

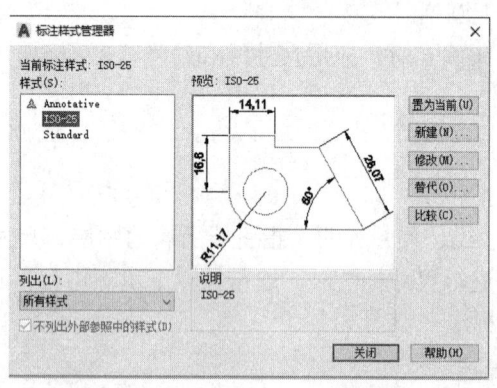

图8-2 "标注样式管理器"对话框

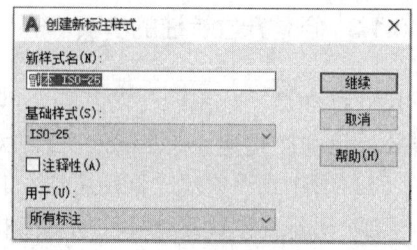

图8-3 "创建新标注样式"对话框

1)"新样式名"文本框：为新的尺寸标注样式命名。

2)"基础样式"下拉列表框：选择创建新样式所基于的标注样式。单击"基础样式"下拉列表框，打开当前已有的样式列表，从中选择一个作为定义新样式的基础，新的样式是在所选择的基础样式上修改一些特性得到的。

3)"用于"下拉列表框：指定新样式应用的尺寸类型。单击此下拉列表框，打开尺寸类型列表，如果新建样式应用于所有尺寸，则选择"所有标注"选项；如果新建样式只应用于特定的尺寸标注（如只在标注直径时使用此样式），则选择相应的尺寸类型。

4)"继续"按钮：各选项设置好以后，单击"继续"按钮，系统打开"新建标注样式"对话框，如图8-4所示。利用此对话框可对新标注样式的各项特性进行设置，其中各项的含义和功能将在后面介绍。

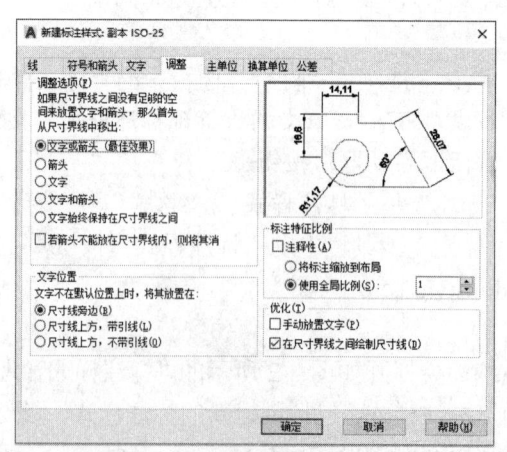

图8-4 "新建标注样式"对话框

(3)"修改"按钮：修改一个已存在的标注样式。单击此按钮，系统打开"修改标注样式"对话框，该对话框中的各选项与"新建标注样式"对话框中完全相同，可以对已有标注样式进行修改。

(4)"替代"按钮：设置临时覆盖尺寸标注样式。单击此按钮，系统打开"替代当前样式"对话框，该对话框中各选项与"新建标注样式"对话框中完全相同。用户可改变选项的设置以覆盖原来的设置。但这种修改只对指定的尺寸标注样式起作用，而不影响当前其他尺寸变量的设置。

(5)"比较"按钮：比较两个尺寸标注样式在参数上的区别，或浏览一个尺寸标注样式的参数设置。单击此按钮，系统打开"比较标注样式"对话框，如图 8-5 所示。可以把比较结果复制到剪贴板上，然后粘贴到其他 Windows 应用软件上。

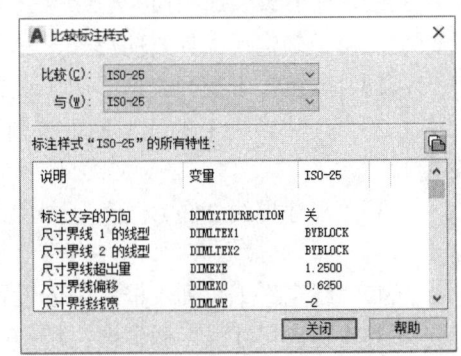

图 8-5 "比较标注样式"对话框

8.2.1 "线"选项卡

"新建标注样式"对话框中的"线"选项卡如图 8-6 所示。该选项卡用于设置尺寸线、尺寸界线的形式和特性。现对选项卡中的各选项分别说明如下：

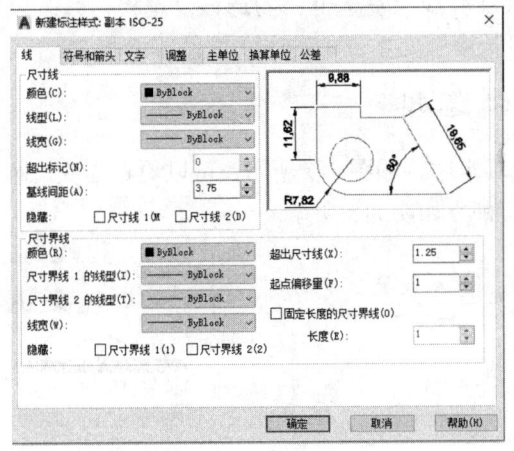

图 8-6 "线"选项卡

1. "尺寸线"选项组

"尺寸线"选项组用于设置尺寸线的特性，其中各选项的含义如下：

(1)"颜色"下拉列表框：用于设置尺寸线的颜色。可直接输入颜色名字，也可从下拉列表框中选择。如果选择"选择颜色"选项，系统打开"选择颜色"对话框供用户选择其他颜色。

(2)"线型"下拉列表框：用于设置尺寸线的线型。

(3)"线宽"下拉列表框：用于设置尺寸线的线宽，下拉列表框中列出了各种线宽的名称和宽度。

(4)"超出标记"微调框：当尺寸箭头设置为短斜线、短波浪线时，或尺寸线上无箭头时，可利用此微调框设置尺寸线超出尺寸界线的距离。

（5）"基线间距"微调框：设置以基线方式标注尺寸时，相邻两尺寸线之间的距离。

（6）"隐藏"复选框组：确定是否隐藏尺寸线及相应的箭头。勾选"尺寸线1"复选框，表示隐藏第一段尺寸线；勾选"尺寸线2"复选框，表示隐藏第二段尺寸线。

2. "尺寸界线"选项组

用于确定尺寸界线的形式，其中各选项的含义如下：

（1）"颜色"下拉列表框：用于设置尺寸界线的颜色。

（2）"尺寸界线1的线型"下拉列表框：用于设置第一条界线的线型（DIMLTEX1系统变量）。

（3）"尺寸界线2的线型"下拉列表框：用于设置第二条界线的线型（DIMLTEX2系统变量）。

（4）"线宽"下拉列表框：用于设置尺寸界线的线宽。

（5）"超出尺寸线"微调框：用于确定尺寸界线超出尺寸线的距离。

（6）"起点偏移量"微调框：用于确定尺寸界线的实际起点相对于指定尺寸界线起始点的偏移量。

（7）"隐藏"复选框组：指定是否隐藏尺寸界线。勾选"尺寸界线1"复选框，表示隐藏第一段尺寸界线；勾选"尺寸界线2"复选框，表示隐藏第二段尺寸界线。

（8）"固定长度的尺寸界线"复选框：勾选该复选框，系统以固定长度的尺寸界线标注尺寸，可以在其下面的"长度"文本框中输入长度值。

8.2.2 "符号和箭头"选项卡

在"符号和箭头"选项卡中，如图8-7所示，可以设置箭头、圆心标记和符号。AutoCAD 2019提供了多种箭头，其种类如图8-8所示。

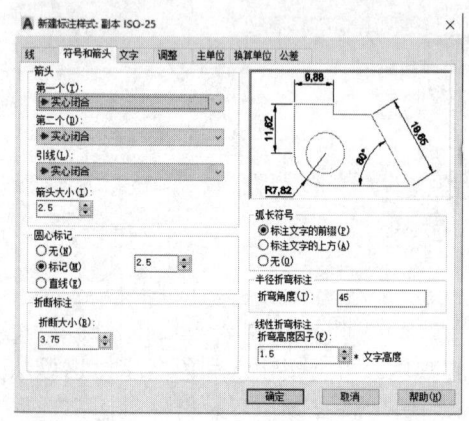

图8-7 "符号和箭头"选项卡

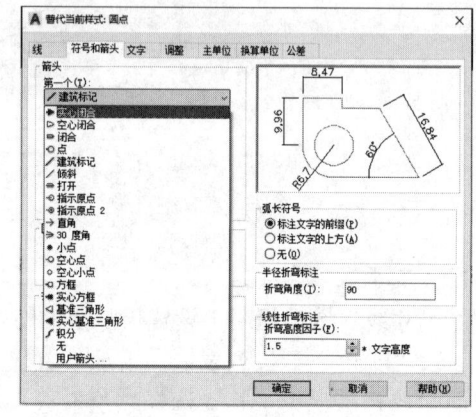

图8-8 箭头种类

1. "箭头"选项组

"箭头"选项组用于选择尺寸线和引线标注的箭头形式，还可以设置箭头的大小。其中各选项的含义如下：

（1）第一个：设定第一条尺寸线的箭头。当改变第一个箭头的类型时，第二个箭头将自动改变以同第一个箭头相匹配。

（2）第二个：设定第二条尺寸线的箭头。

（3）引线：设定引线箭头。

2. "圆心标记"选项组

该选项组用于控制直径标注和半径标注的圆心标记和中心线的外观。其中各选项的含义如下：

（1）无：不创建圆心标记或中心线。

（2）标记：创建圆心标记。选择该选项，圆形标记为圆心位置的小十字线，如图 8-9 所示。

（3）直线：创建中心线，选择该选项时，表示圆心标记的标注线将延伸到圆外，如图 8-10 所示。

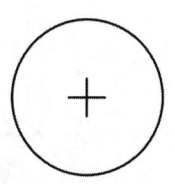 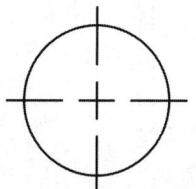

图 8-9　"标记"选项　　　　图 8-10　"直线"选项

8.2.3　"文字"选项卡

在"文字"选项卡中，用户可以设置标注文字的格式、放置和对齐，如图 8-11 所示。

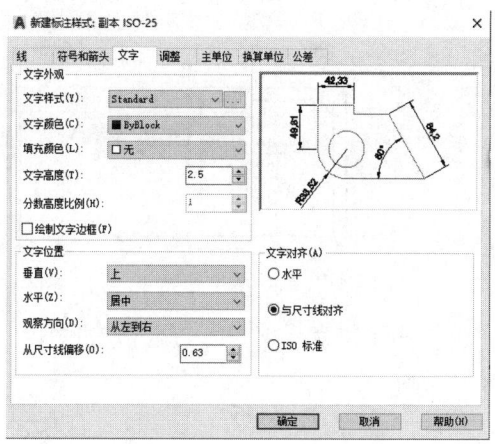

图 8-11　"文字"选项卡

1. "文字外观"选项组

该选项组用于控制标注文字的样式、颜色、高度等属性。

（1）文字样式：列出可用的文字样式。单击后面的"文字样式"按钮，可显示"文字样式"对话框，从中可以创建或修改文字样式。

（2）填充颜色：设定标注文字背景的颜色。

（3）分数高度比例：设定相对于标注文字的分数比例。在此处填入的值乘以文字高度，可确定标注分数相对标注文字的高度。

2. "文字位置"选项组

在该选项组中,用户可以设置文字的垂直位置、水平位置以及文字与尺寸线之间的距离。

(1)垂直。该选项用于控制标注文字相对尺寸线的垂直位置,包括如下子选项。

1)"居中"用于将标注文字放在尺寸线的两部分中间,如图 8-12 所示。

2)"上"用于将标注文字放在尺寸线上方,如图 8-13 所示。

3)"外部"用于将标注文字放在尺寸线上远离第一个定义点的一边。

4)"JIS"用于按照日本工业标准(JIS)放置标注文字。

5)"下"用于将标注文字放在尺寸线下方,如图 8-14 所示。

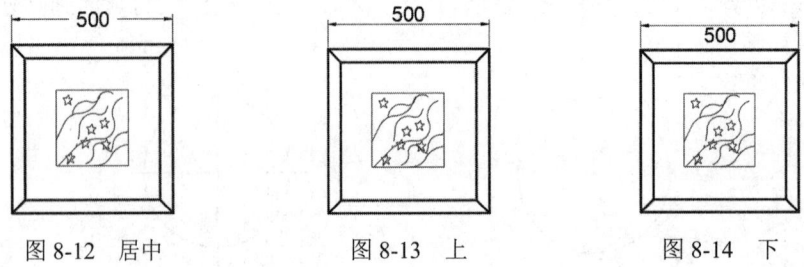

图 8-12 居中　　　　图 8-13 上　　　　图 8-14 下

(2)水平。该选项用于控制标注文字在尺寸线上相对于尺寸界线的水平位置,包括如下子选项。

1)"居中"用于将标注文字沿尺寸线放置在两条尺寸界线的中间,如图 8-15 所示。

2)"第一条尺寸界线"用于沿尺寸线与第一条尺寸界线左对正,如图 8-16 所示。

3)"第二条尺寸界线"用于沿尺寸线与第二条尺寸界线右对正。如图 8-17 所示。

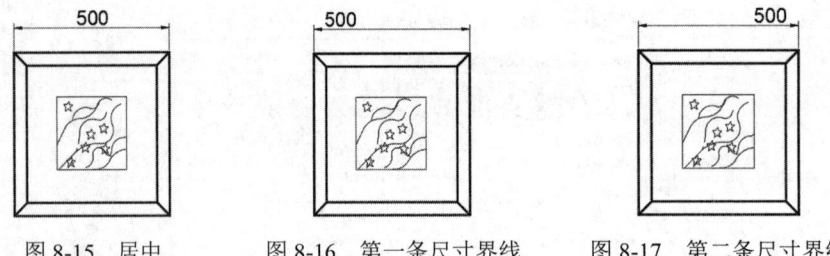

图 8-15 居中　　　图 8-16 第一条尺寸界线　　　图 8-17 第二条尺寸界线

4)"第一条尺寸界线上方"用于沿第一条尺寸界线放置标注文字或将标注文字放置在第一条尺寸界线之上,如图 8-18 所示。

图 8-18 第一条尺寸界线上方

5)"第二条尺寸界线上方"用于沿第二条尺寸界线放置标注文字或将标注文字放置在第二条尺寸界线之上,如图8-19所示。

图8-19 第二条尺寸界线上方

(3)观察方向。该选项用于控制标注文字的观察方向,"从左到右"选项是按从左到右阅读的方式放置文字。"从右到左"选项是按从右到左阅读的方式放置文字。

(4)从尺寸线偏移。

1)当"文字位置"在"垂直"时位于尺寸线"上"方或"下"方时,该选项设置的是标注文字与尺寸线之间的间距,如图8-20所示。

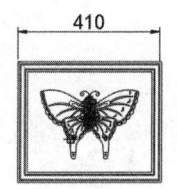 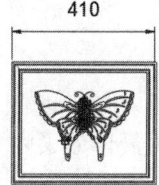 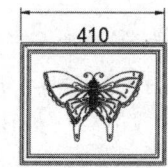

(a)文字离尺寸线近　　(b)文字离尺寸线远(上)　　(c)文字离尺寸线远(下)

图8-20 标注文字与尺寸线的间距

2)当"文字位置"在"垂直"时位于尺寸线"居中"位置时,该选项设置的是尺寸线离标注文字的距离,如图8-21所示。

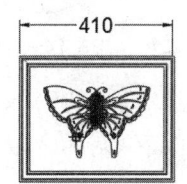 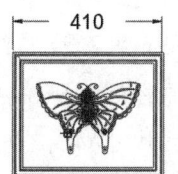

(a)文字离尺寸线近　　(b)文字离尺寸线远

图8-21 尺寸线离标注文字的距离

3."文字对齐"选项组

该选项组用于控制标注文字放置在尺寸线外侧或内侧时的方向是保持水平还是与尺寸界线平行。

(1)水平:水平放置文字。

(2)与尺寸线对齐:文字与尺寸线对齐。

(3)ISO标准:当文字在尺寸线内时,文字与尺寸线对齐。当文字在尺寸界线外时,文字水平排列,如图8-22所示。

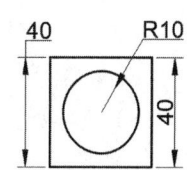

图8-22 ISO标准

8.2.4 "调整"选项卡

"调整"选项卡用于设置文字、箭头、尺寸线的标注方式,文字的标注位置和标注的特征比例等,如图 8-23 所示。

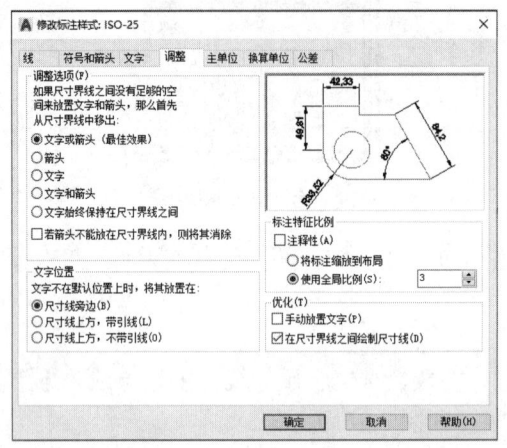

图 8-23 "调整"选项卡

1. "调整选项"组

该选项组用于控制基于尺寸界线之间可用空间的文字和箭头的位置。

(1) 文字或箭头(最佳位置):按照最佳效果将文字或箭头移动到尺寸线外,如图 8-24 所示。

(2) 箭头:先将箭头移动到尺寸界线外,然后移动文字,如图 8-25 所示。

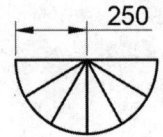   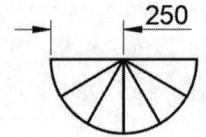

图 8-24 文字或箭头(最佳位置)　　图 8-25 箭头移到尺寸界线外

(3) 文字:先将文字移动到尺寸界线外,然后移动箭头,如图 8-26 所示。

(4) 文字和箭头:当尺寸界线之间的距离不足以放下文字和箭头时,文字和箭头都移到尺寸界线外,如图 8-27 所示。

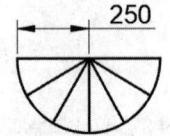   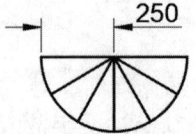

图 8-26 文字移到尺寸界线外　　图 8-27 文字和箭头移到尺寸界线外

(5) 文字始终保持在尺寸界线之间:始终将文字放在尺寸界线之间,如图 8-28 所示。

(6) 若箭头不能放在尺寸界线内,则将其消除:如果尺寸界线内没有足够的空间,则不显示箭头,如图 8-29 所示。

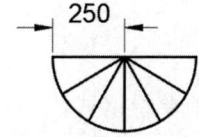 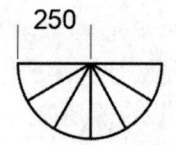

图 8-28　文字始终在尺寸界线之间　　　　图 8-29　不显示箭头

2. "文字位置"选项组

该选项组用于设定标注文字从默认位置（由标注样式定义的位置）移动时标注文字的位置。

（1）尺寸线旁边：如果选定，只要移动标注文字，尺寸线就会随之移动，如图 8-30 所示。

（2）尺寸线上方，带引线：如果选定，移动文字时尺寸线不会移动。如果将文字从尺寸线上移开，将创建一条连接文字和尺寸线的引线。当文字非常靠近尺寸线时，将省略引线，如图 8-31 所示。

（3）尺寸线上方，不带引线：如果选定，移动文字时尺寸线不会移动。远离尺寸线的文字不与尺寸线通过引线相连，如图 8-32 所示。

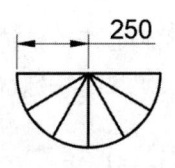 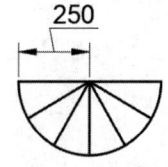 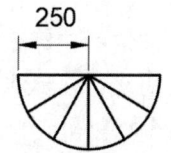

图 8-30　尺寸线旁　　　　图 8-31　带引线　　　　图 8-32　不带引线

3. "标注特征比例"选项组

该选项组用于设定全局标注比例值或图纸空间比例。

4. "优化"选项组

该选项组用于提供放置标注文字的其他选项。

8.2.5 "主单位"选项卡

"主单位"选项卡用于设定主标注单位的格式和精度，并设定标注文字的前缀和后缀，如图 8-33 所示。

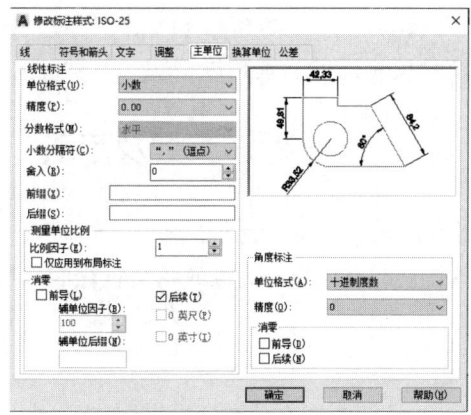

图 8-33　"主单位"选项卡

1. "线性标注"选项组

该选项组用于设定线性标注的格式和精度。

（1）单位格式：设定除角度之外所有标注类型的当前单位格式。

（2）精度：显示和设定标注文字中的小数位数，如图 8-34 所示。

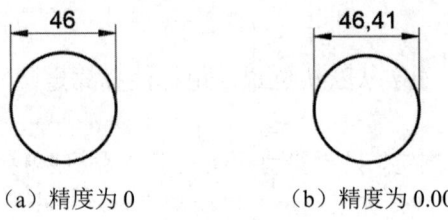

(a) 精度为 0　　　　(b) 精度为 0.00

图 8-34　精度

（3）分数格式：设定分数的格式。只有当"单位格式"为"分数"时，此选项才可用。

（4）舍入：为除"角度"之外的所有标注类型设置标注测量值的舍入规则。如果输入 0.25，则所有标注距离都以 0.25 为单位进行舍入。如果输入 1.0，则所有标注距离都将舍入为最接近的整数。小数点后显示的位数取决于"精度"设置。

（5）前缀：在标注文字中包含前缀。可以输入文字或使用控制代码显示特殊符号。

（6）后缀：在标注文字中包含后缀。可以输入文字或使用控制代码显示特殊符号。

2. "测量单位比例"选项组

该选项组用于定义线性比例选项，并控制该比例因子是否仅用于布局标注。

3. "消零"选项组

该选项组用于控制是否禁止输出前导零和后续零以及零英尺和零英寸部分。

（1）前导：勾选此复选框，不输出所有十进制标注中的前导零。

（2）辅单位因子：将辅单位的数量设定为一个单位。它用于在距离小于一个单位时以辅单位为单位计算标注距离。

（3）辅单位后缀：在标注值子单位中包含后缀。可以输入文字或使用控制代码显示特殊符号。

（4）0 英尺：如果长度小于一英尺，则消除英尺-英寸标注中的英尺部分。

（5）0 英寸：如果长度为整英尺数，则消除英尺-英寸标注中的英寸部分。

4. "角度标注"选项组

该选项组用于显示和设定角度标注的当前角度格式。

8.3　尺寸标注类型及方法

在 AutoCAD 2019 中，系统提供了多种尺寸标注类型，它们可以在图形中标注任意两点间的距离、圆或圆弧的半径和直径、圆心位置、圆弧或相交直径的角度等。下面介绍其中常用的 8 种类型。

8.3.1　线性标注

线性标注是最基本的标注类型。

执行方式：

（1）功能区：单击"默认"选项卡"注释"面板中的"线性"按钮/单击"注释"选项卡"标注"面板中的"线性"按钮。

（2）菜单栏：单击"标注"→"线性"命令。

（3）工具栏：单击"标注"工具栏中的"线性"按钮。

（4）命令行：输入 dimlinear 命令。

（5）快捷键：dli。

操作步骤：

命令行提示与操作如下：

命令: dimlinear
指定第一个尺寸界线原点或 <选择对象>:

直接按 Enter 键：光标变成拾取框，并在命令行提示如下：

选择标注对象:用拾取框选择要标注尺寸的线段
指定尺寸线位置或
[多行文字(M)/文字(T)/角度(A)/水平(H)/垂直(V)/旋转(R)]:

选择标注对象：指定第一条与第二条尺寸界线的起始点。

选项说明：

（1）指定尺寸线位置：用于确定尺寸线的位置。用户可移动鼠标选择合适的尺寸线位置，然后按 Enter 键或单击，AutoCAD 则自动测量要标注线段的长度并标注出相应的尺寸。

（2）多行文字(M)：用多行文字编辑器确定尺寸文本。

（3）文字(T)：用于在命令行提示下输入或编辑尺寸文本。选择此选项后，命令行提示如下：

输入标注文字<默认值>:

其中的默认值是 AutoCAD 自动测量得到的被标注线段的长度。直接按 Enter 键即可采用此长度值，也可输入其他数值代替默认值。当尺寸文本中包含默认值时，可使用"< >"表示默认值。

（4）角度(A)：用于确定尺寸文本的倾斜角度。

（5）水平(H)：水平标注尺寸，不论标注什么方向的线段，尺寸线总保持水平放置，如图 8-35 所示。

（6）垂直(V)：垂直标注尺寸，不论标注什么方向的线段，尺寸线总保持垂直放置，如图 8-36 所示。

（7）旋转(R)：输入尺寸线旋转的角度值，旋转标注尺寸，如图 8-37 所示。

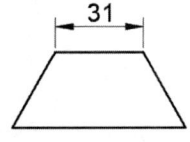
图 8-35 水平标注

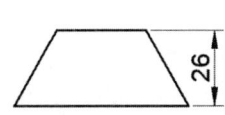
图 8-36 垂直标注

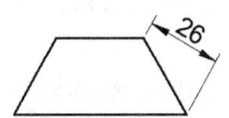
图 8-37 旋转标注

8.3.2 对齐标注

对齐标注是指尺寸线平行于尺寸界线原点连成的直线，它是线性标注尺寸的一种特殊形式。

执行方式：

（1）功能区：单击"默认"选项卡"注释"面板中的"对齐"按钮 /"注释"选项卡"标注"面板中的"对齐"按钮。

（2）菜单栏：单击"标注"→"对齐"命令。

（3）工具栏：单击"标注"工具栏中的"对齐"按钮。

（4）命令行：输入 dimaligned 命令。

（5）快捷键：dal。

操作步骤：

命令行提示与操作如下：

命令: dimaligned （调出命令）
指定第一个尺寸界线原点或 <选择对象>:（指定第一个尺寸界线原点）
指定第二条尺寸界线原点:（指定第二条尺寸界线原点）
指定尺寸线位置或（拾取或输入长度指定尺寸线位置）
[多行文字(M)/文字(T)/角度(A)]:
标注文字 = 46

这个命令使标注的尺寸线与所标注的轮廓线平行，标注起始点到终点之间的距离尺寸，如图 8-38 所示。

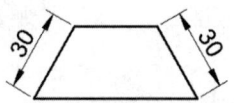

图 8-38 对齐标注

8.3.3 基线标注

基线标注

基线标注是一系列基于基准标注的平行标注。

执行方式：

（1）功能区：单击"注释"选项卡"标注"面板中的"基线"按钮。

（2）菜单栏：单击"标注"→"基线"命令。

（3）工具栏：单击"标注"工具栏中的"基线"按钮。

（4）命令行：输入 dimbaseline 命令。

（5）快捷键：dba。

操作步骤：

命令行提示与操作如下：

命令: dimbaseline（调出命令）
指定第二个尺寸界线原点或 [选择(S)/放弃(U)] <选择>:（默认以基础标注的第一个尺寸界线原点为原点，指定第二个尺寸界线原点）
标注文字 =（显示标注文字。不会自动退出命令，可以继续指定第二个尺寸界线原点进行标注，

直到标注完成按 Esc 键退出命令）

说明：

（1）基线标注只能进行线性标注、角度标注和坐标标注。

（2）使用基线标注时先要选取一个基准标注，即需要先选取一个已经创建的尺寸标注（线性标注、角度标注或坐标标注）为基准，才能进行相应的一系列平行的尺寸标注。

实例教学

用基线标注命令标注图形，如图 8-39 所示。

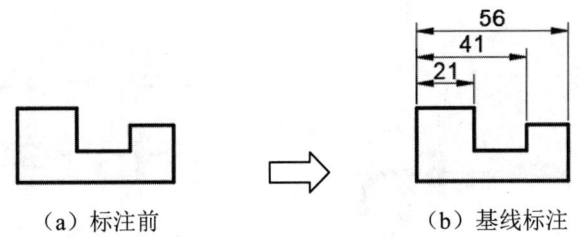

图 8-39 基线标注

操作步骤：

（1）用快捷键 dli 调出线性标注命令，在图形上先对一段长度进行尺寸标注，如图 8-40 所示。

（2）用快捷键 dba 调出基线标注命令，完成其余尺寸标注，如图 8-41 所示。

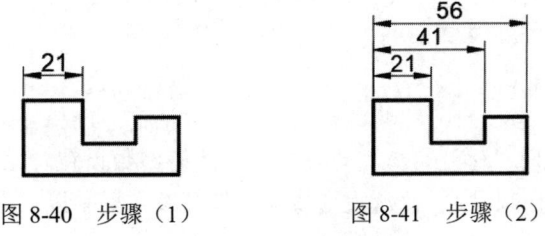

图 8-40 步骤（1）　　　图 8-41 步骤（2）

8.3.4 连续标注

连续标注是一系列基于基准标注的首尾相连的标注链，如图 8-42 所示。

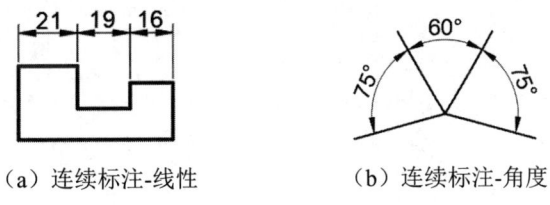

图 8-42 连续标注

执行方式：

（1）功能区：单击"注释"选项卡"标注"面板中的"连续"按钮。

（2）菜单栏：单击"标注"→"连续"命令。

（3）工具栏：单击"标注"工具栏中的"连续"按钮。

（4）命令行：输入 dimcontinue 命令。
（5）快捷键：dco。

说明：

（1）连续标注只能进行线性标注、对齐标注、角度标注和坐标标注。
（2）连续标注和基线标注一样，需要先选取一个基准标注。

实例教学

为"多段线实例"进行尺寸标注，如图 8-43 所示。

为"多段线实例"
进行尺寸标注

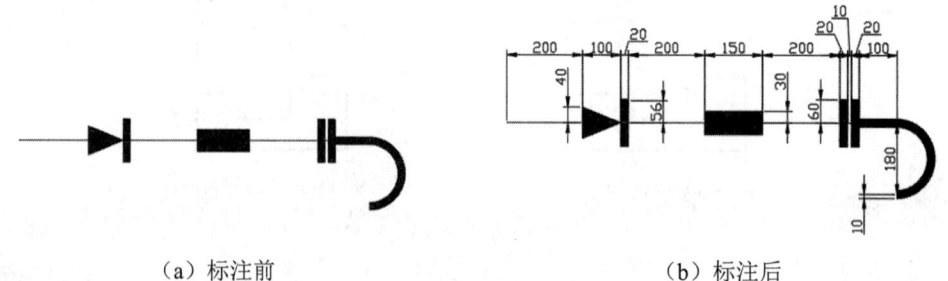

（a）标注前　　　　　　　　　　　（b）标注后

图 8-43　为"多段线实例"进行尺寸标注

操作步骤：

（1）打开"多段线实例"文件。

（2）输入快捷键 d 打开"标注样式管理器"对话框，单击"新建"按钮，打开"创建新标注样式"对话框，将新样式命名为"尺寸标注"，选择基础样式为"ISO-25"，如图 8-44 所示。

（3）单击"继续"按钮打开"修改标注样式"对话框，选择"调整"选项卡，设置"使用全局比例"为 10（此时"标注样式管理器"中的所有参数设置，比如"箭头大小""文字高度""起点偏移量""超出尺寸线""从尺寸线偏移"等参数均乘以 10，但标注的尺寸不变），如图 8-45 所示。

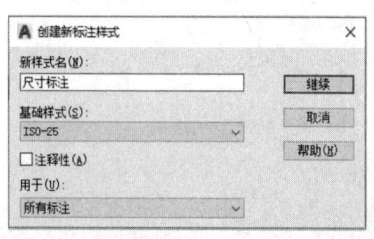

图 8-44　"创建新标注样式"对话框

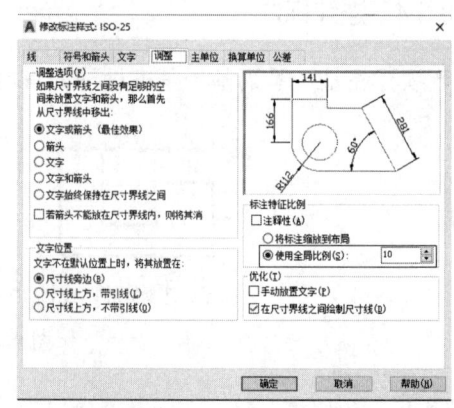

图 8-45　"调整"选项卡

（4）选择"文字"选项卡，单击"文字样式"后面的按钮，如图 8-46（a）所示，打开"文字样式"对话框，单击"新建"按钮，打开"新建文字样式"对话框，命名样式名为"尺寸标注",如图 8-46(b)所示。

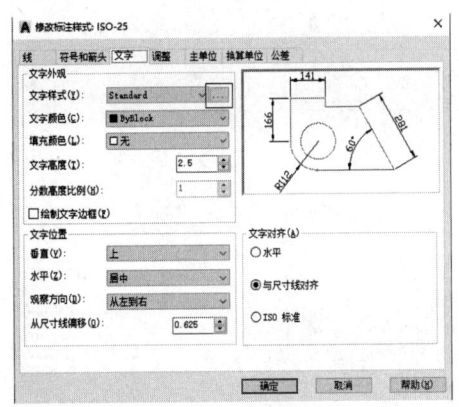
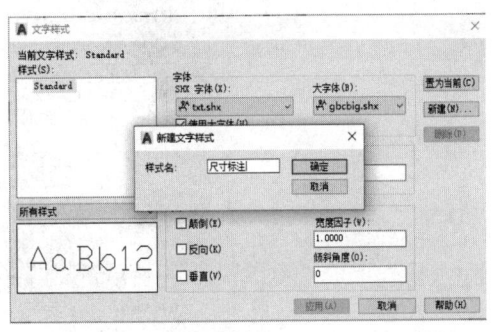

(a)"文字"选项卡　　　　　　　　　　(b)"新建文字样式"对话框

图 8-46　新建文字样式

(5)单击"确定"按钮后,在"文字样式"对话框中设置"尺寸标注"样式的各参数,如图 8-47 所示。

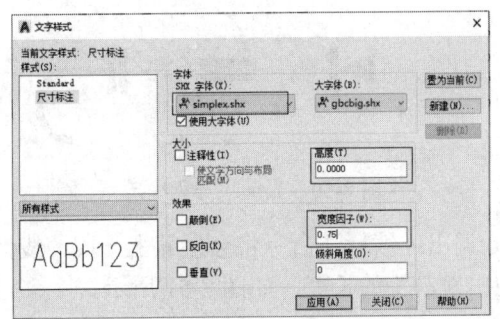

图 8-47　文字样式参数设置

(6)单击"应用"按钮,再单击"关闭"按钮关闭"文字样式"对话框,回到"修改标注样式"对话框的"文字"选项卡,选择文字样式为"尺寸标注",如图 8-48 所示。

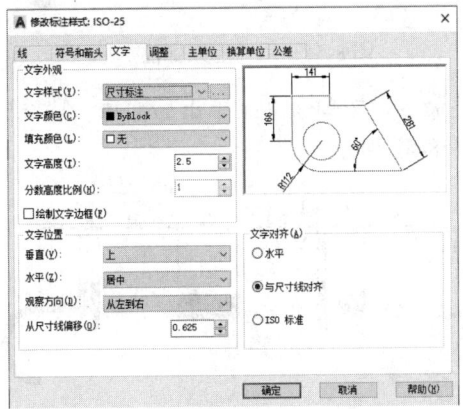

图 8-48　选择"尺寸标注"文字样式

（7）选择"主单位"选项卡，设置"精度"为 0，如图 8-49 所示。单击"确定"按钮关闭"修改标注样式"对话框。

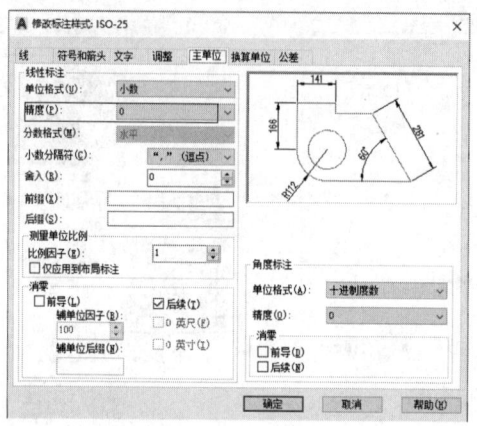

图 8-49　设置"精度"为 0

（8）输入快捷键 dli 调出线性标注命令，先标注左边一段线的尺寸，如图 8-50 所示。

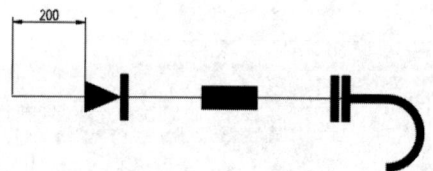

图 8-50　先标注一段线尺寸

（9）输入快捷键 dco 调出连续标注命令将会接着上一段的线性标注继续进行线性标注，单击箭头的右端点将标注出来箭头的长度，如图 8-51 所示。

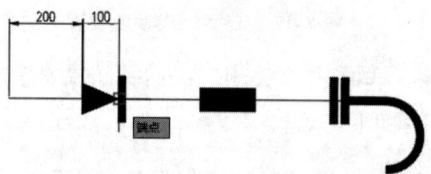

图 8-51　用"连续标注"标注

（10）不退出连续标注命令，按顺序继续单击后面每一段线的端点，直到标注完后按 Esc 键退出命令，标注结果如图 8-52 所示。

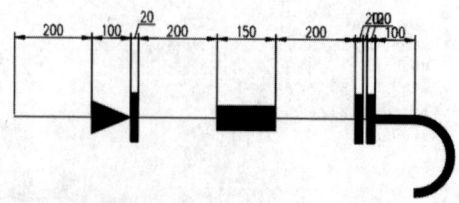

图 8-52　标注结果

（11）由于后面的几段线太短，尺寸界线间距太小，标注数字重叠在一起，故需要编辑标注。先选中一个重叠的标注，将光标放在文字上面的夹点上，如图 8-53（a）所示，按住左键直接拖动标注文字到合适的位置，如图 8-53（b）所示。

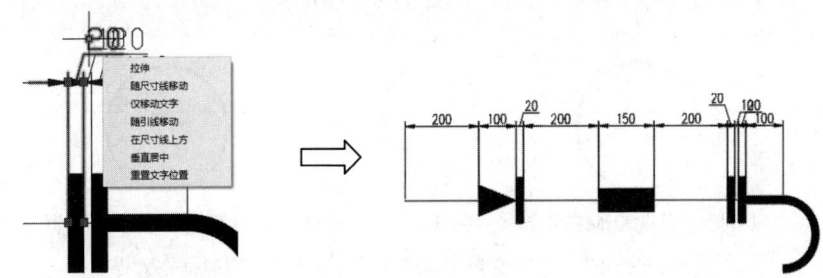

（a）光标放在文字上的夹点上　　　　（b）拖动标注文字到合适的位置

图 8-53　调整标注文字位置

（12）再分别选择其他重叠在一起的标注进行调整，得到如图 8-54 所示的效果。

（13）输入快捷键 dli 调出线性标注命令，标出其余的尺寸，如图 8-55 所示。

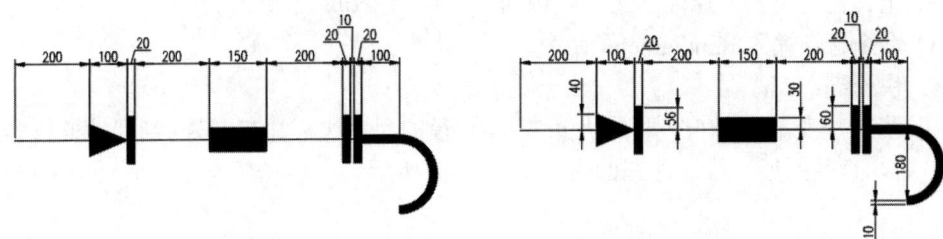

图 8-54　编辑重叠的标注文字　　　　图 8-55　完成所有标注

8.3.5　半径、直径和圆心标记

半径和直径标注用于标注圆和圆弧的半径和直径，圆心标记用于标注圆和圆弧的圆心，如图 8-56 所示。

（a）半径标注　　（b）直径标注　　（c）圆心标记

图 8-56　半径、直径和圆心标记

1. 半径标注

执行方式：

（1）功能区：单击"注释"选项卡"标注"面板中的"半径"按钮。

（2）菜单栏：单击"标注"→"半径"命令。

（3）工具栏：单击"标注"工具栏中的"半径"按钮。

（4）命令行：输入 dimradius 命令。

（5）快捷键：dra。

说明：当尺寸变量 DIMFIT 取默认值 3 时，半径的尺寸线标注在圆外；当尺寸变量 DIMFIT 设置为 0 时，半径的尺寸线标注在圆内，如图 8-57 所示。

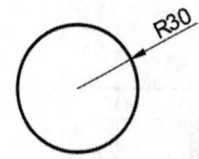   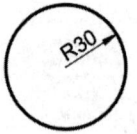

（a）尺寸变量 DIMFIT 取默认值 3　　　（b）尺寸变量 DIMFIT 设置为 0

图 8-57　尺寸变量 DIMFIT 为不同值时半径标注效果

2．直径标注

执行方式：

（1）功能区：单击"注释"选项卡"标注"面板中的"直径"按钮。

（2）菜单栏：单击"标注"→"直径"命令。

（3）工具栏：单击"标注"工具栏中的"直径"按钮。

（4）命令行：输入 dimdiameter 命令。

（5）快捷键：ddi。

说明：当尺寸变量 DIMFIT 取默认值 3 时，直径的尺寸线标注在圆外；当尺寸变量 DIMFIT 设置为 0 时，直径的尺寸线标注在圆内，如图 8-58 所示。

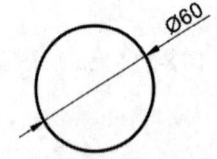   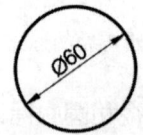

（a）尺寸变量 DIMFIT 取默认值 3　　　（b）尺寸变量 DIMFIT 设置为 0

图 8-58　尺寸变量 DIMFIT 为不同值时直径标注效果

3．圆心标记

圆心标记用于标注圆或圆弧的圆心，如图 8-59 所示。

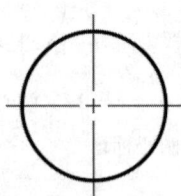   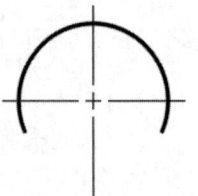   

圆心标记和中心线

（a）圆的圆心标记　　　（b）圆弧的圆心标记

图 8-59　圆心标记

执行方式：

（1）功能区：单击"注释"选项卡"标注"面板中的"圆心标记"按钮。

（2）菜单栏：单击"标注"→"圆心标记"命令。
（3）工具栏：单击"标注"工具栏中的"圆心标记"按钮⊕。
（4）命令行：输入 centermark 命令。
（5）快捷键：dor。

执行上述任一方式都可调出圆心标记命令，选择圆或圆弧即可标注出圆心。

8.3.6 角度标注

角度标注用于标注圆和圆弧的角度、两条非平行线之间的夹角或者不共线的三点之间的夹角，如图 8-60 所示。

图 8-60　角度标注

执行方式：
（1）功能区：单击"默认"选项卡"注释"面板中的"角度"按钮△/"注释"选项卡"标注"面板中的"角度"按钮△。
（2）菜单栏：单击"标注"→"角度"命令。
（3）工具栏：单击"标注"工具栏中的"角度"按钮△。
（4）命令行：输入 dimangular 命令。
（5）快捷键：dan。

8.3.7 坐标标注

坐标标注用于标注指定点的坐标。
执行方式：
（1）功能区：单击"默认"选项卡"注释"面板中的"坐标"按钮⊞/"注释"选项卡"标注"面板中的"坐标"按钮⊞。
（2）菜单栏：单击"标注"→"坐标"命令。
（3）工具栏：单击"标注"工具栏中的"坐标"按钮⊞。
（4）命令行：输入 dimordinate 命令。
（5）快捷键：dor。

执行上述任一方式都可调出坐标标注。执行该命令并选择标注点后，沿 X 轴方向移动光标将标注 Y 坐标，沿 Y 轴方向移动光标将标注 X 坐标，如图 8-61 所示。

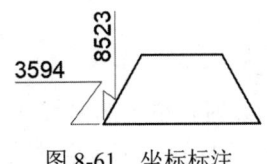

图 8-61　坐标标注

8.3.8 折弯标注

折弯标注用于标注圆弧或圆。如果一个圆弧半径很大,在图上标注半径时尺寸线很长,这时候影响美观,就需要用折弯标注。

折弯标注

8.3.9 快速标注

使用快速标注可以快速创建成组的基线、连续、阶梯和坐标标注,快速标注多个圆、圆弧及编辑现有标注的布局。

快速标注

执行方式:

(1)功能区:单击"注释"选项卡"标注"面板中的"快速"按钮。
(2)菜单栏:单击"标注"→"快速"命令。
(3)工具栏:单击"标注"工具栏中的"快速"按钮。
(4)命令行:输入 qdim 命令。
(5)快捷键:qd。

操作步骤:

命令行提示与操作如下:

　　选择要标注的几何图形:
　　指定尺寸线位置或 [连续(C)/并列(S)/基线(B)/坐标(O)/半径(R)/直径(D)/基准点(P)/编辑(E)/设置(T)]
　　<连续>:

选项说明:

(1)连续(C):创建一系列连续标注,其中线性标注线端对端地沿同一条直线排列。
(2)并列(S):创建一系列并列标注,其中线性尺寸线以恒定的增量相互偏移。
(3)基线(B):创建一系列基线标注,其中线性标注共享一条公用尺寸界线。
(4)半径(R):创建一系列半径标注,其中将显示选定圆弧和圆的半径值。
(5)直径(D):创建一系列直径标注,其中将显示选定圆弧和圆的直径值。
(6)基准点(P):为基线和坐标标注设置新的基准点。
(7)编辑(E):在生成标注之前,删除出于各种考虑而选定的点位置。

注意:当尺寸变量 DIMFIT 取默认值 3 时,半径和直径的尺寸线标注在圆外;当尺寸变量 DIMFIT 设置为 0 时,半径和直径的尺寸线标注在圆内。

8.4 多重引线标注

引线,就是将某一对象用一条线与相关的说明连接起来。在 AutoCAD 中利用该功能不仅可以标注特定的尺寸,如圆角、倒角等,还可以实现在图中添加多行旁注和说明。在引线标注中引线可以是折线,也可以是曲线;引线顶端可以有箭头,也可以没有箭头。

8.4.1 新建引线样式

在为 AutoCAD 图形添加多重引线时,单一的引线样式往往不能满足设计的要求,这就需要预先定义新的引线样式,即指定基线、引线、箭头和注

多重引线标注

释内容的格式，用于控制多重引线对象的外观。

在 AutoCAD 2019 中，通过"多重引线样式管理器"对话框可创建并设置多重引线样式。

执行方式：

（1）功能区：单击"默认"选项卡"注释"面板中"多重引线样式"按钮 /"注释"选项卡"引线"面板中右下角的箭头。

（2）菜单栏：单击"格式"→"多重引线样式"命令。

（3）命令行：输入 mleaderstyle 命令。

执行上述任一操作系统都会打开如图 8-62 所示的"多重引线样式管理器"对话框。单击"新建"按钮，打开"创建新多重引线样式"对话框，从中输入样式名并选择基础样式，如图 8-63 所示。单击"继续"按钮，即可在打开的"修改多重引线样式"对话框中对各选项卡进行详细的设置。

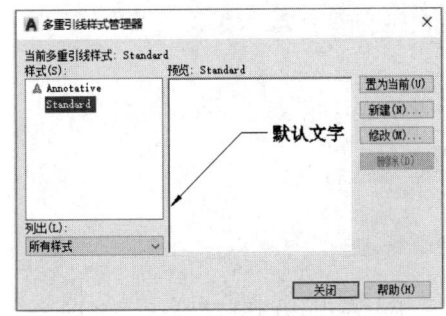 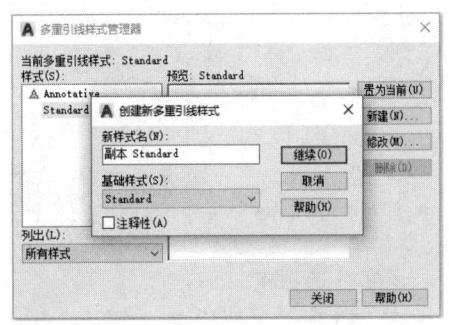

图 8-62 "多重引线样式管理器"对话框　　图 8-63 "创建新多重引线样式"对话框

1. "引线格式"选项卡

在"修改多重引线样式"对话框中，"引线格式"选项卡用于设置引线的类型及箭头的形状，如图 8-64 所示。其中各选项组的作用如下：

（1）常规：主要用来设置引线的类型、颜色、线型、线宽等。其中在"类型"下拉列表中可以选择直线、样条曲线或无选项。

（2）箭头：主要用来设置箭头的形状和大小。

（3）引线打断：主要用来设置引线打断大小参数。

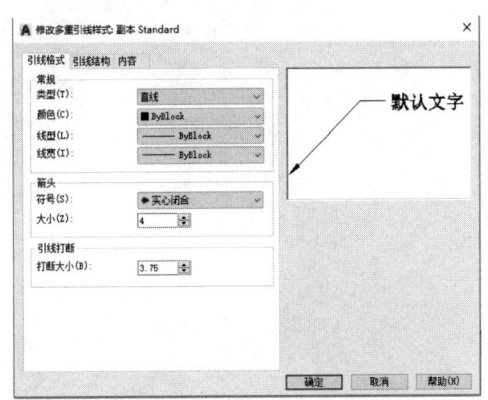

图 8-64 "引线格式"选项卡

2. "引线结构"选项卡

在"引线结构"选项卡中可以设置引线的段数、引线每一段的倾斜角度及引线的显示属性,如图 8-65 所示。其中各选项组的作用如下:

(1)约束:在该选项组中勾选相应的复选框可指定点数目和角度值。

(2)基线设置:可以指定是否自动包含基线及多重引线的固定距离。

(3)比例:勾选相应的复选框或选择相应单选按钮,可以确定引线比例的显示方式。

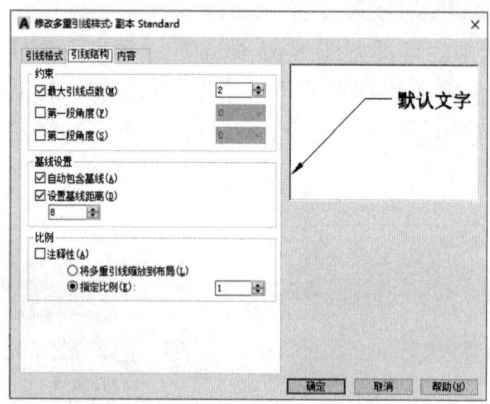

图 8-65　"引线结构"选项卡

3. "内容"选项卡

"内容"选项卡主要用来设置引线标注的文字属性。在引线中既可以标注多行文字,也可以在其中插入块。这两种类型的内容主要通过"多重引线类型"下拉列表来切换。

(1)多行文字。选择该选项后,则选项卡中各选项用来设置文字的属性。与"文字样式"对话框基本类似。然后单击"文字选项"选项组中"文字样式"列表框右边的按钮,可直接访问"文字样式"对话框。其中"引线连接"选项组用于设置多重引线的引线连接。引线可以水平或垂直连接,如图 8-66 所示。

(2)块。选择"块"选项后,即可在"源块"列表框中指定块内容,并在"附着"列表框中指定块的范围、插入点或中心点附着块类型,还可以在"颜色"列表框中指定多重引线块内容颜色,如图 8-67 所示。

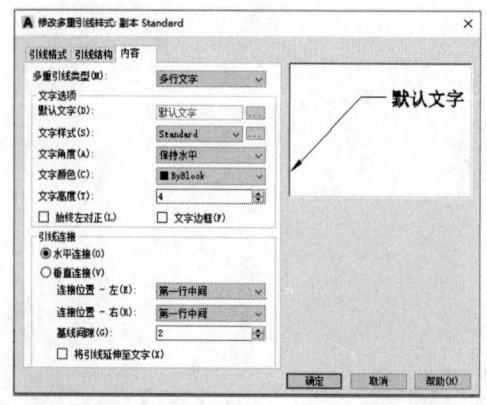

图 8-66　引线类型为"多行文字"

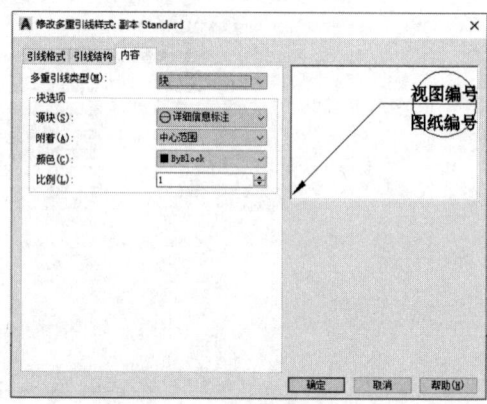

图 8-67　引线类型为"块"

8.4.2 多重引线标注

多重引线可以是一条引线，也可以是多条引线组合成的一个整体，且可以共用一个文字说明。

执行方式：

（1）功能区：单击"默认"选项卡"注释"面板中的"引线"按钮／"注释"选项卡"引线"面板中的"多重引线"按钮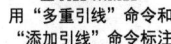。

（2）菜单栏：单击"标注"→"多重引线"命令。

（3）命令行：输入 mleader 命令。

（4）快捷键：mld。

实例教学

用"多重引线"命令和"添加引线"命令标注图 8-68 中的圆的半径。

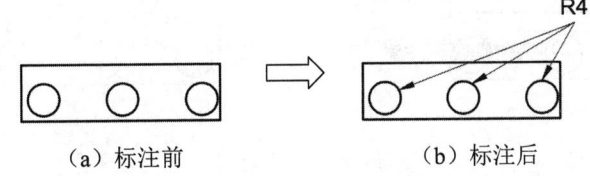

（a）标注前　　　　　　（b）标注后

图 8-68　"多重引线"和"添加引线"标注实例

操作步骤：

（1）打开文件"用'多重引线'和'添加引线'标注"。

（2）单击"注释"选项卡"引线"面板中右下角的箭头 打开"修改多重引线样式"对话框，新建一个新的引线样式，设置"引线格式"选项卡、"引线结构"选项卡、"内容"选项卡的各项参数如图 8-69 所示。

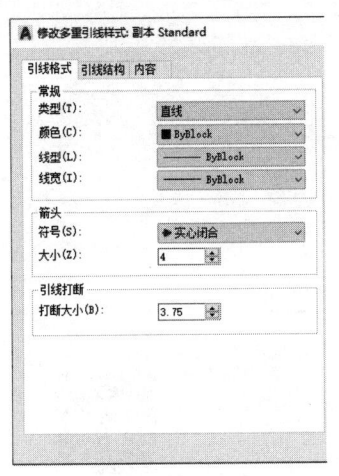 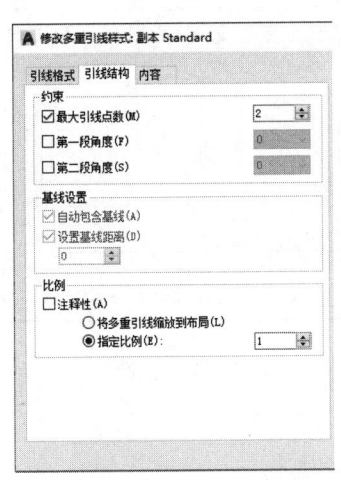 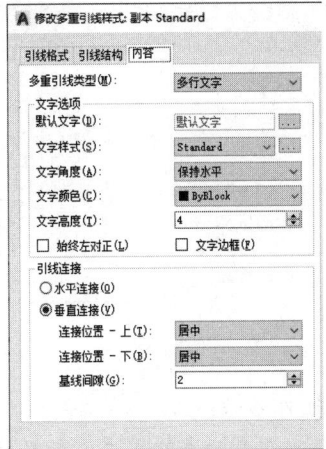

（a）"引线格式"选项卡　　　（b）"引线结构"选项卡　　　（c）"内容"选项卡

图 8-69　步骤（2）

（3）单击"注释"选项卡"引线"面板中的"多重引线"按钮 调出多重引线命令，在右边圆上合适的位置单击，拖动光标拉出引线，输入标注的文字得到引线标注，如图 8-70 所示。

（4）单击"注释"选项卡"引线"面板中的"添加引线"按钮调出添加引线命令，在已经创建的引线标注上单击，如图 8-71 所示。

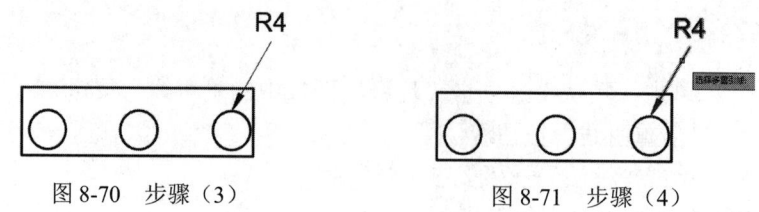

图 8-70　步骤（3）　　　　　　图 8-71　步骤（4）

（5）拖动光标到中间的圆上单击，如图 8-72（a）所示，再在左边的圆上单击，得到三个对象共用标注文字的引线标注，如图 8-72（b）所示。标注完毕。

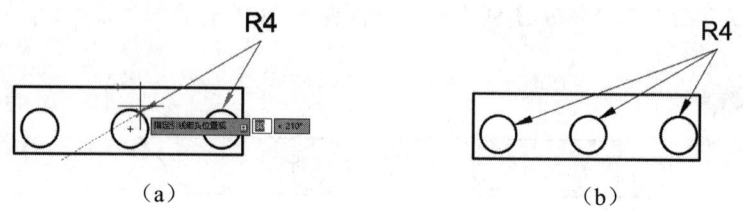

（a）　　　　　　　　　　　　（b）

图 8-72　步骤（5）

实例教学

给凉亭标注尺寸，如图 8-73 所示。

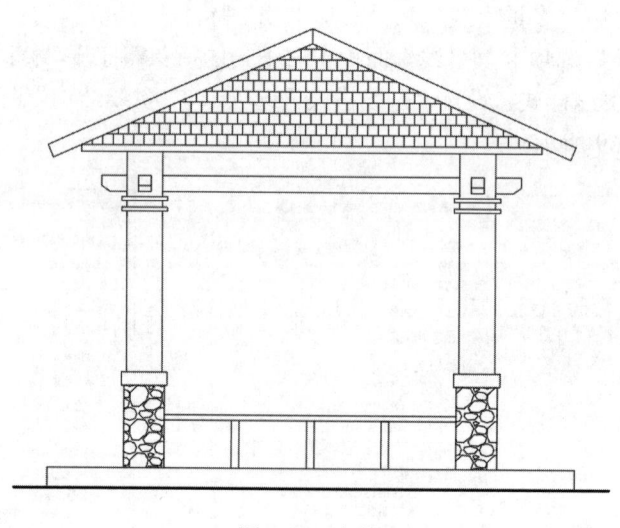

图 8-73　凉亭

操作步骤：

1. 设置标注样式并进行尺寸标注

（1）打开文件"给凉亭标注"。

（2）输入快捷键 d 打开"标注样式管理器"对话框，新建一个名为"尺寸标注（大）"的标注样式，选择基础样式为 ISO-25，如图 8-74 所示。

给凉亭标注一

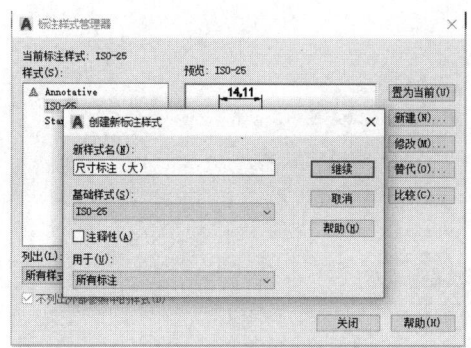

图 8-74　步骤（2）

（3）设置"符号和箭头"选项卡的箭头为"建筑标记"，如图 8-75 所示。

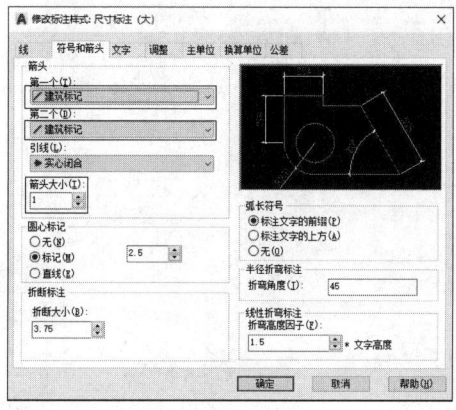

图 8-75　步骤（3）

（4）设置"调整"选项卡的参数"使用全局比例"为 18（此时"修改标注样式"中的所有参数设置，如"箭头大小""文字高度""起点偏移量""超出尺寸线""从尺寸线偏移"等参数均乘以 18 倍，但标注的尺寸不变），如图 8-76 所示。

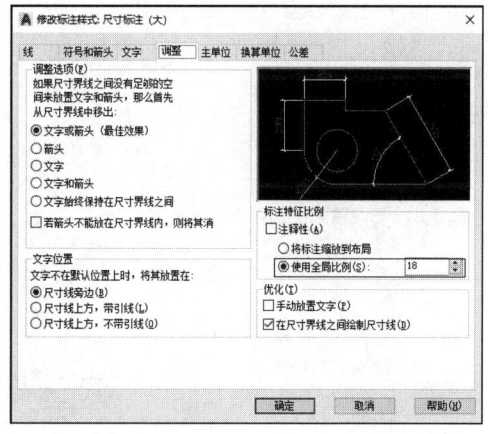

图 8-76　步骤（4）

（5）选择"文字"选项卡，单击"文字样式"后面的按钮，如图 8-77 所示，打开"文字样式"对话框。

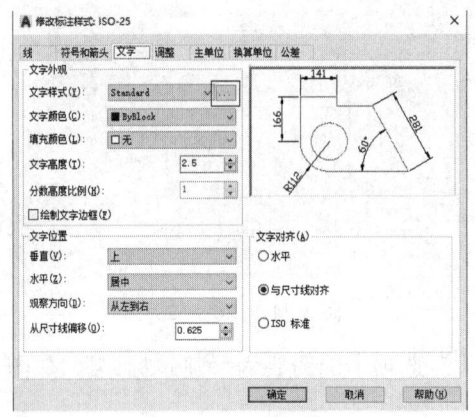

图 8-77　步骤（5）

（6）新建样式名为"尺寸标注"的文字样式，如图 8-78（a）所示。各参数设置如图 8-78（b）所示。

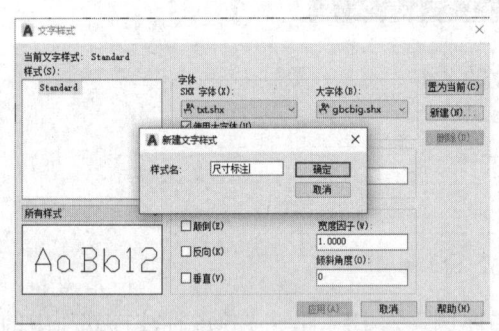　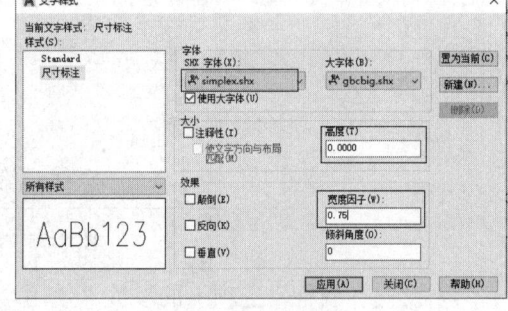

（a）新建"尺寸标注"文字样式　　　　　　　　（b）设置参数

图 8-78　步骤（6）

（7）单击"应用"按钮，再单击"关闭"按钮关闭"文字样式"对话框，将回到"修改标注样式"的"文字"选项卡，选择"文字样式"为"尺寸标注"，如图 8-79 所示。

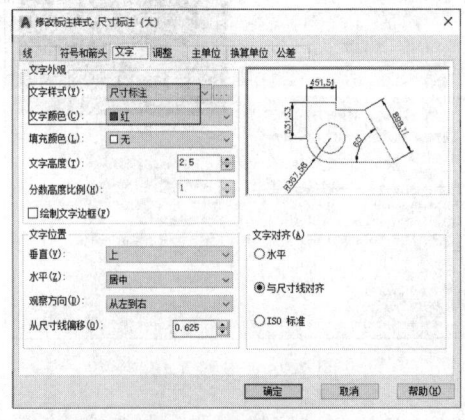

图 8-79　步骤（7）

（8）选择"主单位"选项卡，设置"精度"为0，如图8-80所示。单击"确定"按钮关闭"修改标注样式"对话框。

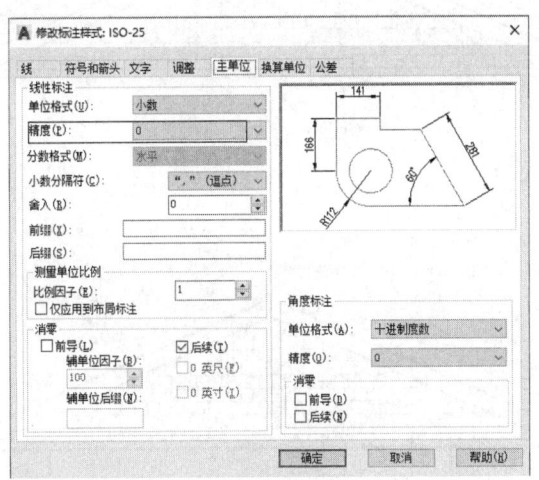

图8-80 步骤（8）

（9）单击"注释"选项卡"引线"面板中右下角的箭头 打开"修改多重引线样式"对话框，由于本实例中只需要一个引线标注样式，故修改Standard样式即可。设置"引线格式"选项卡、"引线结构"选项卡、"内容"选项卡的各项参数如图8-81所示。

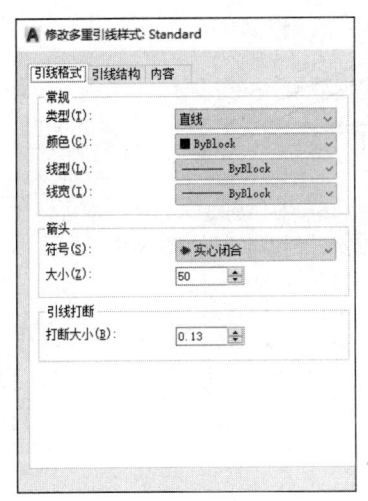 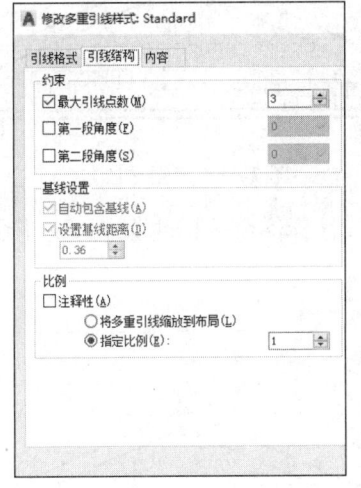 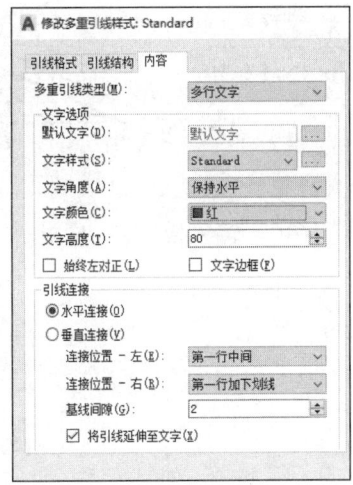

（a）"引线格式"选项卡　　　　（b）"引线结构"选项卡　　　　（c）"内容"选项卡

图8-81 步骤（9）

（10）输入快捷键dal调出对齐标注命令，标注凉亭顶部左右两边的尺寸，如图8-82所示。

（11）输入快捷键dli调出线性标注命令，标注房梁左半边尺寸，如图8-83所示。

（12）输入快捷键dco调出连续标注命令，将会接着上一段的线性标注继续进行线性标注，单击房梁的右端点将标注出房梁右半边的长度，如图8-84所示。

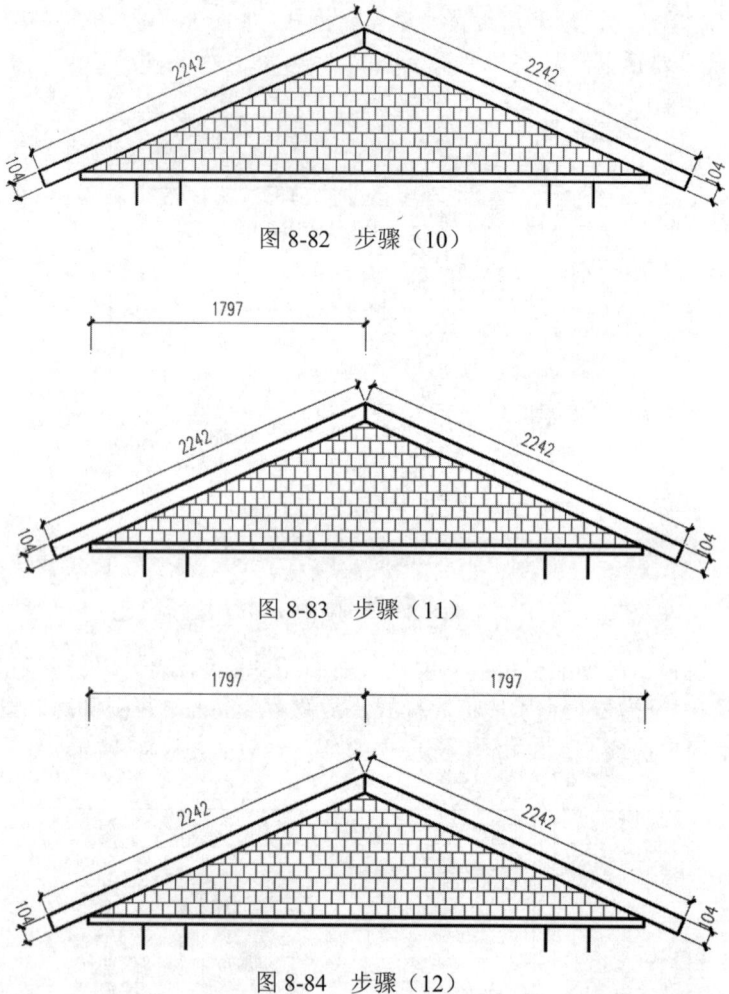

图 8-82　步骤（10）

图 8-83　步骤（11）

图 8-84　步骤（12）

（13）输入快捷键 dli 调出线性标注命令标注凉亭顶左半边水平尺寸，如图 8-85 所示。

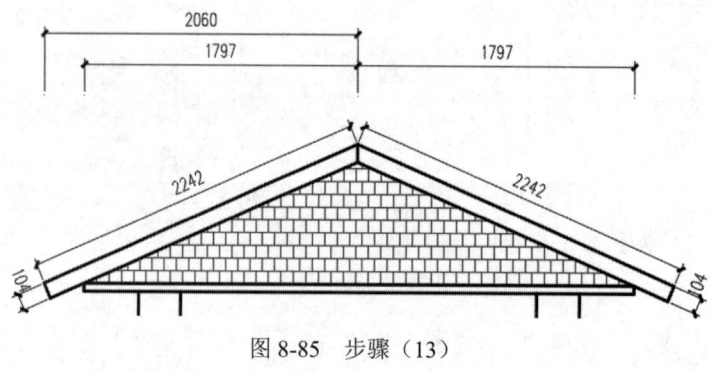

图 8-85　步骤（13）

（14）输入快捷键 dco 调出连续标注命令，将会接着上一段的线性标注继续进行线性标注，单击凉亭顶的右端点将标注出凉亭右半边的水平尺寸，如图 8-86 所示。

（15）输入快捷键 dli 调出线性标注命令，从凉亭顶左端点到右端点标注水平总尺寸，如图 8-87 所示。

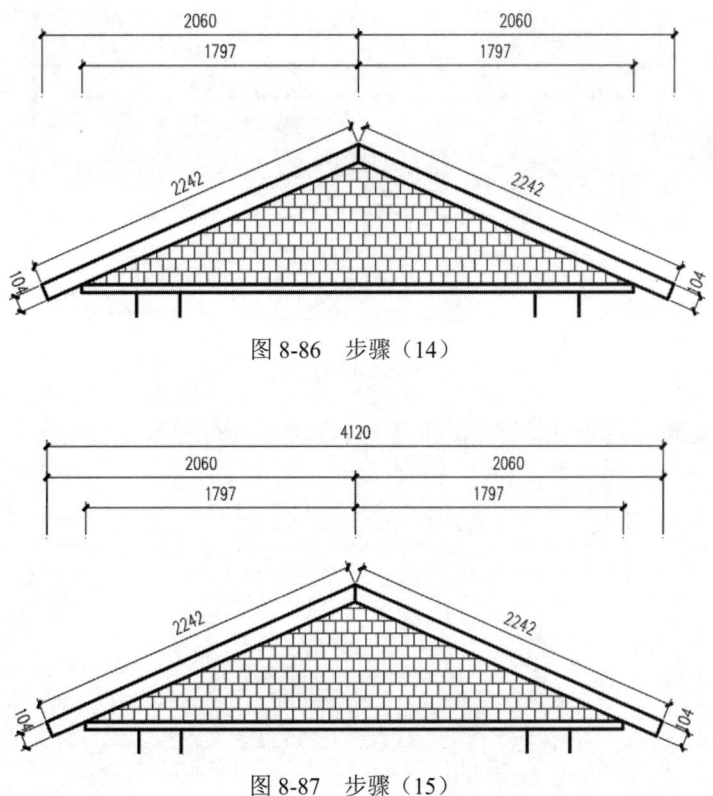

图 8-86 步骤（14）

图 8-87 步骤（15）

（16）单击"注释"选项卡"标注"面板中的"调整间距"按钮 调出调整间距命令，选择凉亭顶总的水平尺寸标注为基准标注，如图 8-88 所示。命令行提示与操作如下：

  命令: dimspace
  选择基准标注:（选择凉亭顶总的水平尺寸标注为基准标注）

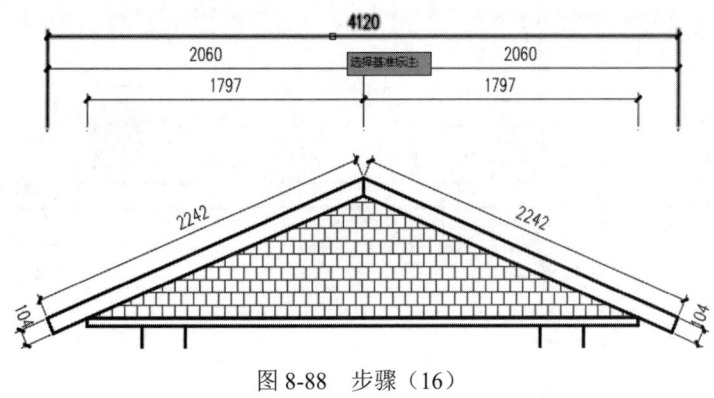

图 8-88 步骤（16）

（17）选择要产生间距的其他水平尺寸标注，如图 8-89 所示。命令行提示与操作如下：

  选择要产生间距的标注:指定对角点: 找到 4 个（选择要产生间距的其他水平尺寸标注）
  选择要产生间距的标注:（右击或按 Enter 键）

（18）输入标注的尺寸线之间的距离为 170，按 Enter 键确定，使尺寸线之间变成等距，均为 170。

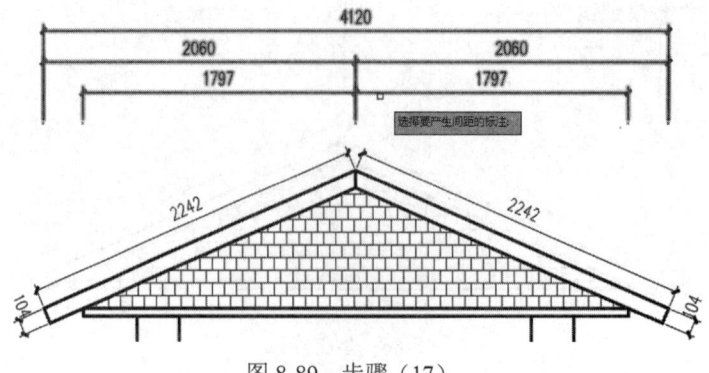

图 8-89　步骤（17）

（19）用上述同样的方法标注左边和下面，如图 8-90 所示。

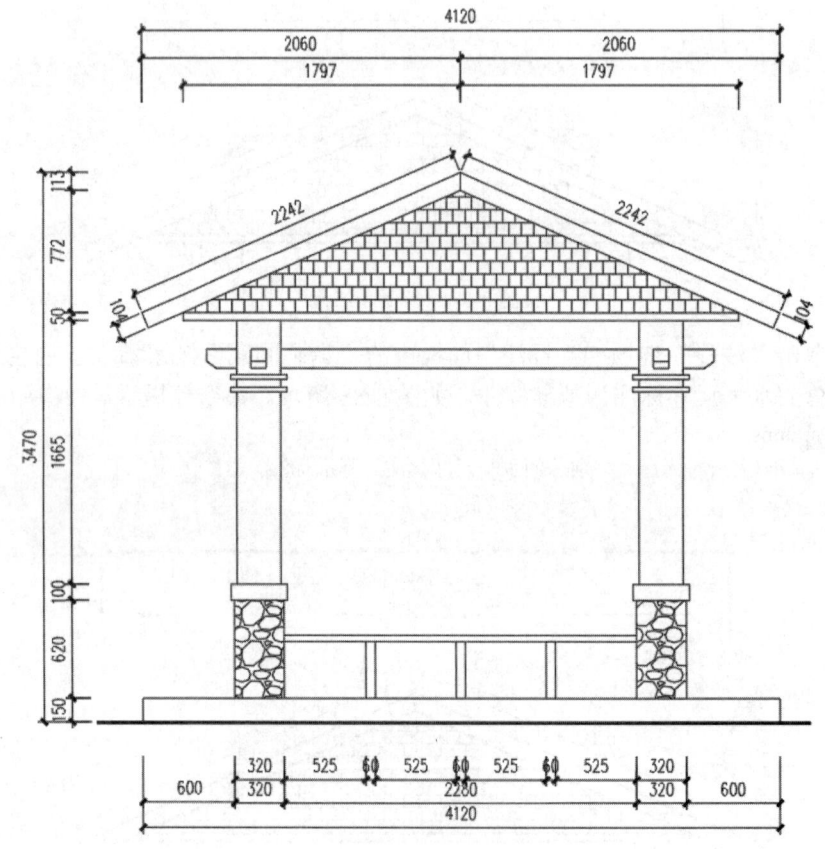

图 8-90　步骤（18）

2．引线标注

（1）单击"注释"选项卡"引线"面板中的"多重引线"按钮，调出多重引线命令，从亭顶的瓦上拉出一条引线，当确定第二段线的端点之后不用输文字，按 Esc 键退出命令，效果如图 8-91 所示。

（2）用同样的方法拉出其他的引线，如图 8-92 所示。

给凉亭标注二

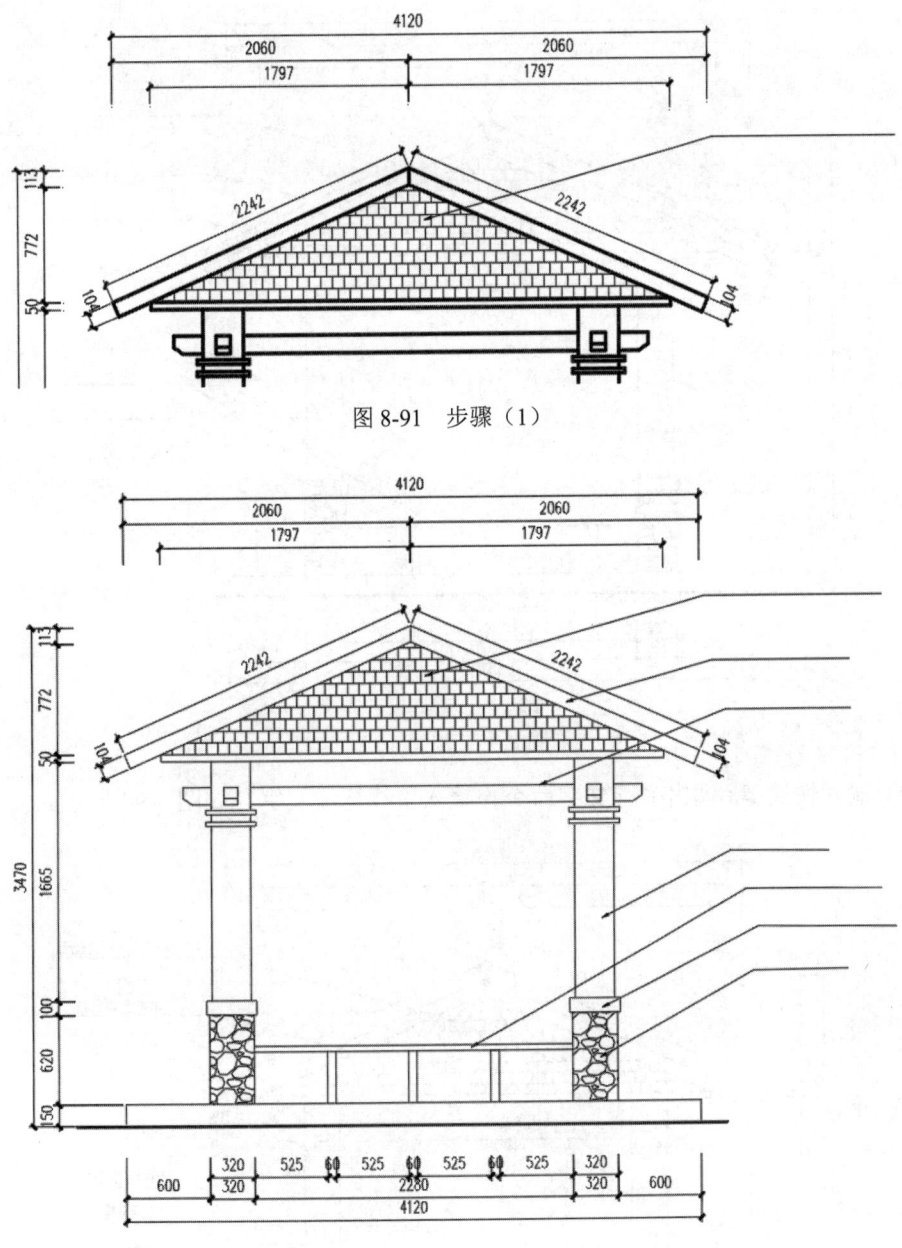

图 8-91 步骤（1）

图 8-92 步骤（2）

（3）单击"注释"选项卡"引线"面板中的"对齐"按钮，调出对齐命令，对齐所有的引线标注，如图 8-93 所示。命令行提示与操作如下：

命令: mleaderalign（调出对齐命令）
选择多重引线: 指定对角点: 找到 7 个（选择所有的引线标注）
选择多重引线:（右击或按 Enter 键）
当前模式: 使用当前间距
选择要对齐到的多重引线或 [选项(O)]:（选择最下面的引线标注作为对齐引线的基准）
指定方向:（垂直向上拖动光标使所有引线右端点对齐，单击即可退出命令）

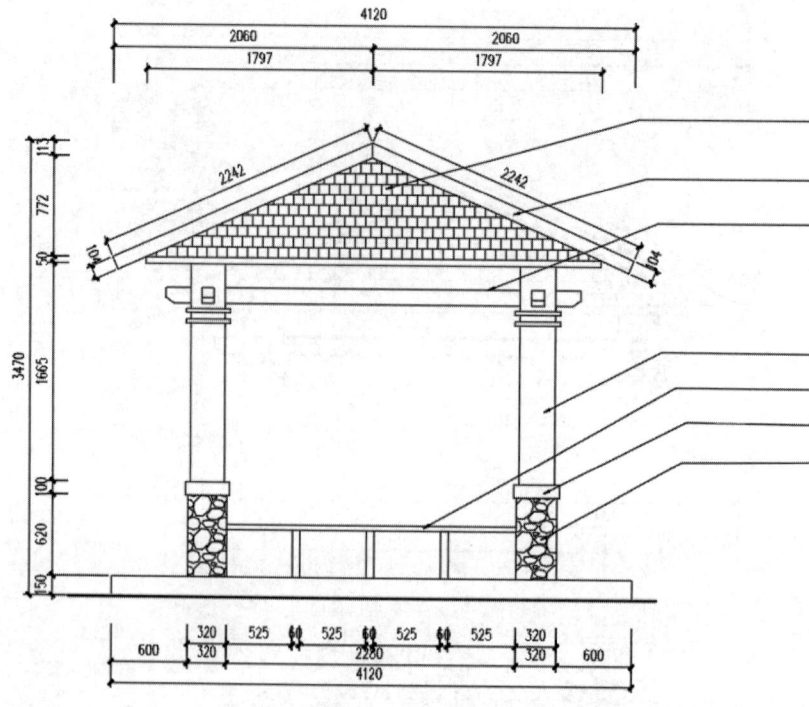

图 8-93 步骤（3）

（4）输入快捷键 t 调出多行文字命令，输入引线标注文字，如图 8-94 所示。

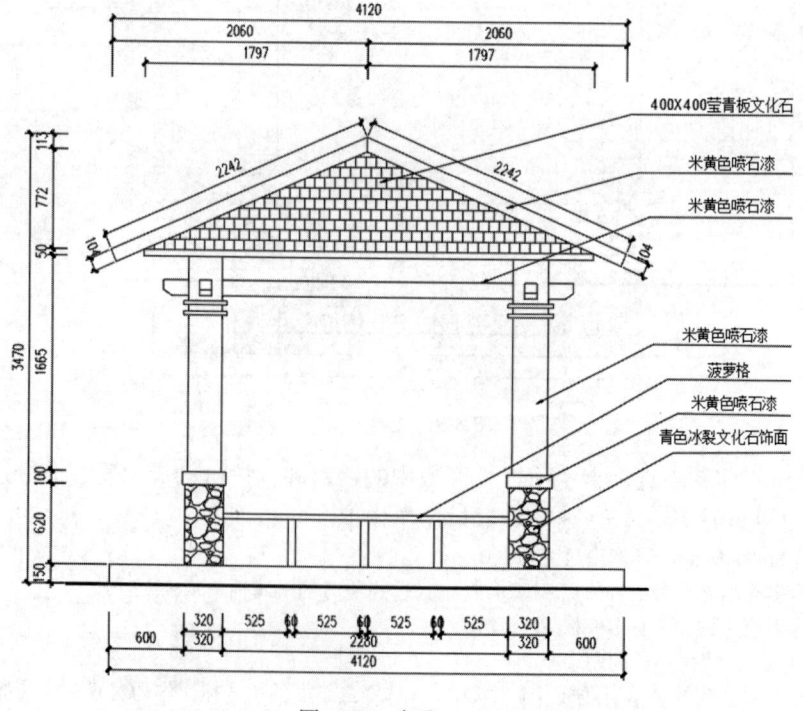

图 8-94 步骤（4）

上机实训

【实训1】绘图、标注、编辑标注及命令,如图8-95所示。

【实训1】绘图、标注、编辑标注及命令

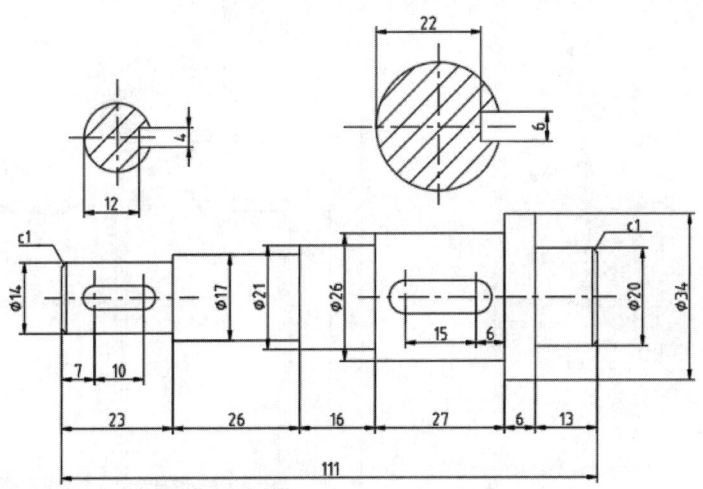

图 8-95 实训1:绘图、标注、编辑标注及命令

1. 实训目的

通过本实训的操作练习,熟练掌握标注样式的定义方法,线性尺寸标注的方法和编辑标注的方法以及其他几个标注编辑命令。

2. 操作提示

绘图时用多线命令更加方便绘制。

【实训2】对建筑平面图进行标注,如图8-96所示。

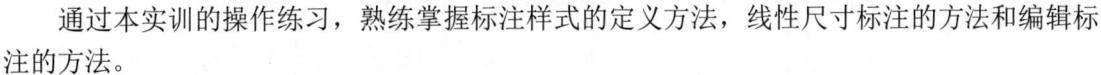
【实训2】对建筑平面图进行标注

1. 实训目的

通过本实训的操作练习,熟练掌握标注样式的定义方法,线性尺寸标注的方法和编辑标注的方法。

2. 操作提示

(1)打开文件"实训2:对建筑平面图进行标注"。

(2)首先标注一个尺寸,然后对标注样式进行修改。

1)在"修改标注样式"对话框中新建标注样式;

2)修改箭头为建筑标记。

3)修改"调整"选项卡的"使用全局比例"。

4)新建文字样式,选择字体 simplex.shx,并选择新建的文字样式。

5)如果箭头大小、文字大小不合适,重新设置"使用全局比例"。

6)再分别调整各参数值。

(3)根据尺寸标注的规则进行标注。

(4)最后编辑尺寸标注。

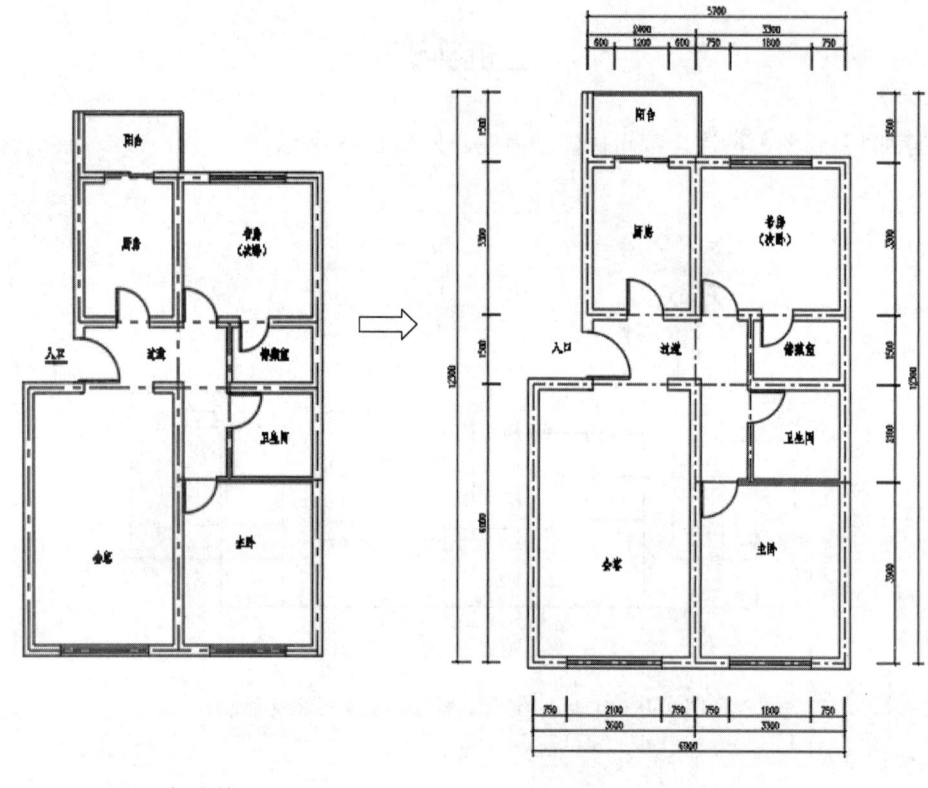

（a）标注前　　　　　　　　　　　　　　（b）标注后

图 8-96　实训 2：对建筑平面图进行标注

【**实训 3**】为壁橱标注，标注效果如图 8-97 所示。

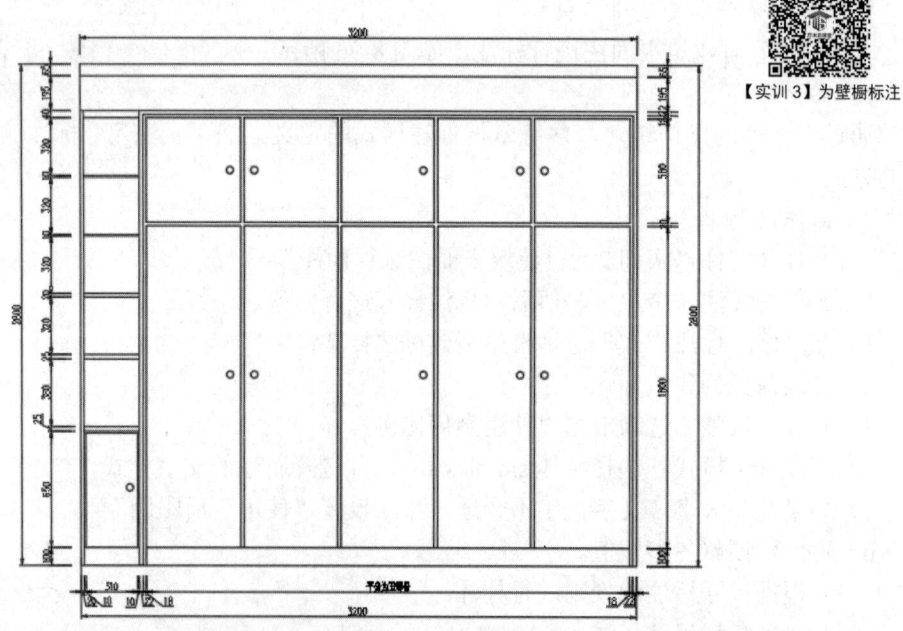

图 8-97　实训 3：为壁橱标注

1. 实训目的

通过本实训的操作练习，熟练掌握标注样式的定义方法，线性尺寸标注的方法和编辑标注的方法。

2. 操作提示

（1）打开文件"实训3：为壁橱标注"。

（2）首先标注一个尺寸，然后对标注样式进行修改。

1）在"修改标注样式"对话框中新建标注样式。

2）修改箭头为建筑标记。

3）修改"调整"选项卡的"使用全局比例"。

4）新建文字样式，选择字体 simplex.shx，并选择新建的文字样式。

5）如果箭头大小、文字大小不合适，重新设置"使用全局比例"。

6）再分别调整各参数值。

（3）根据尺寸标注的规则进行标注。

（4）最后编辑尺寸标注。

第 9 章　图块及其属性

在绘制图形时，经常会遇到一些需要重复绘制的图形，每次都重新绘制这些图形不仅造成大量的重复工作，而且保存这些信息会占用很大的存储空间。在 AutoCAD 中可以将这样的图形创建成图块，在需要时插入相应的图块即可。本章主要内容包括内部块、外部块和属性块的创建和编辑，块的插入。

- 内部块、外部块和属性块的创建和编辑
- 块的插入

9.1　块的概念和分类

9.1.1　块的概念

块，即图块，是由一个或多个对象组成的对象集合。可以把处于不同图层上的具有不同颜色、线型和线宽的对象定义为块。当生成块时，块中的对象仍保持原来的图层和特性信息，将块插入到某个文件中时，该文件会自动创建这些图层。

一组对象一旦被定义为图块，它们将成为一个整体，选中图块中任意一个图形对象即可选中构成图块的所有对象。AutoCAD 把一个图块作为一个对象进行编辑、修改等操作，用户可以根据绘图需要把图块插入图中指定的位置。在插入时还可以设定不同的缩放比例和旋转角度。如果需要对组成图块的单个图形对象进行修改，可以利用"分解"命令将图块炸开，分解成若干个对象。

图块还可以被重新定义，一旦被重新定义，整个图中基于该块的对象都将随之改变。

9.1.2　块的分类

块分为内部块和外部块。

1. 内部块

内部块是跟随定义它的图形文件一起保存的，它存储在图形文件内部，因此只能在它所在的图形文件中调用而不能在其他图形文件中调用。

2. 外部块

外部块，也叫存储块，是将块、对象或者某些图形文件保存到独立的图形文件中。在 AutoCAD 中，使用"写块"命令，可以将文件中的块作为单独的对象保存为一个新文件，被保存的新文件可以被其他文件使用，并可以对块进行打开和编辑操作。

9.2 块的创建及插入

图块概念、创建和插入

创建块首先要绘制组成块的图形对象，然后用块命令对其进行定义，这样在以后的工作中便可以重复使用该块。

9.2.1 内部块的创建

执行方式：

（1）功能区：在"默认"选项卡中的"块"面板中单击"创建"按钮/在"插入"选项卡中的"块定义"面板中单击"创建块"按钮。

（2）菜单栏：单击"绘图"→"块"→"创建"命令。

（3）工具栏：单击"绘图"工具栏中的"创建块"按钮。

（4）命令行：输入 block 命令。

（5）快捷键：b。

执行上述任一操作可打开"块定义"对话框，如图 9-1 所示。在该对话框中进行相关的设置，即可将所选图形对象创建为块。

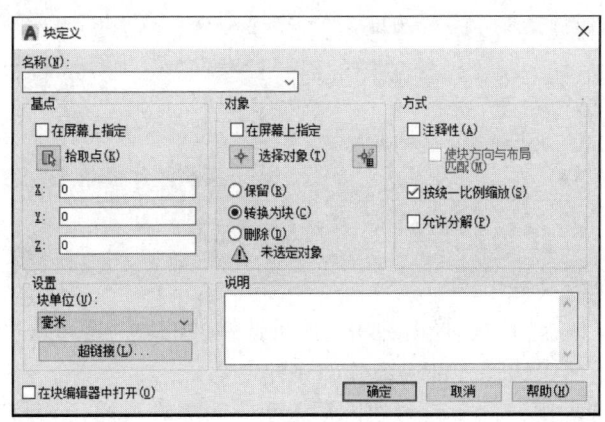

图 9-1 "块定义"对话框

对话框中主要选项的含义如下：

（1）"基点"选项组：该选项组中的选项用于指定块的插入基点。系统默认块的插入基点值为(0,0,0)，使用过程中可直接在 X、Y、Z 数值框中输入坐标对应的数值，也可以单击"拾取点"按钮，在绘图区域指定基点。

（2）"对象"选项组：该选项组中的选项用于指定新块中要包含的对象，以及创建块之后如何处理这些对象，是保留或删除源对象，还是将它们转换为块。

（3）"方式"选项组：该选项组中的选项用于设置插入后的图块是否允许被分解，是否在 X、Y、Z 方向统一比例缩放等。

（4）"在块编辑器中打开"复选框：勾选该复选框，当创建块后，进入块编辑器窗口中进行"参数""参数集"等选项的设置。

9.2.2 插入块

图形被定义为块后,可使用"插入块"命令直接将块插入到图形中。

执行方式:

(1)功能区:在"默认"选项卡中的"块"面板中单击"插入"按钮/在"插入"选项卡中的"块"面板中单击"插入"按钮。

(2)菜单栏:单击"插入"→"块"命令。

(3)工具栏:单击"插入"工具栏中的"插入块"按钮/"绘图"工具栏中的"插入块"按钮。

(4)命令行:输入 insert 命令。

(5)快捷键:i。

执行上述任一操作都可打开"插入"对话框,如图 9-2 所示。利用该对话框可以把创建的内部块插入到当前图形中,或者把创建的外部块从外部插入到当前图形中。

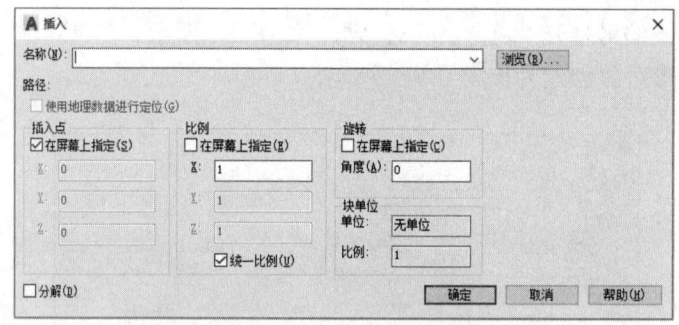

图 9-2 "插入"对话框

对话框中主要选项含义如下:

(1)"名称"选择框:用于选择内部块。如果选择外部块,可单击"浏览"按钮打开"选择图形文件"对话框,从中选择外部块或外部文件。

(2)"插入点"选项组:用于设置块的插入点。可以在屏幕上直接指定插入点,也可以输入坐标点 X、Y、Z。

(3)"比例"选项组:用于设置插入块的缩放比例。"统一比例"复选框用于确定在 X、Y、Z 这 3 个方向的插入块比例是否相同。勾选复选框,表示比例相同,即只需要在 X 文本框中输入比例值即可。

(4)"分解"复选框:用于将插入的块分解成组成块的各基本对象。

(5)"旋转"选项组:用于设置插入块的旋转角度。可以勾选"在屏幕上指定"复选框,也可以输入角度。

实例教学

绘制尺寸为 1000mm 的门并创建成内部块,然后插入到所给文件"定义内部块"中,效果如图 9-3 所示。

内部块的创建

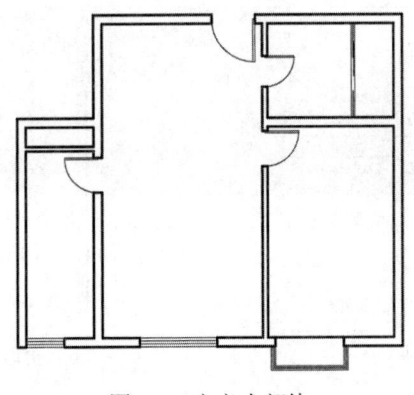

图 9-3　定义内部块

操作步骤：

1. 定义门图块

(1) 打开文件"定义内部块"。

(2) 绘制门。将"0"图层置为当前，输入快捷键 rec 调出矩形命令，绘制一个 40mm×1000mm 的矩形，如图 9-4 所示。

(3) 输入快捷键 a 调出圆弧命令，拾取矩形左下角角点，如图 9-5（a）所示，选择"圆心(C)"选项，拾取矩形左上角角点，如图 9-5（b）所示，水平向右移动光标，到合适的地方单击，绘制出门，如图 9-5（c）所示。

图 9-4　步骤（2）

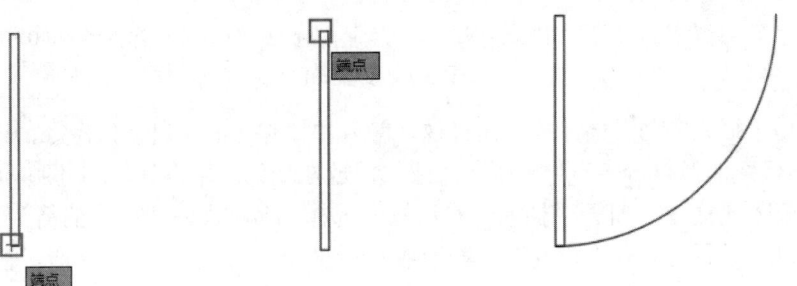

（a）拾取矩形左下角角点　　（b）拾取矩形左上角角点　　（c）绘制出门

图 9-5　步骤（3）

(4) 输入快捷键 b 打开"块定义"对话框，输入名称"门"，然后单击"拾取点"按钮，如图 9-6（a）所示，系统将关闭"块定义"对话框，拾取所绘门圆弧上的右边的端点，如图 9-6（b）所示。

(5) 拾取基点后系统打开"块定义"对话框，单击"选择对象"按钮，系统关闭"块定义"对话框，选择绘制的门后单击"确定"按钮，则创建好了门内部块。绘图区的门被系统删除。

2. 插入门

(1) 将"门"图层置为当前。输入快捷键 i 打开"插入"对话框，选择"名称"右边向下的箭头，选择"门"图块，"比例"设置为 1，"角度"设置为 0，如图 9-7（a）所示，单击"确定"按钮后，将门插入到所给文件中尺寸为 1000 的门框处，如图 9-7（b）所示。

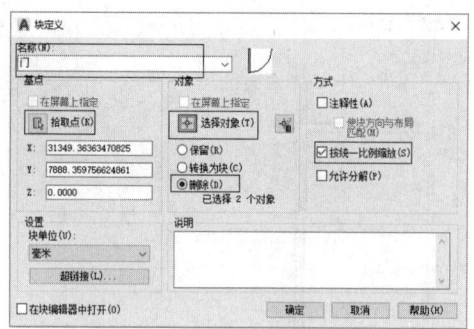
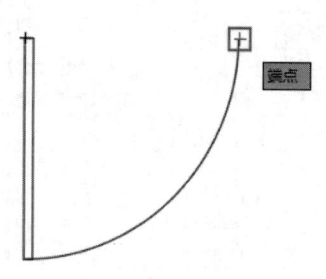

(a）定义块　　　　　　　　　（b）拾取所绘门圆弧的右端点

图 9-6　步骤（4）

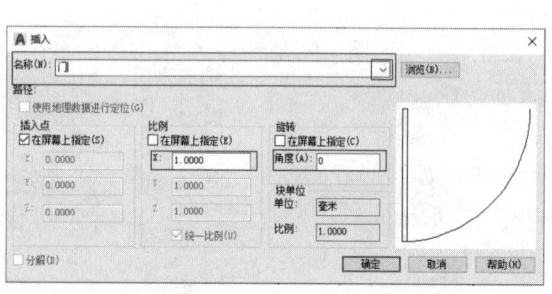
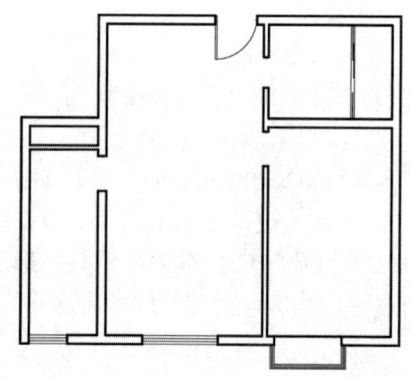

(a）设置插入"门"图块的参数　　　（b）将门插入到 1000 的门框处

图 9-7　步骤（1）

（2）由于插入的门反向，故将门镜像。输入快捷键 mi 调出镜像命令，选择垂直方向的两点作为镜像线的两点，将源对象删除（注：门放在墙体的中点处），如图 9-8 所示。

（3）输入快捷键 i 打开"插入"对话框，选择"名称"右边向下的箭头，选择"门"图块，"比例"设置为 0.8，"角度"设置为–90（顺时针为负），如图 9-9 所示。

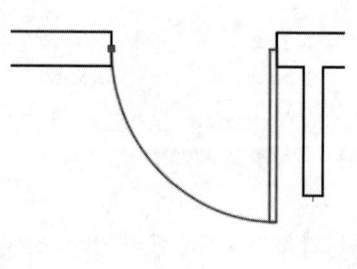
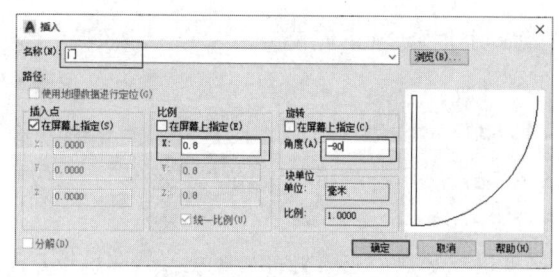

图 9-8　步骤（2）　　　　　　　　　图 9-9　步骤（3）

（4）单击"确定"按钮后，将门插入到所给文件中左边尺寸为 800 的门框处，如图 9-10 所示。

（5）用镜像命令复制一个 800 的门，用移动命令移动到右边 800 的门框内，如图 9-11 所示。

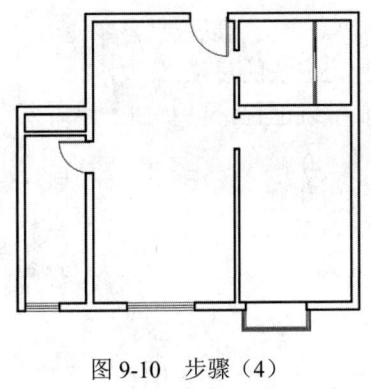
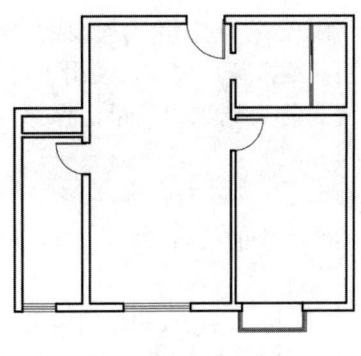

图 9-10　步骤（4）　　　　　　　图 9-11　步骤（5）

（6）输入快捷键 i 打开"插入"对话框，选择"名称"右边向下的箭头，选择"门"图块，"比例"设置为 0.7，"角度"设置为 90，如图 9-12（a）所示，单击"确定"按钮后，将门插入到所给文件中尺寸为 700 的门框处，如图 9-12（b）所示。

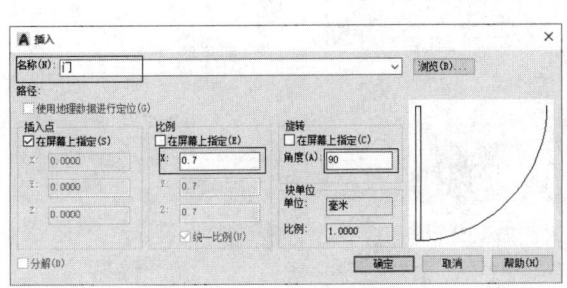
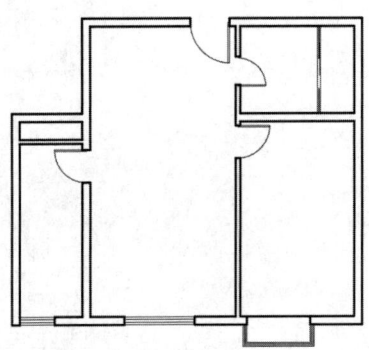

（a）设置插入"门"图块的参数　　　　（b）将门插入到 700 的门框处

图 9-12　步骤（6）

（7）用镜像命令将 700 的门镜像，删除源对象。操作完成。

9.2.3　外部块的创建

外部块使用"写块"命令创建。
执行方式：
（1）功能区：在"插入"选项卡中的"块定义"面板中单击"写块"按钮。
（2）命令行：输入 wblock 命令。
（3）快捷键：w。

执行上述任一操作都可打开"写块"对话框，如图 9-13 所示。

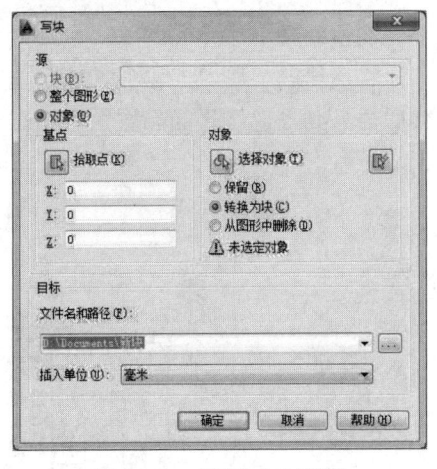

图 9-13　"写块"对话框

主要选项的含义：
（1）"块"：将创建好的内部块保存到独立的图形文件中变成外部块。
（2）"整个图形"：将文件中全部图形定义成外部块。

（3）"对象"：指定需要定义成外部块写入磁盘的块对象，可以根据需要使用"基点"选项组设置块的插入基点位置，使用"对象"选项组设置组成块的对象。

（4）"目标"选项组：指定保存块文件的新名称和新位置，以及插入块时所用的测量单位。

实例教学

将上述实例中的门内部块定义成外部块。

操作步骤：

（1）打开上述已完成的将门定义成内部块的实例文件"定义内部块"。

（2）输入快捷键 w 打开"写块"对话框，选择"源"为"块"，单击后面的向下的箭头选择内部块"门"，在"目标"中设置存储路径和文件名，如图 9-14 所示。单击"确定"按钮后即创建好"门"外部块（可以在保存的文件夹中找到一个独立的文件"门"，这个文件可以插入到其他任何文件中）。

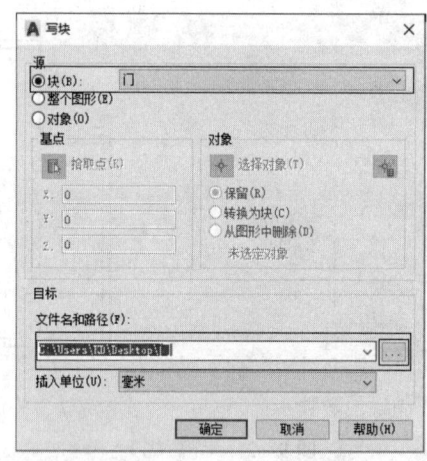

图 9-14　将内部块"门"定义成外部块

实例教学

将所给的"餐桌、沙发、床"文件中的餐桌、沙发、床（图 9-15）分别定义成外部块，然后插入到"建筑平面布置图"中，如图 9-16 所示。

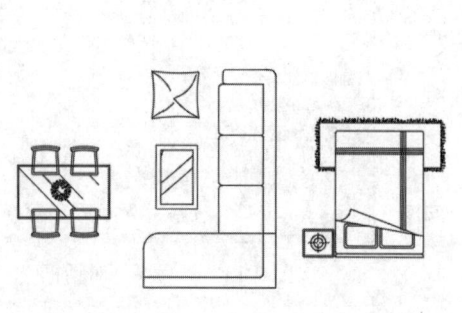

图 9-15　餐桌、沙发、床

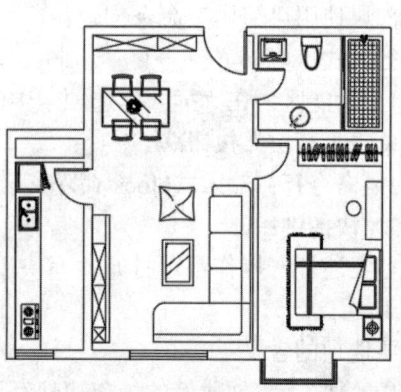

图 9-16　建筑平面布置图

操作步骤:
1. 定义外部块

（1）将文件"餐桌、沙发、床"打开。

（2）首先定义"餐桌"外部块。输入快捷键 w 打开"写块"对话框，单击"拾取点"左边的按钮，如图 9-17（a）所示，系统自动关闭对话框后拾取餐桌左下角的角点，如图 9-17（b）所示。

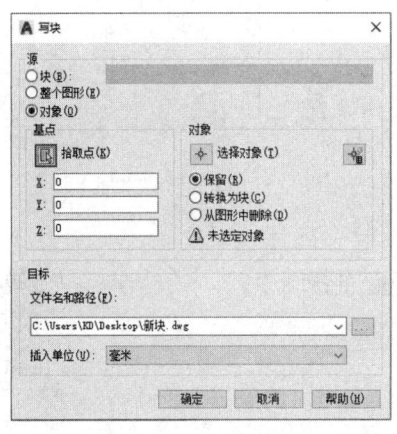 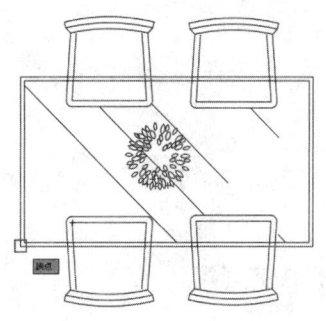

（a）单击"拾取点"左边的按钮　　　　（b）拾取餐桌左下角的角点

图 9-17　步骤（2）

（3）再在打开的"写块"对话框中单击"选择对象"左边的按钮，如图 9-18（a）所示，当关闭对话框后选择餐桌图形，然后右击打开"写块"对话框，选择存储图块文件的路径并命名，如图 9-18（b）所示，单击"确定"按钮定义"餐桌"外部块。

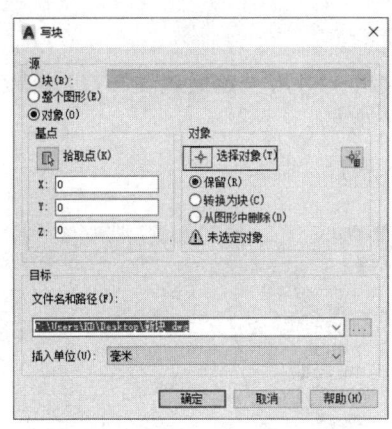 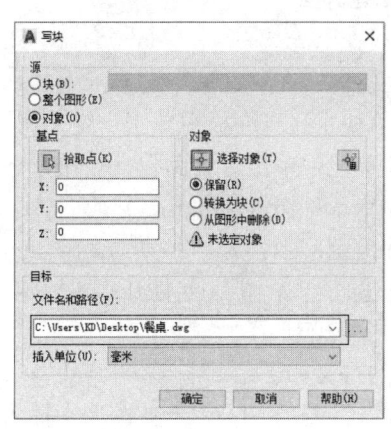

（a）单击"选择对象"左边的按钮　　　　（b）选择存储图块文件的路径并命名

图 9-18　步骤（3）

（4）用同样的方法定义"沙发"和"床"外部块。

2. 插入图块

（1）打开"建筑平面布置图"插入定义的图块。输入快捷键 i 打开"插入"对话框，单击"名称"后面的"浏览"按钮选择"餐桌"文件，其余参数设置如图 9-19（a）所示，单击

"确定"按钮后将餐桌插入到合适的位置,如图 9-19(b)所示。

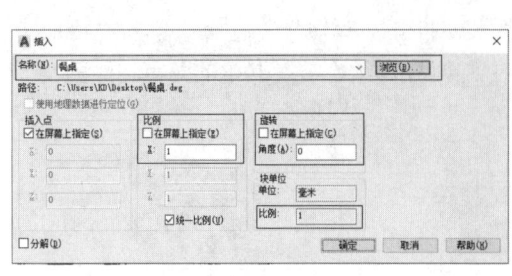
(a) 设置插入图块的参数

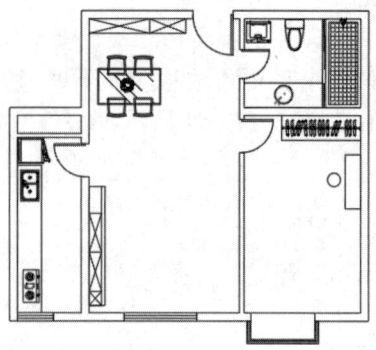
(b) 将餐桌插入

图 9-19 步骤(1)

(2) 用同样的方法将沙发和床插入到建筑平面布置图中。

操作完毕。

9.2.4 属性块的创建

定义一个属性的图块

图块中除了包含图形对象外,还可以包含非图形信息。例如当把图框的图形定义为外部块时,也可以把制图人姓名、审图人姓名、输出比例、图名等说明信息加入图块。但图框图块插入不同的文件或被不同的人使用时,这些信息有可能不同,因此要在定义图块时将图块中这些可能变化的文字定义成在插入图块后可以随时修改,而且修改文字时不用分解图块。这些在图块中的可变文字叫作图块的属性。图块中其他不变的文字信息不属于图块属性。

1. 定义块属性

执行方式:

(1) 功能区:在"默认"选项卡中的"块"面板中单击"定义属性"按钮/在"插入"选项卡中的"块定义"面板中单击"定义属性"按钮。

(2) 菜单栏:单击"绘图"→"块"→"定义属性"命令。

(3) 命令行:输入 attdef 命令。

(4) 快捷键:att。

执行上述任一操作都会打开"属性定义"对话框,如图 9-20 所示。

各选项的含义如下:

(1) "模式"选项组:用于在图形中插入块时,设定与块关联的属性值选项。

1) 不可见:指定插入块时不显示或打印属性值。

2) 固定:在插入块时赋予属性固定值。勾选该复选框,插入块时,系统将提示用户验证所输入的属性值是否正确。

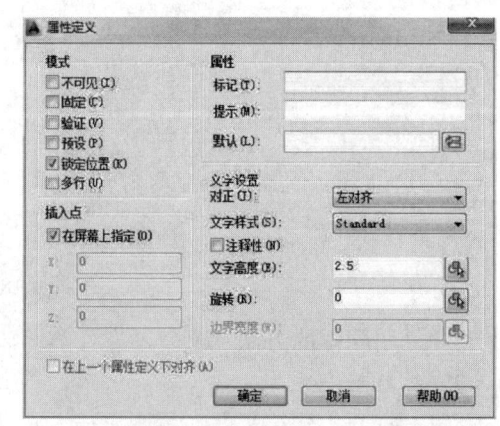
图 9-20 "属性定义"对话框

3）验证：勾选此复选框，当插入图块时，系统重新显示属性值提示用户验证该值是否正确。

4）预设：插入包含预设属性值的块时，将属性设定为默认值。勾选该复选框，插入块时，系统将把"默认"文本框中输入的默认值自动设置为实际属性值，不再要求用户输入新值；

5）锁定位置：锁定块参照中属性位置。解锁后，属性可以相对于使用夹点编辑的块的其他部分移动，并且可以调整多行文字属性的大小。

6）多行：指定属性值可以包含多行文字。选定此选项后，可以指定属性的边界宽度。

（2）"属性"选项组：用于设定属性数据。

1）标记：标识图形中每次出现的属性。

2）提示：指定在插入包含该属性的定义的块时显示的提示。如果不输入提示，属性标记将用作提示。如果在"模式"选项组选择"固定"模式，"提示"选项将不可用。

3）默认：指定默认属性值。单击后面的"插入字段"按钮，显示"字段"对话框，可以插入一个字段作为属性的全部或部分值；选定"多行"模式后，显示"多行编辑器"按钮，单击此按钮将弹出具有"文字格式"工具栏和标尺的在位文字编辑器。

（3）"插入点"选项组：用于指定属性位置。输入坐标值或者勾选"在屏幕上指定"复选框，并使用定点设备根据与属性关联的对象指定属性的位置。

（4）"文字设置"选项组：用于设定属性文字的对正、样式、高度和旋转。

1）对正：用于设置属性文字相对于参照点的排列方式。

2）文字样式：指定属性文字的预定义样式和显示当前加载的文字样式。

（5）"注释性"：指定属性为注释性，如果块是注释性的，则属性将与块的方向相匹配。

1）文字高度：指定属性文字的高度。

2）旋转：指定属性文字的旋转角度。

3）边界宽度：换行至下一行前，指定多行文字属性中一行文字的最大长度。

（6）"在上一个属性定义下对齐"：该复选框用于将属性标记直接置于之前定义的属性的下方。如果之前没有创建属性定义，则此选项不可用。

2. 编辑块属性

当属性被定义到图块当中，甚至图块被插入图形中之后，用户还可以对图块属性进行编辑。利用 attedit 命令可以通过对话框对指定图块的属性值进行修改。利用 attedit 命令，不仅可以修改属性值，而且可以对属性的位置、文本等其他设置进行编辑。

执行方式：

（1）功能区：在"插入"选项卡中的"块"面板中单击"编辑属性"按钮 。

（2）菜单栏：单击"修改"→"对象"→"属性"→"单个"命令。

（3）工具栏：单击"修改Ⅱ"工具栏中的"编辑属性"按钮 。

（4）命令行：输入 attedit 命令。

（5）快捷键：ate。

执行上述命令后，光标变为拾取框，选择要修改属性的图块，系统打开如图 9-21 所示的"编辑属性"对话框。对话框中显示出所选图块中包含的前八个属性值，用户可对这些属性值进行修改。如果该图块中还有其他属性，可单击"上一个"和"下一个"按钮对它们进行观察和修改。

当用户通过菜单栏或工具栏执行上述命令时，系统打开"增强属性编辑器"对话框，如

图 9-22 所示。该对话框不仅可以编辑属性值，还可以编辑属性的文字选项和图层、线型、颜色等特性值。

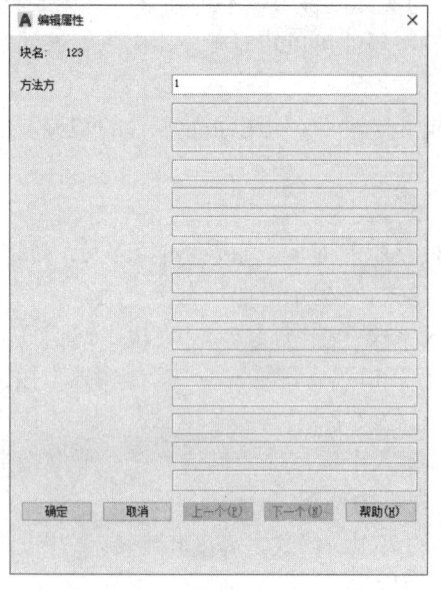

图 9-21 "编辑属性"对话框 1

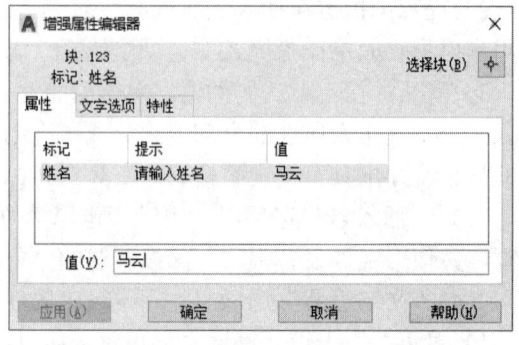

图 9-22 "增强属性编辑器"对话框

另外，还可以通过"块属性管理器"对话框来编辑属性。选择菜单栏中的"修改"→"对象"→"属性"→"块属性管理器"命令，系统打开"块属性管理器"对话框，如图 9-23 所示。单击"编辑"按钮，系统打开"编辑属性"对话框，如图 9-24 所示。可以通过该对话框编辑属性。

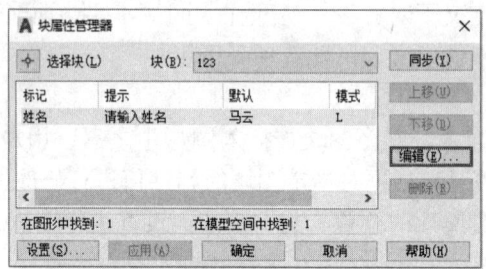

图 9-23 "块属性管理器"对话框

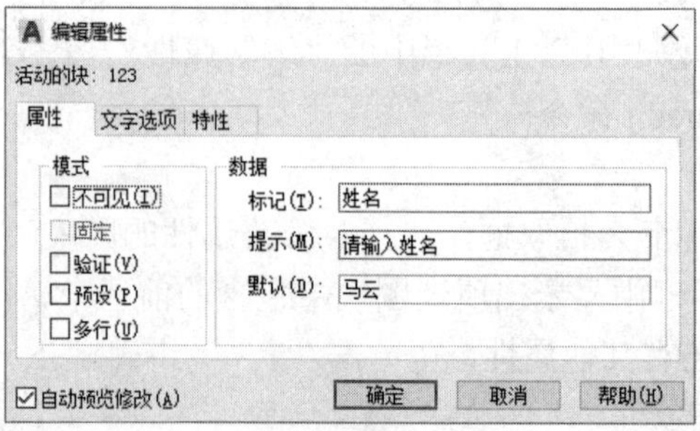

图 9-24 "编辑属性"对话框 2

实例教学

将文件"定义 A3 图框属性块"标题栏中带括号的文字都定义成图块的属性,然后将 A3 图框定义成外部块。

定义 A3 图框属性块

操作步骤:

1. 定义图块属性

(1)打开文件"定义 A3 图框属性块"。将右下角标题栏中带括号的文字删除,为图块属性文字留出位置,如图 9-25 所示。

图 9-25 删除标题栏带括号的文字

(2)在"默认"选项卡中的"块"面板中单击"定义属性"按钮打开"属性定义"对话框,输入文字和设置参数,如图 9-26(a)所示。单击"确定"按钮后将文字插入标题栏左上角单元格,如图 9-26(b)所示(如果文字位置不对正,可用移动命令移动到合适的位置)。

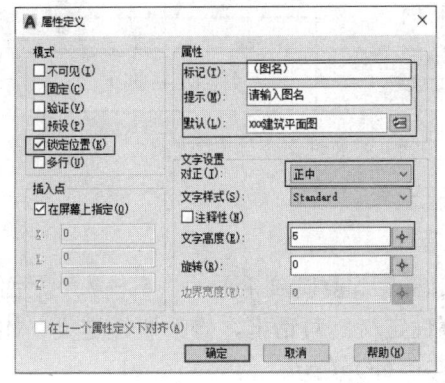

(a)"属性定义"对话框　　　　　　　(b)将属性文字插入表格

图 9-26 步骤(2)

(3)输入快捷键 co 调出复制命令,将"(图名)"复制到右下角单元格,如图 9-27(a)所示。双击右下角单元格中的文字打开"编辑属性定义"对话框,修改属性定义如图 9-27(b)所示,单击"确定"按钮。

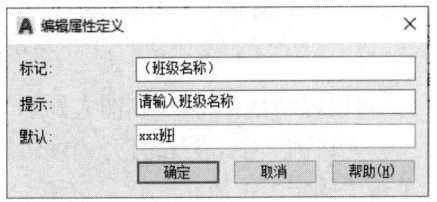

(a)将"图名"复制到右下角单元格　　　　(b)"编辑属性定义"对话框

图 9-27 步骤(3)

（4）修改属性定义后标题栏表格的文字变成如图 9-28 所示的效果。

<table>
<tr><td colspan="2" rowspan="2">（图名）</td><td colspan="2">比例</td><td></td></tr>
<tr><td>共</td><td>张</td><td>第　　张</td></tr>
<tr><td>制图人</td><td></td><td colspan="3" rowspan="2">（班级名称）</td></tr>
<tr><td>审核人</td><td></td></tr>
</table>

图 9-28　将“（图名）”修改为“（班级名称）”

（5）在“默认”选项卡中的“块”面板中单击“定义属性”按钮打开“属性定义”对话框，输入文字和设置参数，如图 9-29（a）所示。单击“确定”按钮后将文字放置到标题栏“制图人”后面的单元格内，如图 9-29（b）所示。

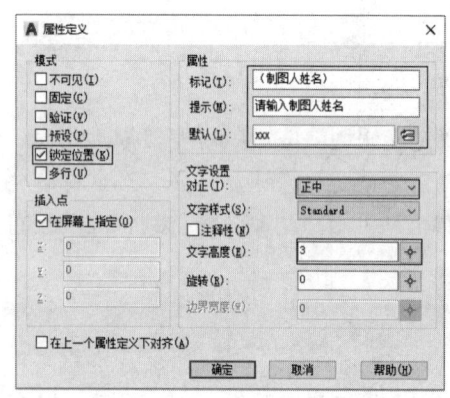

（a）“属性定义”对话框

<table>
<tr><td colspan="2" rowspan="2">（图名）</td><td colspan="2">比例</td><td></td></tr>
<tr><td>共</td><td>张</td><td>第　　张</td></tr>
<tr><td>制图人</td><td>（制图人姓名）</td><td colspan="3" rowspan="2">（班级名称）</td></tr>
<tr><td>审核人</td><td></td></tr>
</table>

（b）将属性文字插入表格

图 9-29　步骤（5）

（6）输入快捷键 co 调出复制命令，将“（制图人姓名）”复制到下面的“审核人”后面的单元格，双击刚复制的单元格中的文字打开“编辑属性定义”对话框，修改属性定义，如图 9-30（a）所示。单击“确定”按钮，表格内容如图 9-30（b）所示。

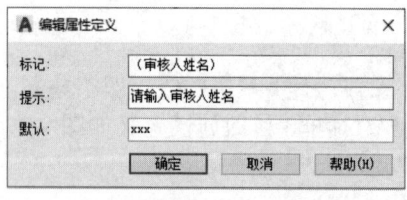

（a）“编辑属性定义”对话框

<table>
<tr><td colspan="2" rowspan="2">（图名）</td><td colspan="2">比例</td><td></td></tr>
<tr><td>共</td><td>张</td><td>第　　张</td></tr>
<tr><td>制图人</td><td>（制图人姓名）</td><td colspan="3" rowspan="2">（班级名称）</td></tr>
<tr><td>审核人</td><td>（审核人姓名）</td></tr>
</table>

（b）修改“审核人”后面单元格的属性

图 9-30　步骤（6）

（7）再用复制命令将“（制图人姓名）”复制到右上角三个单元格，如图 9-31（a）所示。在右上角单元格的文字上双击打开“编辑属性定义”对话框，修改属性定义，如图 9-31（b）所示，单击“确定”按钮。

（8）分别在右上方第二行的两个单元格“（制图人姓名）”上双击打开“编辑属性定义”对话框，修改属性定义，如图 9-32 所示，单击“确定”按钮。

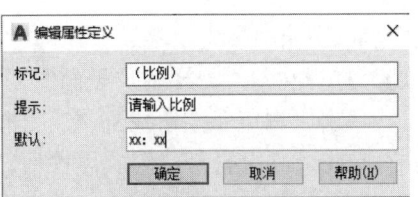

（a）将"制图人姓名"复制到右上三个单元格　　（b）"编辑属性定义"对话框

图 9-31　步骤（7）

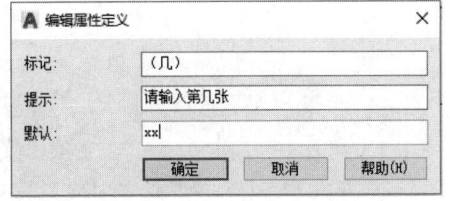

（a）"编辑属性定义"对话框 1　　（b）"编辑属性定义"对话框 2

图 9-32　步骤（8）

（9）标题栏单元格文字如图 9-33 所示。

图 9-33　标题栏效果

2. 创建 A3 图框属性块

输入快捷键 w 打开"写块"对话框，单击"拾取点"拾取图框左下角角点，如图 9-34（a）所示。单击"选择对象"选择整个图形，输入图块名称，如图 9-34（b）所示，单击"确定"按钮定义 A3 图框。

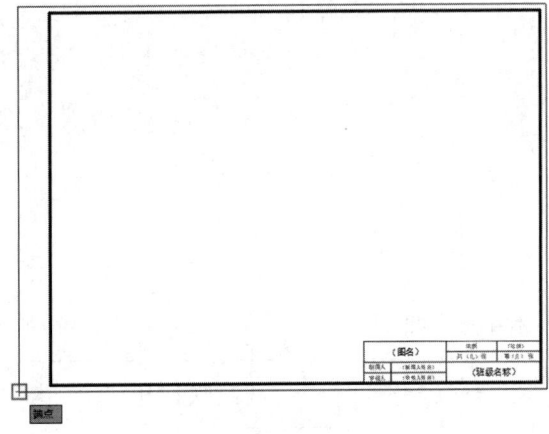
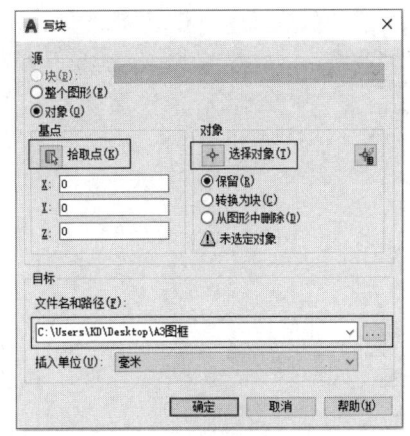

（a）拾取图框左下角角点　　　　　　　　（b）定义 A3 图框外部块

图 9-34　创建 A3 图框外部块

3．插入图块

（1）打开文件“一梯两户平面图”，将“0”图层置为当前，输入快捷键 i 打开“插入”对话框，单击“浏览”按钮找到 A3 图框，如图 9-35（a）所示。单击“确定”按钮后在绘图区空白处单击，将会打开“编辑属性”对话框，如图 9-35（b）所示，可以任意修改文本框里面的文字，也可不修改直接单击“确定”按钮关闭“编辑属性”窗口。

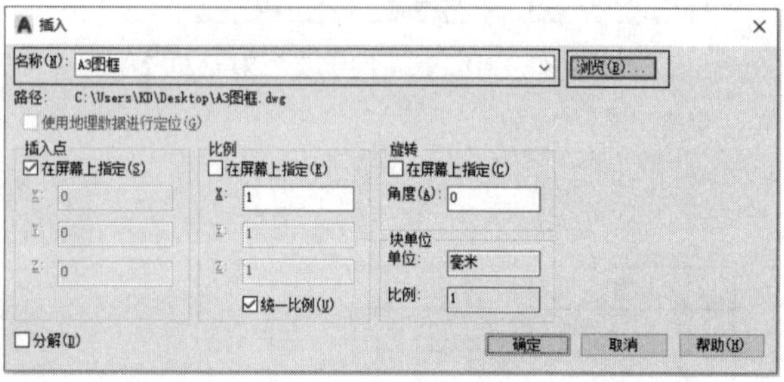

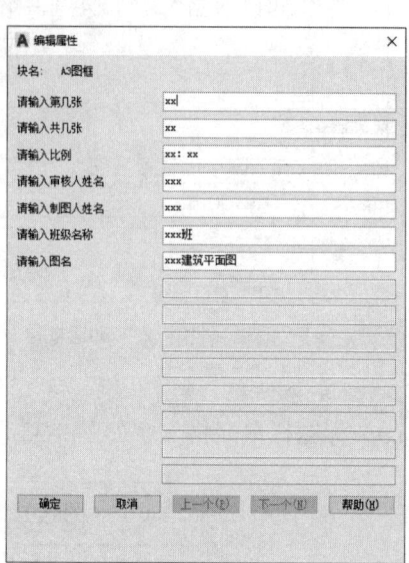

（a）“插入”对话框

（b）“编辑属性”对话框

图 9-35 步骤（1）

（2）修改文本框的属性值，如图 9-36（a）所示。插入的 A3 图框中标题栏的内容变成如图 9-36（b）所示的内容。

（a）修改属性值

<table>
<tr><td colspan="2" rowspan="2">一梯两户平面图</td><td>比例</td><td>XX：XX</td></tr>
<tr><td>共 11 张</td><td>第 2 张</td></tr>
<tr><td>制图人</td><td>王丽</td><td colspan="2" rowspan="2">数媒11班</td></tr>
<tr><td>审核人</td><td>王菲</td></tr>
</table>

（b）修改属性值后的标题栏文字

图 9-36 步骤（2）

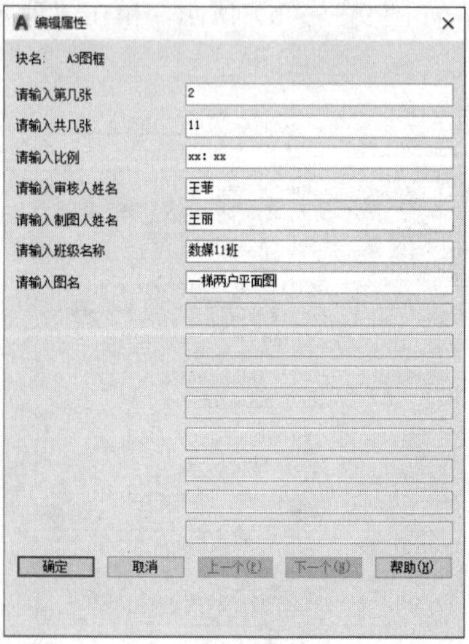

（3）如果标题栏的内容需要重新修改，可在插入的 A3 图框线条上双击，则会打开"增强属性编辑器"对话框，如图 9-37（a）所示。分别单击每一条属性，在"值"文本框中修改文字即可。也可选择其他选项卡，比如"文字选项"，修改选中的文字属性的"文字样式""对正""高度"等，如图 9-37（b）所示。

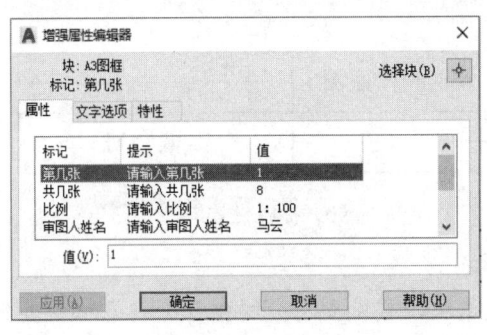
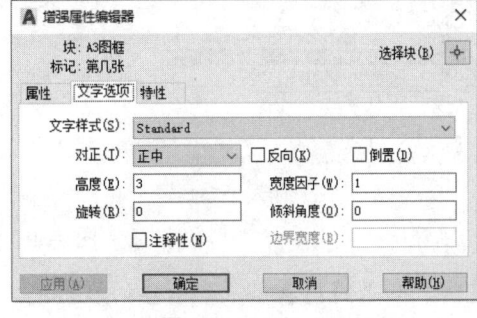

(a)"增强属性编辑器"对话框 1　　　　　(b)"增强属性编辑器"对话框 2

图 9-37　步骤（3）

4. 根据打印出图比例标准缩放 A3 图框使一梯两户平面图正好放在图框中

（1）单击"默认"选项卡"修改"面板中的缩放按钮▣调出缩放命令，将 A3 图框放大 75 倍，将图框移到图形上，图形刚好放在图框里，如图 9-38 所示。命令行提示与操作如下：

命令: scale（调出缩放命令）

选择对象: 指定对角点: 找到 1 个（选择 A3 图框）

选择对象:（按 Space 键退出对对象的选择）

指定基点:（任选一点作为基点）

指定比例因子或 [复制(C)/参照(R)]: 75（输入图框放大比例因子为 75✓）

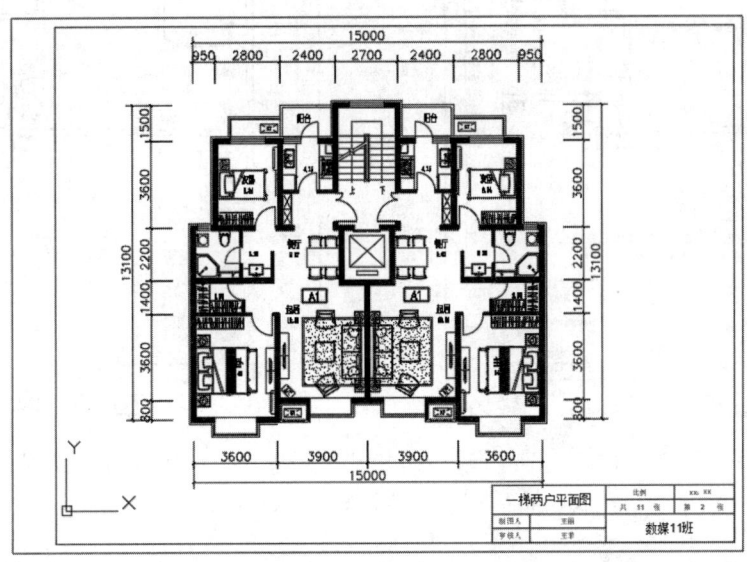

图 9-38　把 A3 图框放大 75 倍刚好将图放入

（2）再在 A3 图框上双击打开"增强属性编辑器"对话框，将"（比例）"一行激活，在"值"文本框里输入打印出图比例为 1:75，如图 9-39（a）所示，单击"确定"按钮后标题栏的文字将被修改，如图 9-39（b）所示。

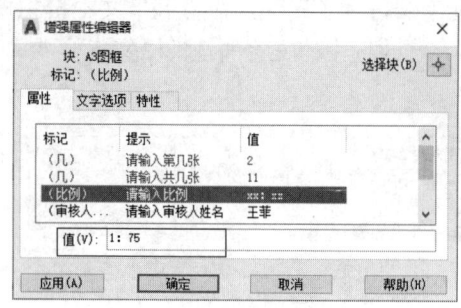

（a）输入 1:75　　　　　　　　　　（b）标题栏效果

图 9-39　步骤（2）

注意：如果将用表格命令创建的表格定义成图块，首先要用分解命令分解表格使其失去表格属性，因为它不会带着创建它的表格样式一起插入别的文件，假如不分解表格，插入到其他文件时表格可能会变形。

上机实训

【**实训 1**】定义名为"窗 1000*240"的窗内部块，插入到文件"实训 1：绘制窗并定义为内部块"中。效果如图 9-40 所示。

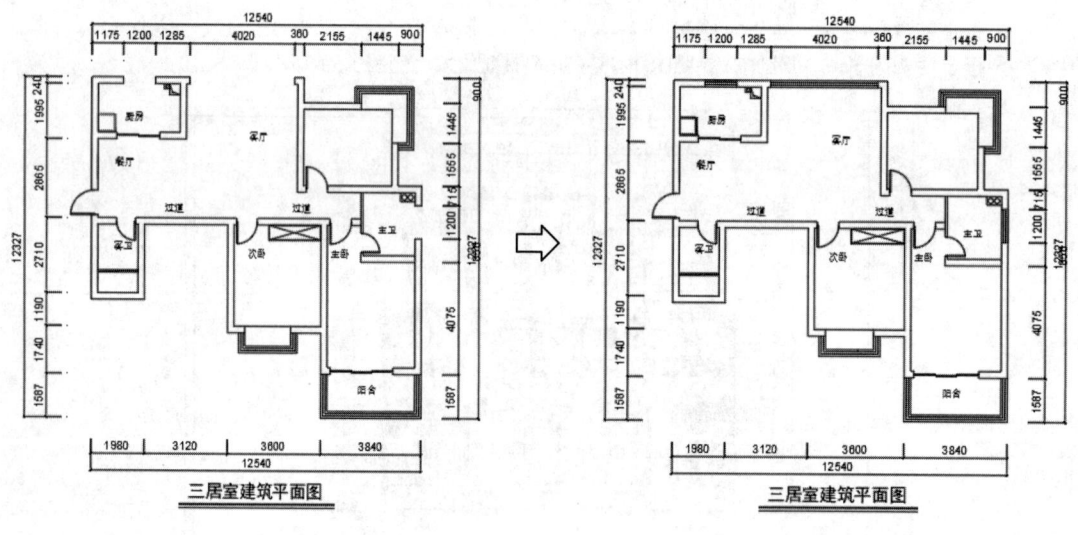

（a）插入窗户前　　　　　　　　　　（b）插入窗户后

图 9-40　实训 1：绘制窗并定义为内部块

1. 实训目的

通过本实训的操作练习，熟练掌握定义和插入图块的方法。

2. 操作提示

（1）打开文件"实训 1：绘制窗并定义为内部块"。将"0"图层置为当前，调出执行命令，绘制一水平方向的长度为 1000 的直线段，然后用偏移命令复制三条间距为 80 的直线段得到窗图形，如图 9-41 所示。

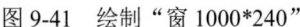

图 9-41　绘制"窗 1000*240"

（2）输入快捷键 b 打开"块定义"窗口，将块命名为"窗 1000*240"，"基点"选择窗图形的任意一个角点，"对象"选择窗图形，其余参数如图 9-42 所示。

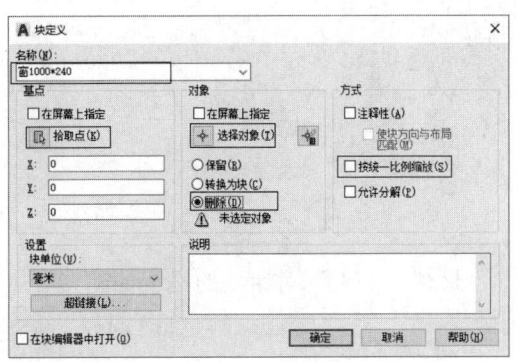

图 9-42　定义"窗 1000*240"图块

（3）将"门窗"图层置为当前。输入快捷键 i 打开"插入"对话框，找到"窗 1000*240"的图块，设置"比例"在 X 方向为 1.2，其余方向为 1，"角度"为 0，如图 9-43（a）所示。单击"确定"按钮插入到厨房，如图 9-43（b）所示。

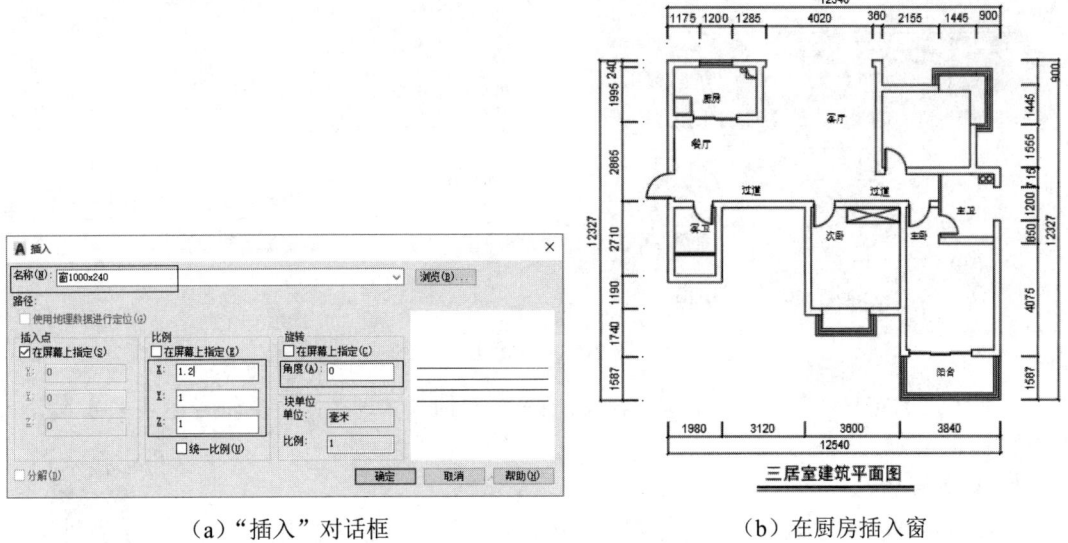

（a）"插入"对话框　　　　　　　　　　（b）在厨房插入窗

图 9-43　步骤（3）

（4）用同样的方法给客厅插入窗。此时"插入"对话框的设置如图 9-44（a）所示。单击"确定"按钮插入到客厅，如图 9-44（b）所示。

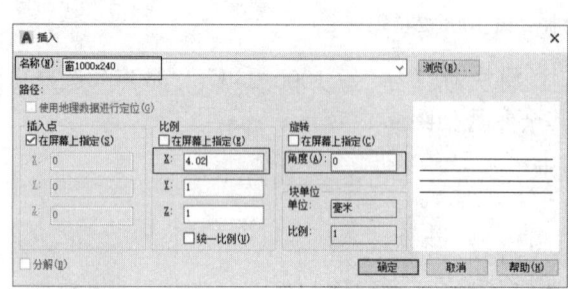
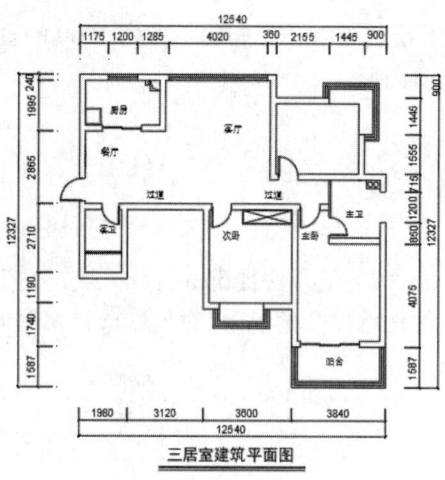

(a)"插入"对话框　　　　　　　　　(b)在客厅插入窗

图 9-44　步骤（4）

（5）再给主卫插入窗。此时"插入"对话框的设置如图 9-45（a）所示。插入效果如图 9-45（b）所示。完成本例操作。

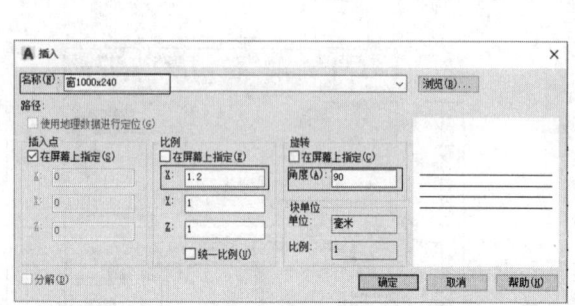
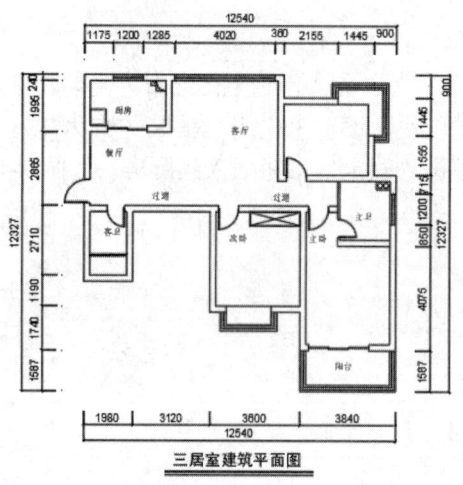

(a)"插入"对话框　　　　　　　　　(b)在主卫插入窗

图 9-45　步骤（5）

【实训 2】定义"轴号"外部块，然后插入到文件"实训 2：定义轴号图块并插入"，效果如图 9-46 所示。

1. 实训目的

通过本实训的操作练习，熟练掌握定义外部属性图块和插入属性图块的方法。

2. 操作提示

（1）新建文件，绘制一个半径为 400 的圆。

【实训2】定义"轴号"外部块

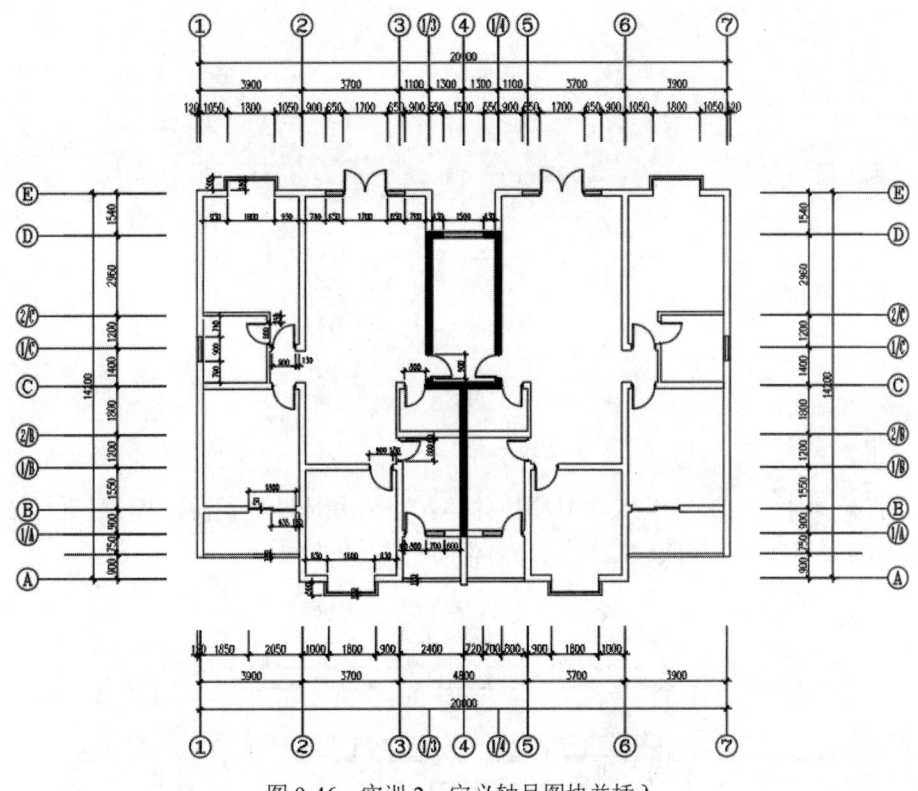

图 9-46 实训 2：定义轴号图块并插入

（2）在"默认"选项卡中的"块"面板中单击"定义属性"按钮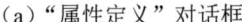打开"属性定义"对话框，输入文字和设置参数，如图 9-47（a）所示。单击"确定"按钮后将文字放在圆内合适的位置，如图 9-47（b）所示。

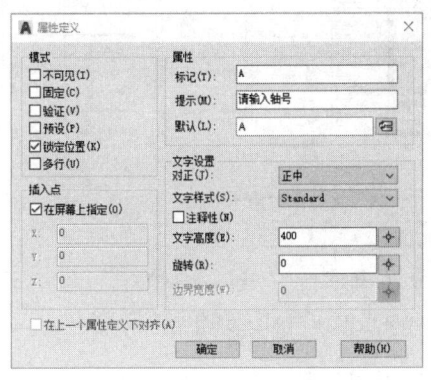 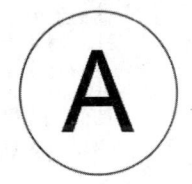

（a）"属性定义"对话框　　　　　　　　（b）属性文字和圆

图 9-47　步骤（2）

（3）输入快捷键 w 打开"写块"对话框，选择"源"为"对象"，"基点"拾取圆心，在"对象"中将圆和属性文字都选中，在"目标"中设置存储路径和文件名，如图 9-48 所示。单击"确定"按钮后将创建好"轴号"外部块（可以在保存的文件夹中找到一个独立的文件"轴号"，这个文件可以插入到其他任何文件中）。

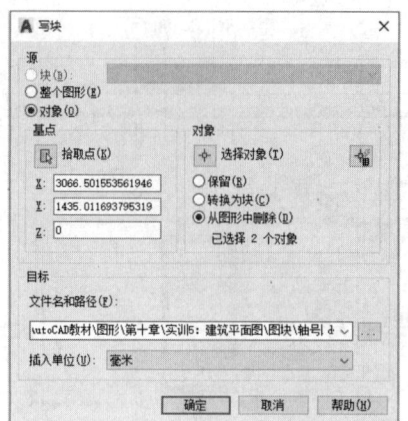

图 9-48 "写块"对话框

（4）打开文件"实训 2：定义轴号图块并插入"，在相应的位置插入"轴号"并修改文字，再用直线将轴号和标注轴线的尺寸界线连接起来，如图 9-49 所示。

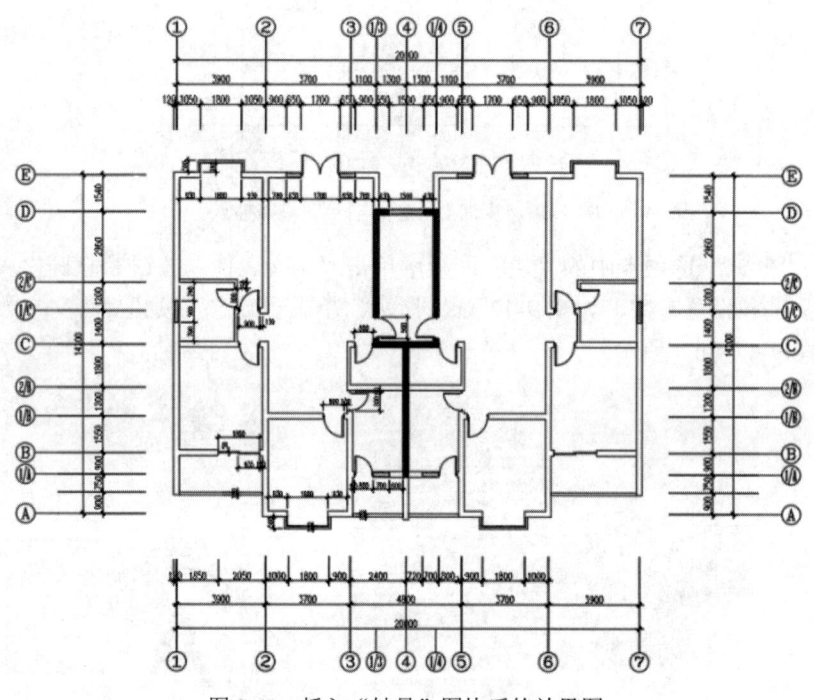

图 9-49 插入"轴号"图块后的效果图

第 10 章 综合案例

本章通过六个综合案例的教学，将软件的使用功能、应用技巧与实际创意结合在一起，通过"案例欣赏+案例分析+操作步骤+三维效果"的教学法，使读者对案例涉及的知识进行思考、理解，进一步熟练掌握 AutoCAD 的操作和应用方法。本章所有的案例都有三维效果图，通过三维效果图使读者能够将二维平面图和三维立体图联系起来，尤其是通过"床三视图"的绘制，能够让读者理解如何实现空间与平面的转换，"形"与"体"的转换。本章更有详细的视频教程，可使读者看到实际的操作过程，并且从中学到很多用文字不能详述的操作技巧。本章的六个案例为餐桌的绘制、客厅沙发的绘制、整体橱柜的绘制、床的三视图的绘制、建筑平面图的绘制、凉亭的绘制。

10.1 绘制餐桌

餐桌如图 10-1 所示。

绘制餐桌

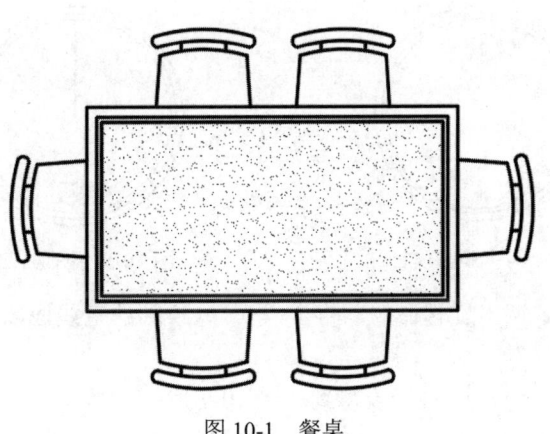

图 10-1 餐桌

案例介绍：

该餐桌由一张玻璃桌面的餐桌和六把木制椅子组成，本例主要介绍圆弧形靠背椅的绘制方法。

案例分析：

1. 重点和难点

椅子圆弧靠背的绘制是本案例的重点和难点。

2. 解决方案

绘制圆弧靠背需要用圆命令、圆弧命令、旋转命令、修剪命令和直线命令等完成。

操作步骤：

1. 绘制餐桌

（1）输入快捷键 rec 调出矩形命令，绘制一个长为 1500，宽为 800 的矩形。

（2）输入快捷键 o 调出偏移命令，将步骤（1）绘制的矩形向内偏移 40；再将刚复制出来的矩形向内偏移 20，如图 10-2 所示。

（3）输入快捷键 h 调出图案填充命令，在打开的"图案填充创建"选项卡中单击"选择"按钮 ，选择步骤（2）复制的第一个矩形作为填充对象，填充图案 AR-SAND，填充图案比例设置为 1，效果如图 10-3 所示。

图 10-2　步骤（2）

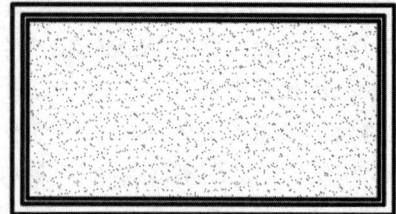

图 10-3　步骤（3）

2．绘制椅子

（1）用圆命令绘制三个半径分别为 625、660、705 的同心圆。如图 10-4 所示。

（2）用直线命令从圆心到大圆上方的象限点绘制一条直线段，如图 10-5 所示。

图 10-4　步骤（1）

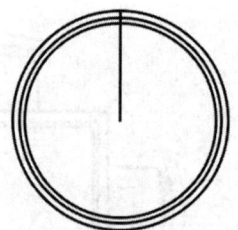

图 10-5　步骤（2）

（3）输入快捷键 ro 调出旋转命令，将步骤（2）绘制的直线段以下端点为基点旋转 17°，如图 10-6 所示。

（4）镜像复制步骤（3）的直线段得到如图 10-7 所示的效果。

图 10-6　步骤（3）

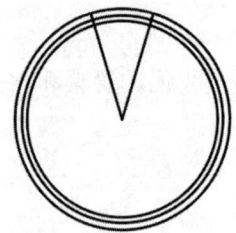

图 10-7　步骤（4）

（5）输入快捷键 tr 调出修剪命令，修剪下面部分圆弧，如图 10-8（a）所示。删除直线，如图 10-8（b）所示。

（6）输入快捷键 a 调出圆弧命令，将上面的圆弧一端连接；用镜像命令复制得到另一端的连接圆弧，如图 10-9 所示。

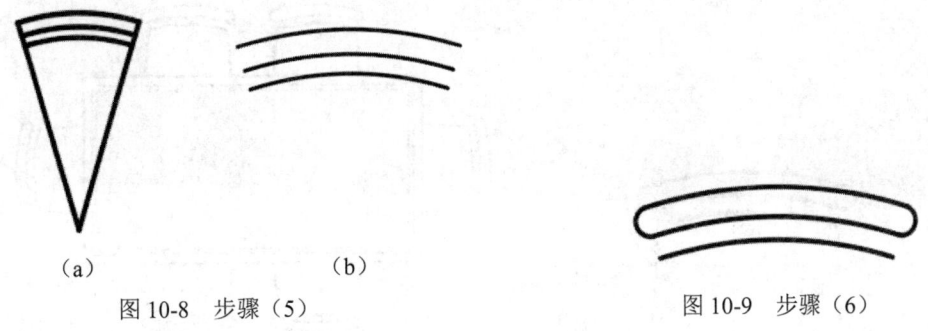

　　（a）　　　　　　　　（b）

　　图 10-8　步骤（5）　　　　　　　　图 10-9　步骤（6）

（7）输入命令 mline 调出多线命令，设置"无"对正，比例为 180，绘制如图 10-10 所示的竖直多线，命令行提示与操作如下：

　　命令: mline（调出多线命令）
　　当前设置: 对正 = 上，比例 = 20.00，样式 = STANDARD
　　指定起点或 [对正(J)/比例(S)/样式(ST)]: J（选择"对正(J)"选项）
　　输入对正类型 [上(T)/无(Z)/下(B)] <上>: Z（选择"无(Z)"选项）
　　当前设置: 对正 = 无，比例 = 20.00，样式 = STANDARD
　　指定起点或 [对正(J)/比例(S)/样式(ST)]: S（选择"比例(S)"选项）
　　输入多线比例 <20.00>:　180（输入多线间距 180↵）
　　当前设置: 对正 = 无，比例 = 180.00，样式 = STANDARD
　　指定起点或 [对正(J)/比例(S)/样式(ST)]:（捕捉中间一条圆弧的中点拾取）
　　指定下一点:（垂直向下移动光标到合适的地方拾取）
　　指定下一点或 [放弃(U)]:（按 Space 键退出命令）

（8）用修剪命令修剪多线得到如图 10-11 所示的效果。

　　图 10-10　步骤（7）　　　　　　　　图 10-11　步骤（8）

（9）用直线命令绘制一条辅助线，如图 10-12 所示。

（10）用直线命令从步骤（9）绘制的辅助线的中点向下绘制长为 200 的直线段，然后水平向右绘制长为 190 的直线段，如图 10-13 所示。

（11）继续用直线命令绘制如图 10-14 所示的直线段。

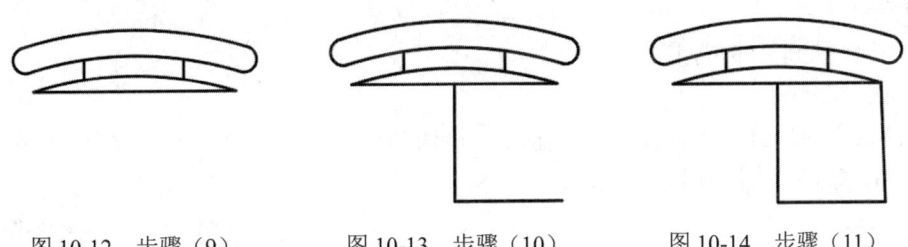

　　图 10-12　步骤（9）　　　　图 10-13　步骤（10）　　　　图 10-14　步骤（11）

（12）删除所绘辅助线。镜像复制椅子另一边的扶手，如图 10-15 所示。椅子绘制完毕。

（13）复制椅子，用旋转命令和移动命令将椅子放置到合适的位置，本案例绘制完毕，最终效果如图 10-16 所示。

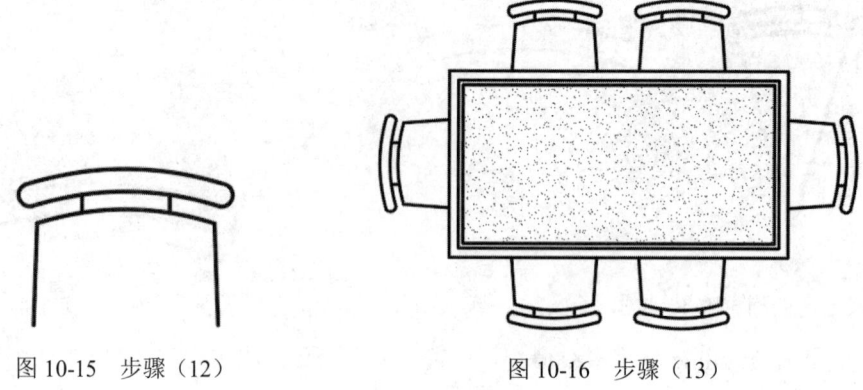

图 10-15 步骤（12）　　　　图 10-16 步骤（13）

10.2　绘制客厅沙发组合

客厅沙发如图 10-17 所示。

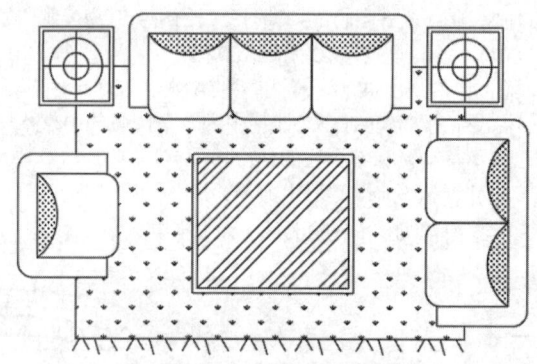

图 10-17　客厅沙发组合

案例介绍：

沙发是现代家庭装饰中不可缺少的组成部分，也是室内设计中的一部分。在本实例中将介绍一个由沙发、茶几、局部地毯等组成的平面组合图案的绘制方法和技巧。

实例分析：

1. 重点和难点

沙发的绘制是本实例的重点和难点。

2. 解决方案

绘制沙发需要用到矩形命令、圆角命令、修剪命令、偏移命令、填充命令等，绘制出单人沙发可复制得到二人沙发和三人沙发。

操作步骤：

1. 绘制沙发

（1）新建文件，选择样板文件 acadiso.dwt。

（2）选择菜单栏中的"格式"→"单位"命令打开"图形单位"对话框，设置绘图单位和精度，如图 10-18 所示。

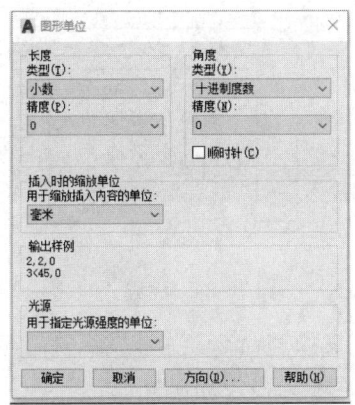

图 10-18　步骤（2）

（3）单击"默认"选项卡"图层"面板中的"图层特性"按钮打开"图层特性管理器"，新建图层如图 10-19 所示。

图 10-19　步骤（3）

（4）开始绘制沙发。将"沙发"图层置为当前，输入快捷键 rec 调出矩形命令，绘制一个长为 510，宽为 520 的矩形。

（5）输入快捷键 x 调出分解命令将步骤（4）绘制的矩形分解。再输入快捷键 o 调出偏移命令，将矩形的左、右、上边向外偏移 120，如图 10-20 所示。

（6）输入快捷键 f 调出圆角命令，设置"半径"为 90，选择选项"多个(M)"，对图形倒圆角，如图 10-21 所示。

（7）调出偏移命令将图中最上面的直线段向下偏移 570，如图 10-22 所示。

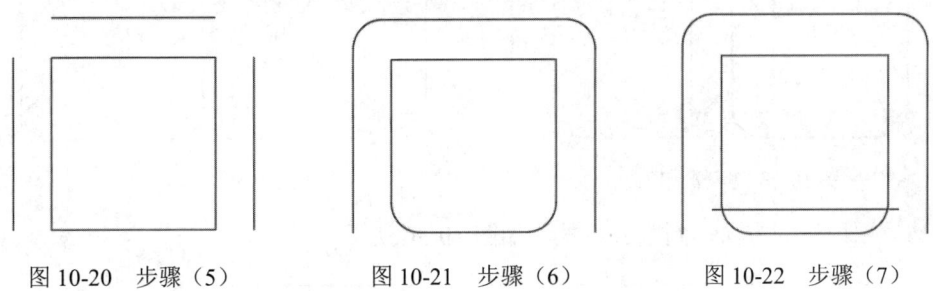

图 10-20　步骤（5）　　　图 10-21　步骤（6）　　　图 10-22　步骤（7）

（8）输入快捷键 f 调出圆角命令，设置"半径"为 0，选择选项"多个(M)"，将步骤（7）复制的直线段的两端分别和左右两边的线倒直角，如图 10-23 所示。

（9）输入快捷键 tr 调出修剪命令，修剪不需要的线段，如图 10-24 所示。

（10）输入快捷键 l 调出直线命令，绘制一段长度为 130 的直线作为辅助线，如图 10-25 所示。

（11）输入快捷键 a 调出圆弧命令，绘制圆弧，如图 10-26（a）所示。将步骤（10）绘制的辅助线删除，如图 10-26（b）所示。

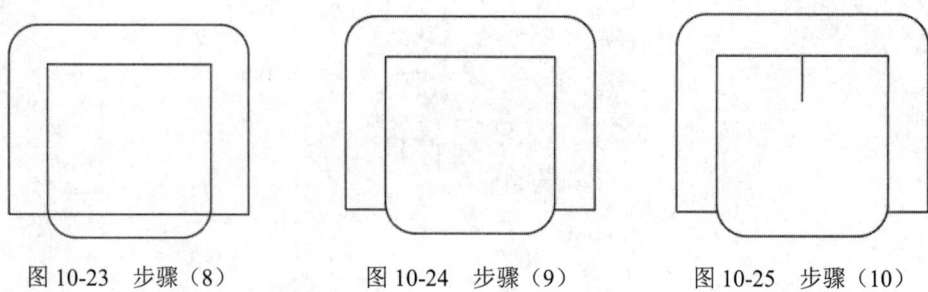

图 10-23 步骤（8）　　图 10-24 步骤（9）　　图 10-25 步骤（10）

（12）输入快捷键 h 调出图案填充命令，为沙发靠背填充 CROSS 图案，"填充图案比例"为 3，填充效果如图 10-27 所示。单人沙发绘制完成。

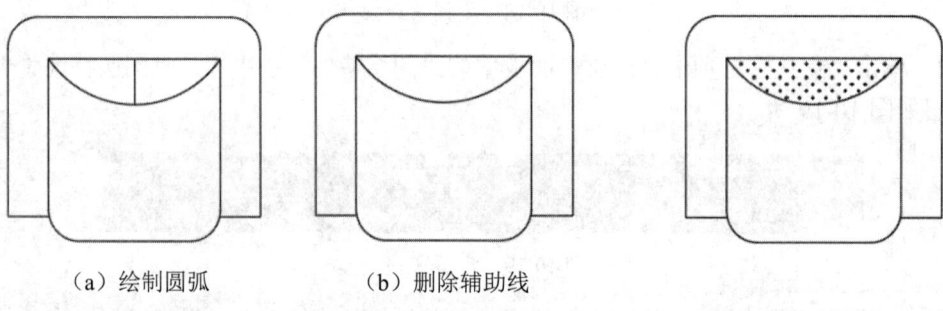

（a）绘制圆弧　　（b）删除辅助线

图 10-26 步骤（11）　　　　　　图 10-27 步骤（12）

（13）绘制双人沙发。输入快捷键 co 调出复制命令复制两个单人沙发，如图 10-28 所示。

（14）将步骤（13）复制的两个单人沙发中间的扶手线条删除，调整最上边的线段不要有重合的地方，如图 10-29 所示。

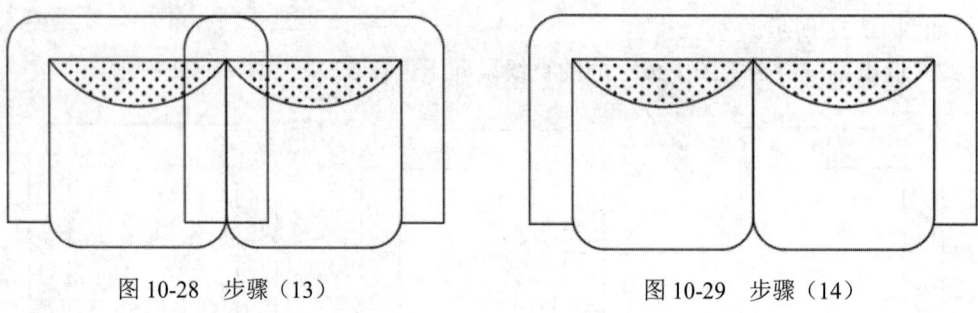

图 10-28 步骤（13）　　　　图 10-29 步骤（14）

（15）用同样的方法得到三人沙发，如图 10-30 所示。

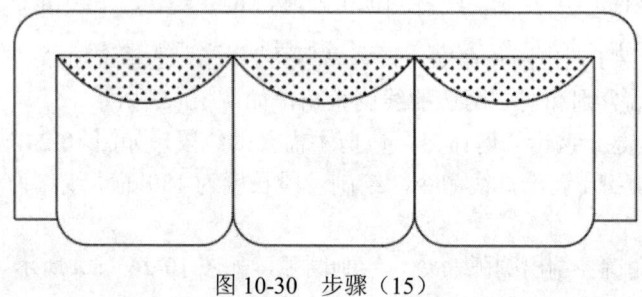

图 10-30 步骤（15）

（16）使用旋转命令将单人沙发和双人沙发旋转，再用移动命令将沙发移动到如图 10-31 所示的位置。

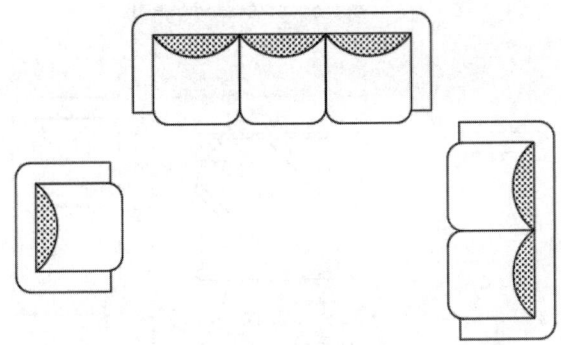

图 10-31　步骤（16）

2. 绘制茶几

（1）输入快捷键 rec 调出矩形命令，绘制一个长为 1006，宽为 849 的矩形，如图 10-32 所示。

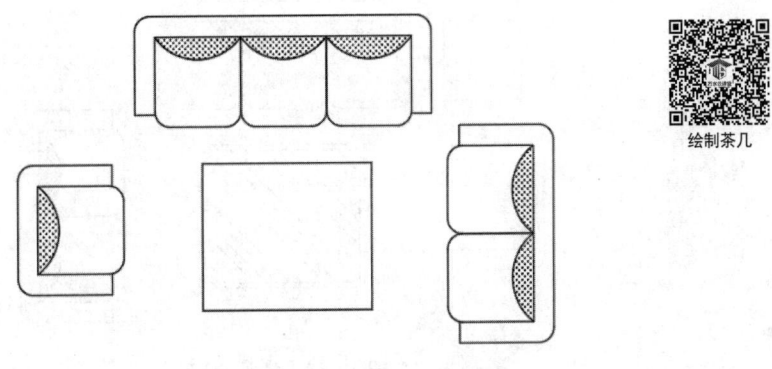

图 10-32　步骤（1）

（2）输入快捷键 o 调出偏移命令，将矩形向内偏移 30，如图 10-33 所示。

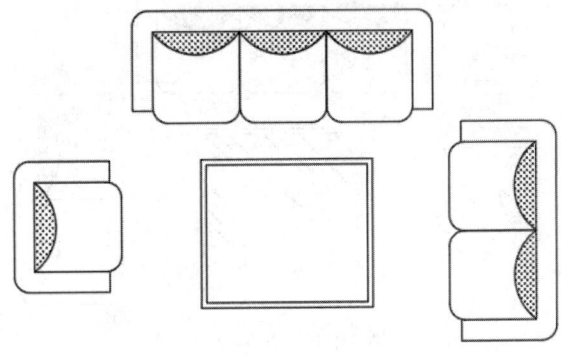

图 10-33　步骤（2）

（3）输入快捷键 h 调出图案填充命令，为茶几填充 ANSI34 图案，"填充图案比例"为

16,填充效果如图 10-34 所示。茶几绘制完成。

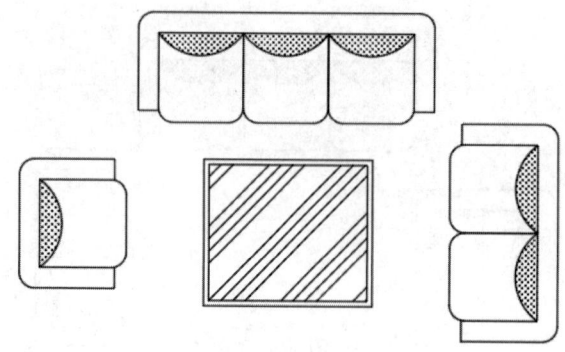

图 10-34　步骤（3）

3. 绘制沙发旁小桌及台灯

（1）输入快捷键 rec 调出矩形命令，在三人沙发旁绘制一个长为 477，宽为 477 的矩形，如图 10-35 所示。

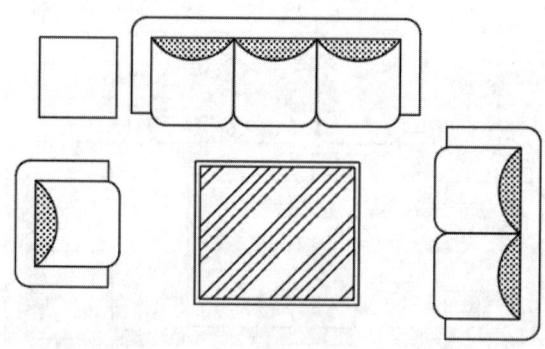

图 10-35　步骤（1）

（2）输入快捷键 o 调出偏移命令，将矩形向内偏移 25，如图 10-36 所示。

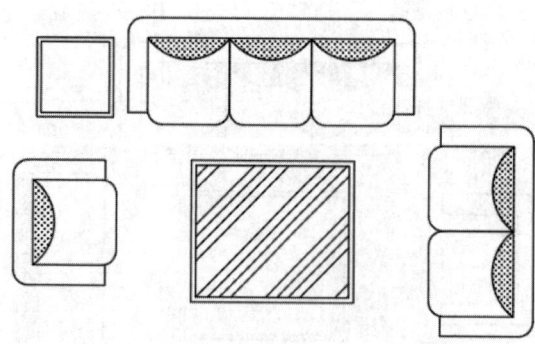

图 10-36　步骤（2）

（3）输入快捷键 l 调出直线命令，在步骤（2）偏移复制的矩形内绘制十字，如图 10-37 所示。

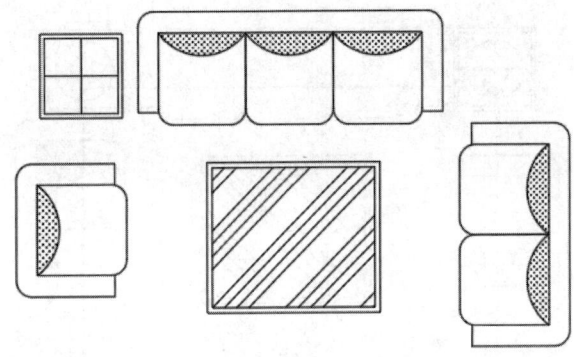

图 10-37　步骤（3）

（4）输入快捷键 c 调出圆命令，绘制两个合适大小的同心圆，如图 10-38 所示。

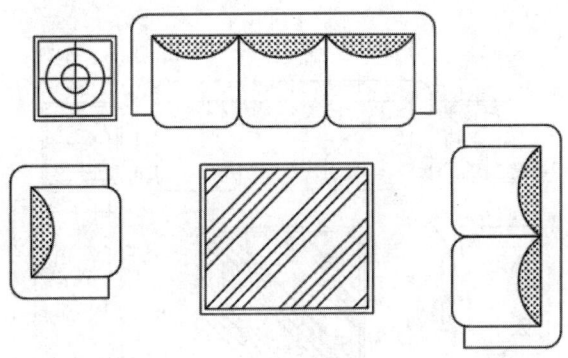

图 10-38　步骤（4）

（5）输入快捷键 mi 调出镜像命令，将刚才绘制的小桌和台灯镜像复制到三人沙发另一边，如图 10-39 所示。

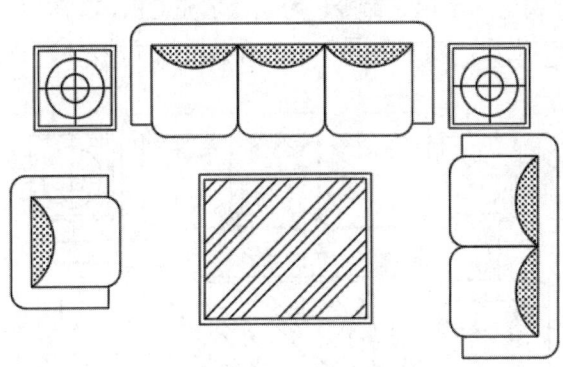

图 10-39　步骤（5）

4．绘制地毯

（1）输入快捷键 rec 调出矩形命令，在合适的位置绘制一个长为 2448，宽为 1661 的矩形，如图 10-40 所示。

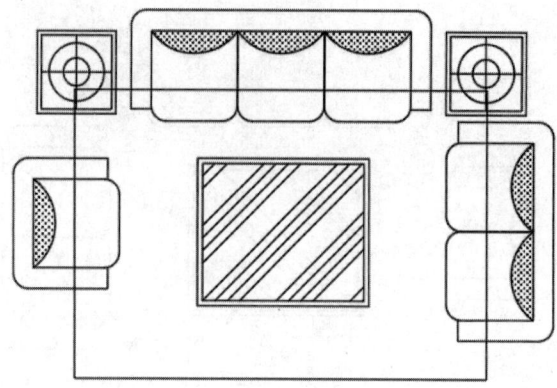

图 10-40　步骤（1）

（2）输入快捷键 tr 调出修剪命令，修剪步骤 25 绘制的矩形在沙发和桌子中的部分线段。如图 10-41 所示。

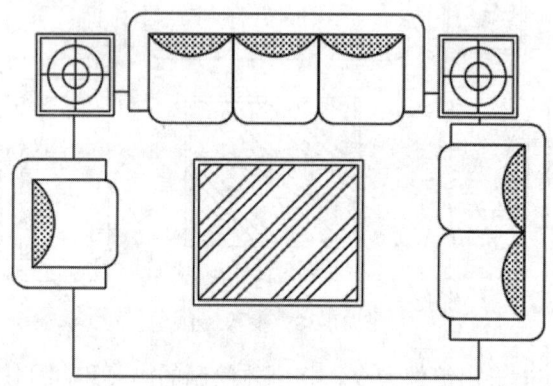

图 10-41　步骤（2）

（3）输入快捷键 h 调出图案填充命令，为地毯填充 GRASS 图案，"填充图案比例"为 5。再用直线命令绘制地毯的毛边，效果如图 10-42 所示。客厅沙发绘制完成。

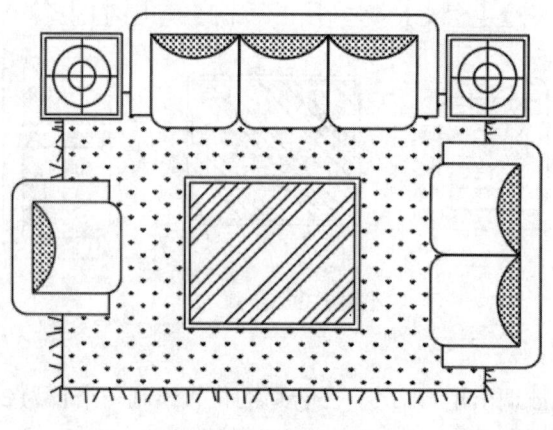

图 10-42　步骤（3）

10.3 绘制整体橱柜

整体橱柜如图 10-43 所示。

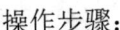

图 10-43 整体橱柜

案例介绍：

整体橱柜的出现弥补了厨房装修这一空白点，使厨房和其他房间能够达到统一的设计和装修风格，真正达到了全屋整体装修。整体橱柜能够根据消费者的个性化要求和厨房的空间结构，将橱柜、操作台、厨房电器等通过整体配置、整体设计、整体施工形成成套产品，充分而有效地将厨房空间利用起来，也使厨房看起来更加整洁舒适。

实例分析：

1. 重点和难点

橱柜的绘制是本实例的重点和难点部分。

2. 解决方案

首先绘制出整体橱柜外面的轮廓，然后利用直线命令、偏移命令、修剪命令等绘制出橱柜，再插入图块，绘制瓷砖。

绘制柜子

操作步骤：

1. 绘制柜子

（1）新建文件。新建文件，选择样板文件 acadiso.dwt。

（2）设置绘图环境。选择菜单栏中的"格式"→"单位"，打开"图形单位"对话框，设置参数，如图 10-44 所示。

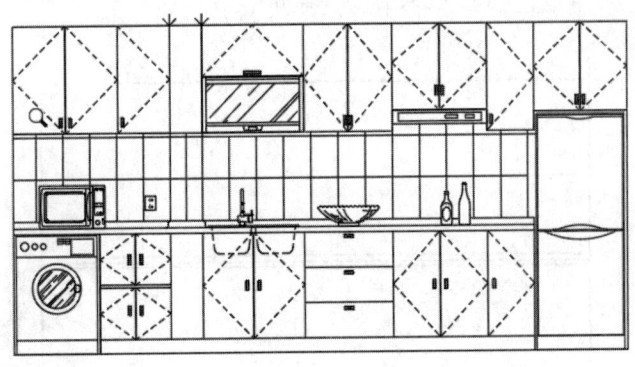

（3）创建图层，如图 10-45 所示。

（4）绘制轮廓线。将"轮廓"图层置为当前。输入快捷键 rec 调出矩形命令，绘制 4560×2350 的矩形。

（5）用分解命令分解矩形。输入快捷键 o 调出偏移命令，将上边线向下偏移 770，下边线向上偏移 860，再将刚从下边线复制的线段向上偏移 40、50，如图 10-46 所示。

图 10-44 步骤（2）

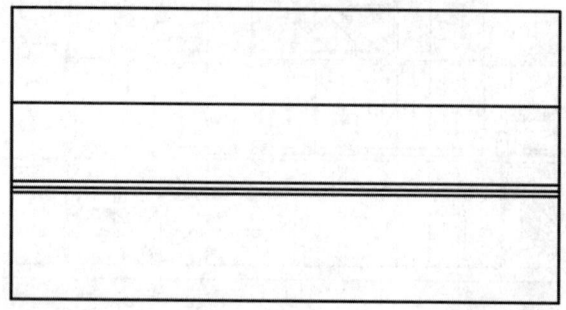

图 10-46　步骤（5）

（6）再输入快捷键 l 调出直线命令，绘制离左边线距离为 640 的线段，如图 10-47 所示。

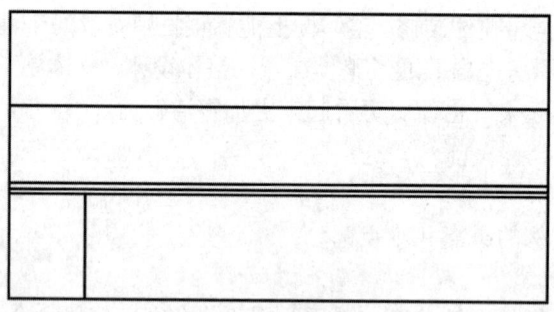

图 10-47　步骤（6）

（7）用偏移命令将步骤（6）绘制的直线段向右分别顺次偏移 263、4、263、240、373、4、373、650、348、4、348，并将复制的最后一条线延伸，偏移和延伸线段效果如图 10-48 所示。

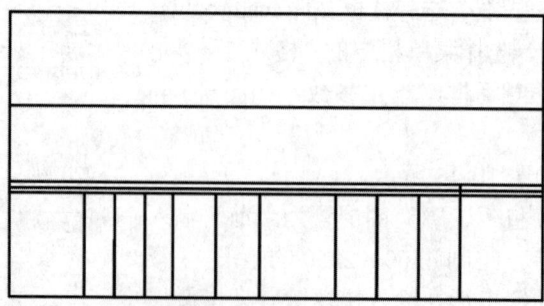

图 10-48　步骤（7）

（8）用偏移命令将下边线向上偏移 100，如图 10-49 所示。

（9）输入快捷键 tr 调出修剪命令，修剪图形，如图 10-50 所示。

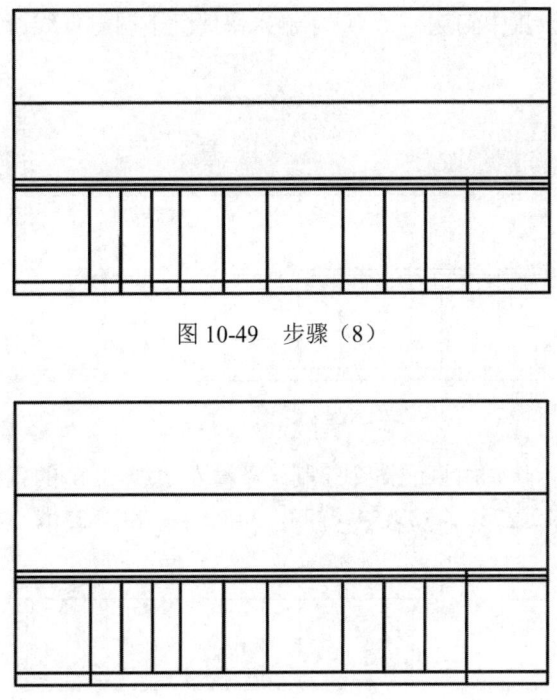

图 10-49 步骤（8）

图 10-50 步骤（9）

（10）输入快捷键 ml 调出多线命令，设置对正方式为"无"，比例为 20，绘制如图 10-51（a）所示的多线。修剪后柜门效果如图 10-51（b）所示。

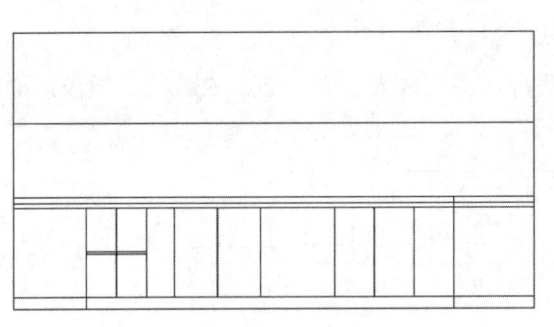

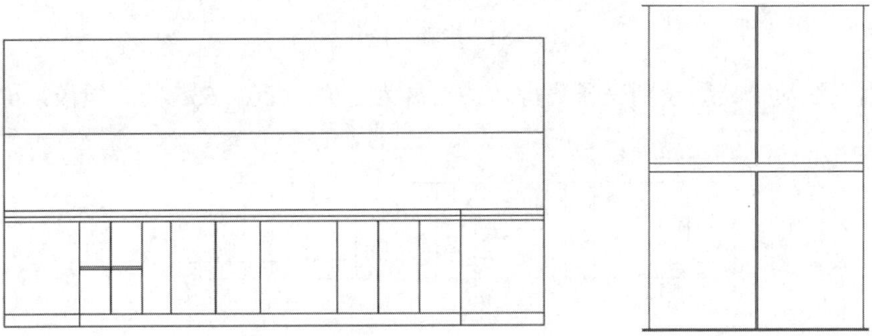

（a）绘制比例为 20 的多线　　　　　　（b）修剪多线

图 10-51 步骤（10）

（11）输入快捷键 div 调出定数等分命令，选择如图 10-52 所示的线段等分为 3 等份。

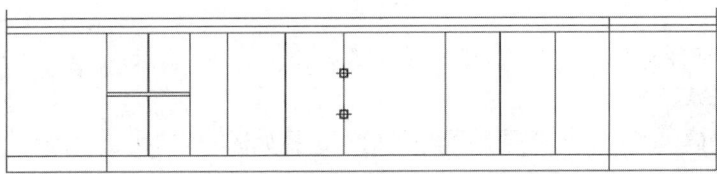

图 10-52 步骤（11）

（12）在对象捕捉设置中勾选"节点"。输入快捷键 l 调出直线命令，在等分点处绘制直线段，如图 10-53 所示。

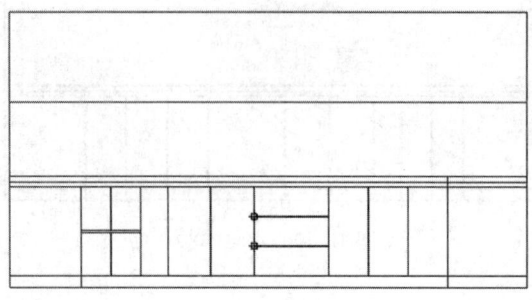

图 10-53　步骤（12）

（13）将节点选中删除。用直线命令绘制一条离左边线 388 的直线段，再用偏移命令依次偏移 4、388、390、240、750、323、4、323、348、4、348、350、348、4，效果如图 10-54 所示。

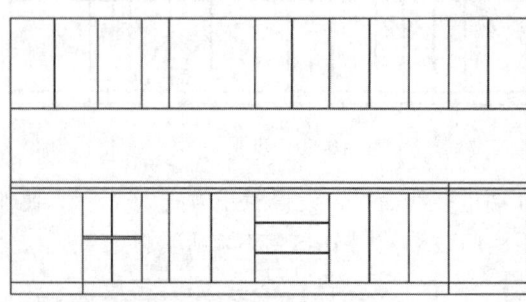

图 10-54　步骤（13）

（14）用直线命令分别绘制三条离上边线距离为 370、620、635 的直线段，如图 10-55 所示。

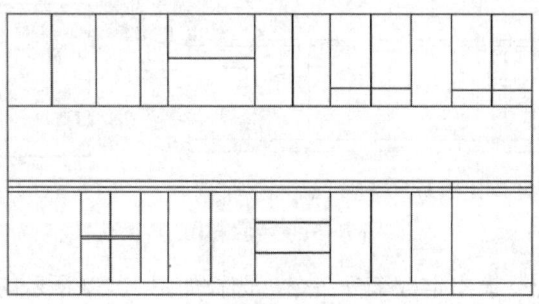

图 10-55　步骤（14）

（15）用修剪命令将多余的线段修剪掉，效果如图 10-56 所示。

2．瓷砖、厨房设备

（1）绘制瓷砖。将"瓷砖"图层置为当前。选择如图 10-57（a）所示的直线，调出偏移命令，向上偏移两条直线段，设置偏移距离为 300，效果如图 10-57（b）所示。

瓷砖、厨房设备

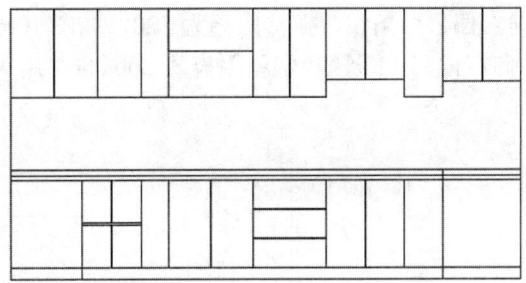

图 10-56 步骤（15）

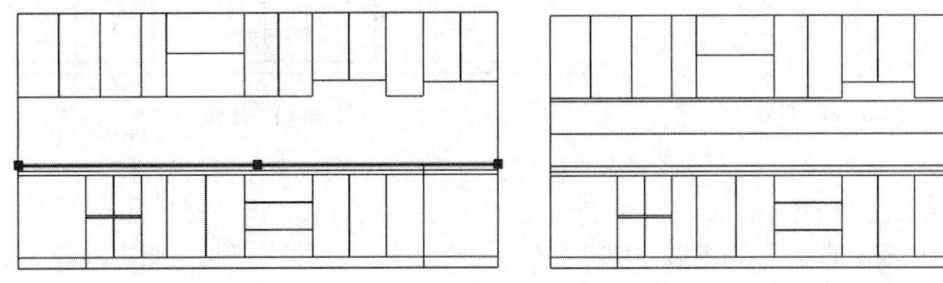

（a）选择如图所示的直线　　　　　　　　（b）用偏移命令复制

图 10-57 步骤（1）

（2）用直线命令绘制一段直线段，如图 10-58 所示。

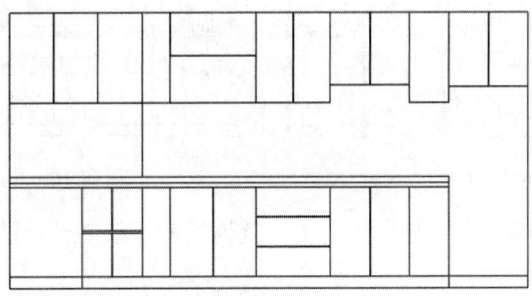

图 10-58 步骤（2）

（3）用偏移命令分别向左偏移 5 条线，偏移距离为 200，如图 10-59 所示。

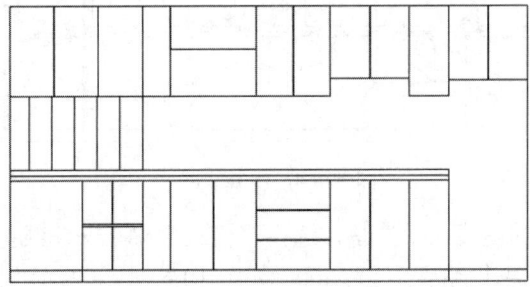

图 10-59 步骤（3）

（4）再用偏移命令向右偏移两条线，偏移距离为120，如图10-60所示。

（5）继续用偏移命令向右偏移12条线，偏移距离为200（也可用矩形阵列命令复制得到），如图10-61所示。

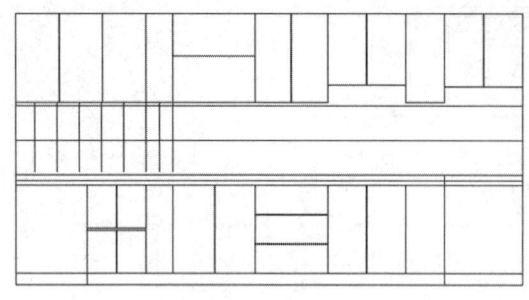

图10-60　步骤（4）

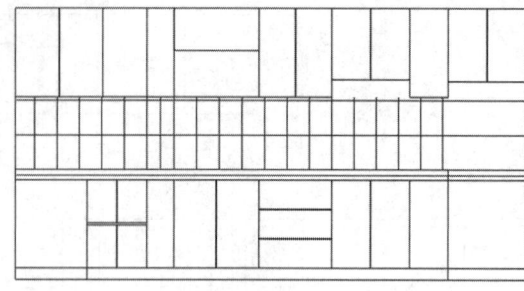

图10-61　步骤（5）

（6）复制厨房素材。将"厨房设备"图层置为当前，打开文件"厨房素材"，分别将其中的图块复制到相应的位图，如图10-62所示。

（7）修改多余的线段，并将抽油烟机下方的瓷砖线条延伸到抽油烟机，如图10-63所示。

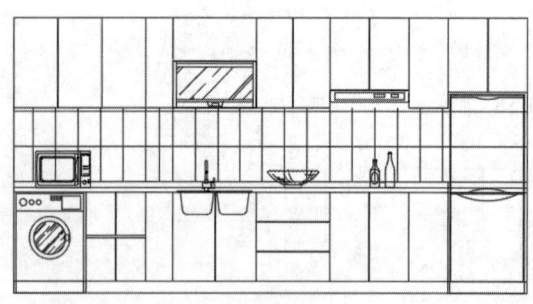

图10-62　步骤（6）

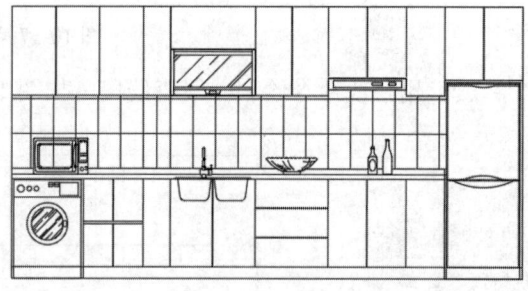

图10-63　步骤（7）

（8）绘制柜门开启线。将"开启线"图层置为当前，绘制开启线，如图10-64所示。

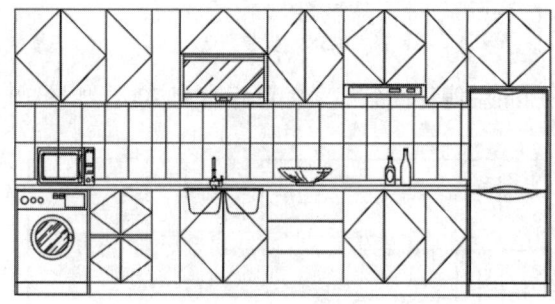

图10-64　步骤（8）

（9）为了使开启线的虚线显示清楚，选择"格式"菜单→"线型"选项，打开"线型管理器"对话框，设置"全局比例因子"为400，如图10-65（a）所示。图形效果如图10-65（b）所示。

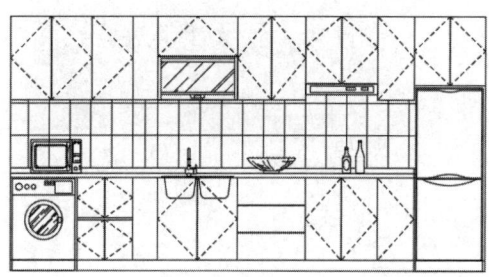

（a）"线型管理器"对话框　　　　　　　　（b）图形效果

图 10-65　步骤（9）

（10）由于洗菜池下半截在柜子里，所以设置其为虚线，如图 10-66 所示。

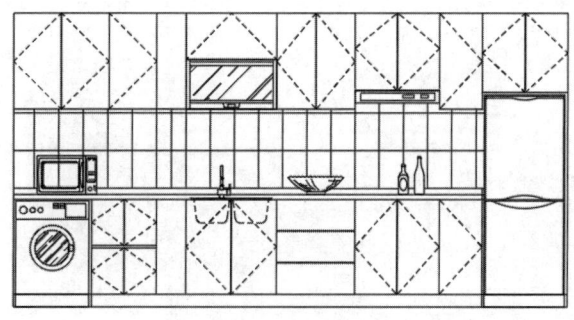

图 10-66　步骤（10）

（11）将柱子的左右两条线选中换到"轮廓"图层，如图 10-67（a）所示的选中的线条。再在柱子下方绘制挡水板，柱子上方绘制转折线，还要绘制柜子拉手、插座，如图 10-67（b）所示。

图形绘制完毕。

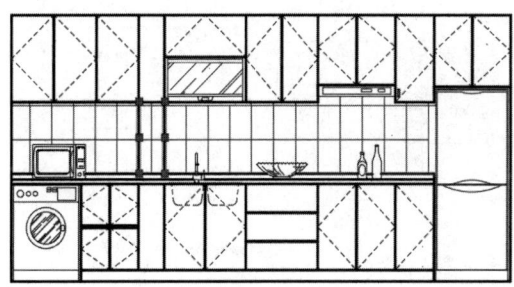
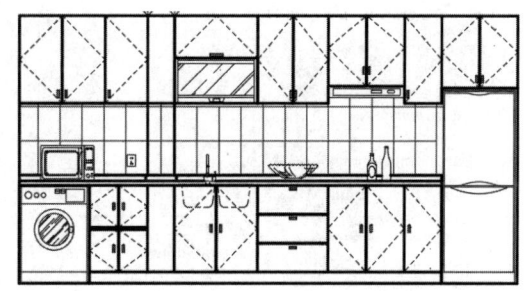

（a）选择如图所示的线条　　　　　　　　（b）绘制挡水板，柱子的转折线，柜子拉手、插座

图 10-67　步骤（11）

3．文字样式、标注样式和引线样式设置

（1）设置文字样式。输入快捷键 st 打开"文字样式"对话框，设置文字样式"数字标注"如图 10-68（a）所示，"中文文字"如图 10-68（b）所示。

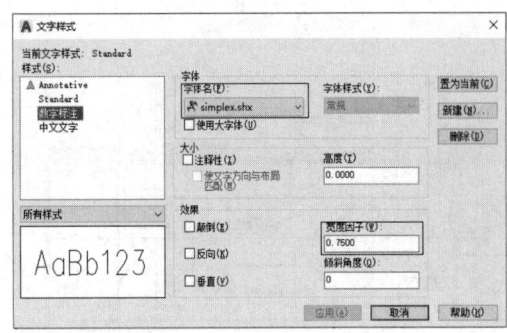 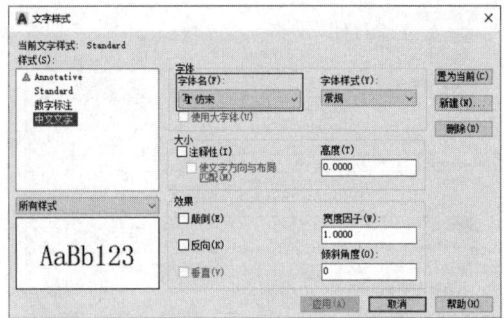

(a) 设置文字样式"数字标注"   (b) 设置文字样式"中文文字"

图 10-68 步骤（1）

（2）标注样式设置。输入快捷键 d 打开"标注样式管理器"对话框，新建标注样式"尺寸标注"，如图 10-69 所示。

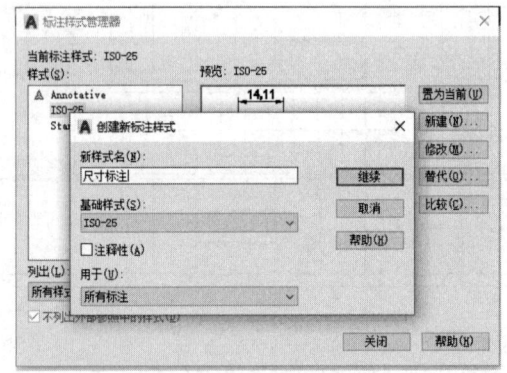

图 10-69 步骤（2）

（3）"线"选项卡和"符号与箭头"选项卡参数设置如图 10-70（a）和图 10-70（b）所示。

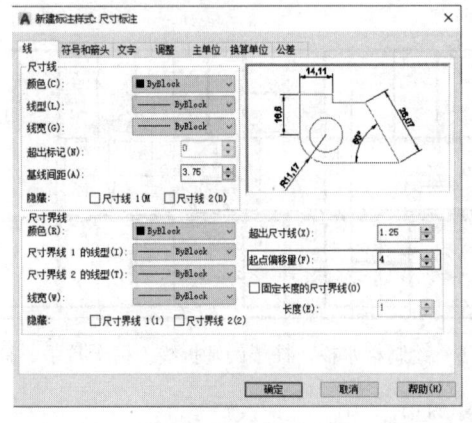 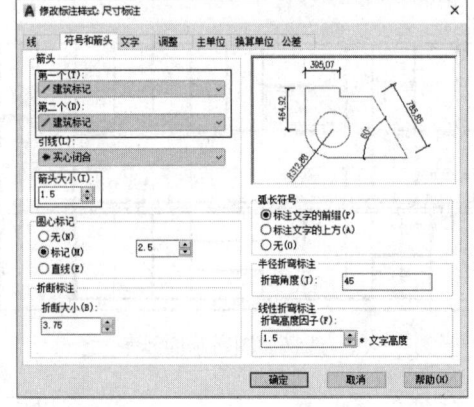

(a)"线"选项卡   (b)"符号和箭头"选项卡

图 10-70 步骤（3）

（4）"文字"选项卡和"调整"选项卡参数设置如图 10-71（a）和图 10-71（b）所示。

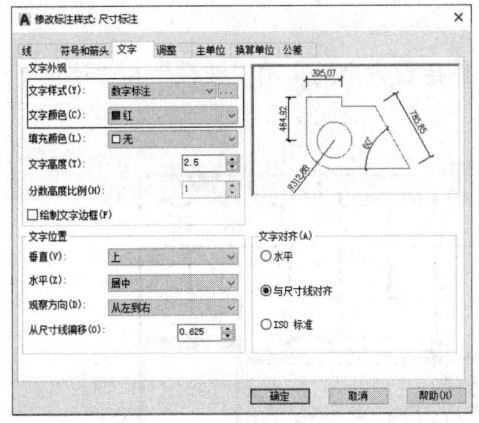 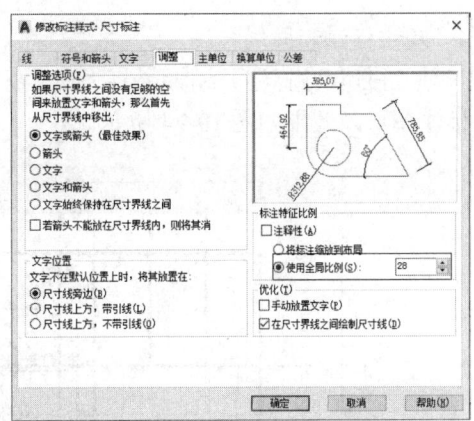

（a）"文字"选项卡　　　　　　　　　　　（b）"调整"选项卡

图 10-71　步骤（4）

(5)"主单位"选项卡参数设置如图 10-72 所示。

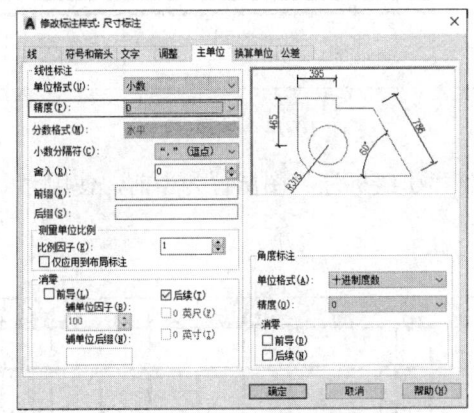

图 10-72　步骤（5）

(6) 多重引线样式设置。修改引线样式 Standard 的"引线格式"和"内容"选项卡设置，如图 10-73 所示。

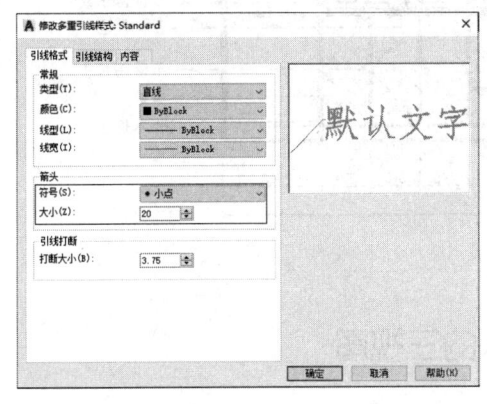 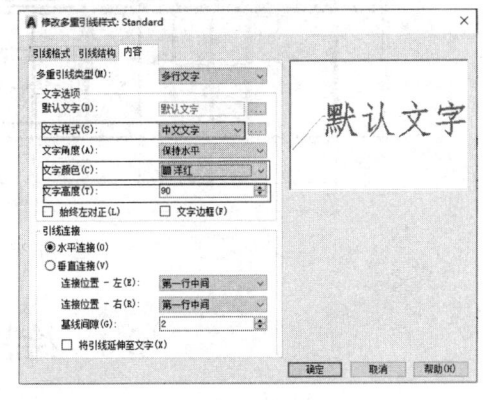

（a）"引线格式"选项卡　　　　　　　　　　（b）"内容"选项卡

图 10-73　步骤（6）

4. 尺寸标注和引线标注

（1）进行尺寸标注并编辑。将"尺寸标注"图层置为当前，用"线性"和"连续"标注工具标注图形，效果如图 10-74 所示。

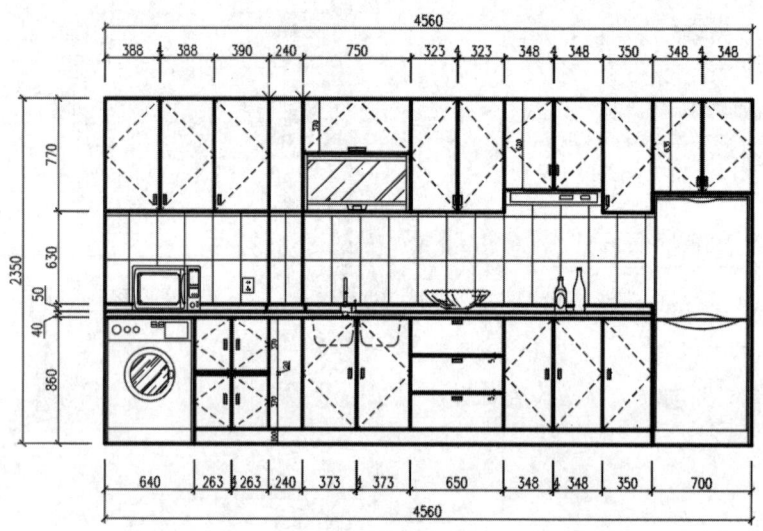

图 10-74　步骤（1）

（2）进行引线标注。将"引线标注"图层置为当前，使用"多重引线"工具进行标注，标注效果如图 10-75 所示。

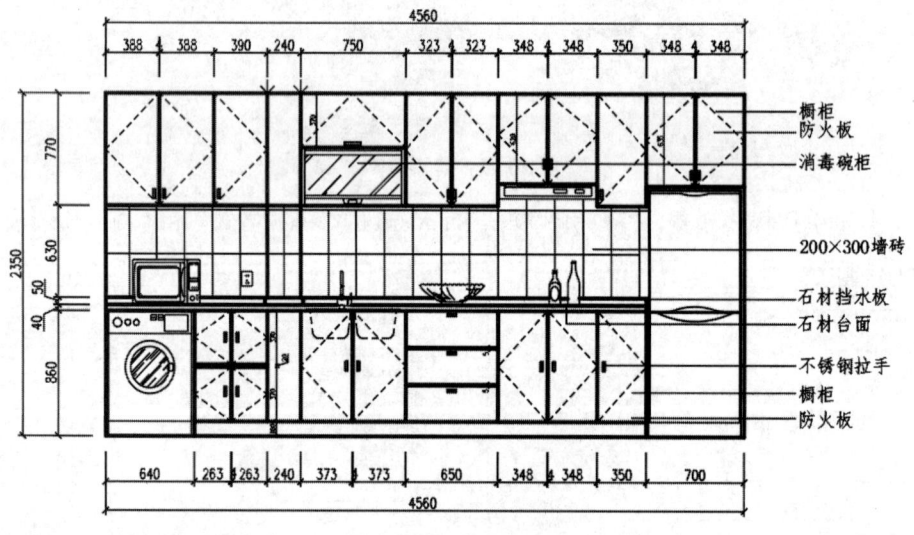

图 10-75　步骤（2）

10.4　绘制床的三视图

床的三视图如图 10-76 所示。

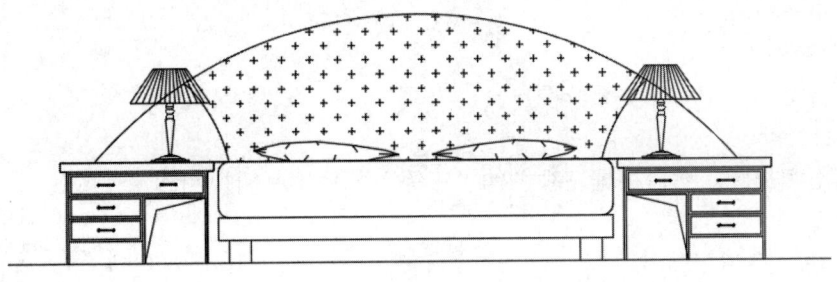

(a)主视图(立面图)

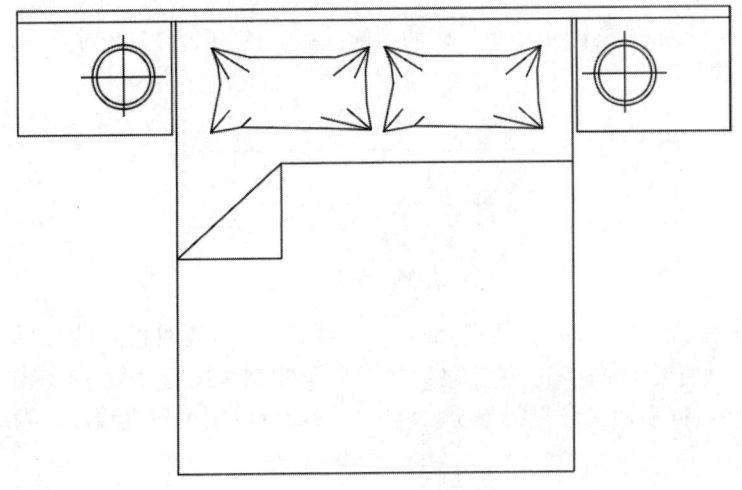

(b)俯视图(平面图)

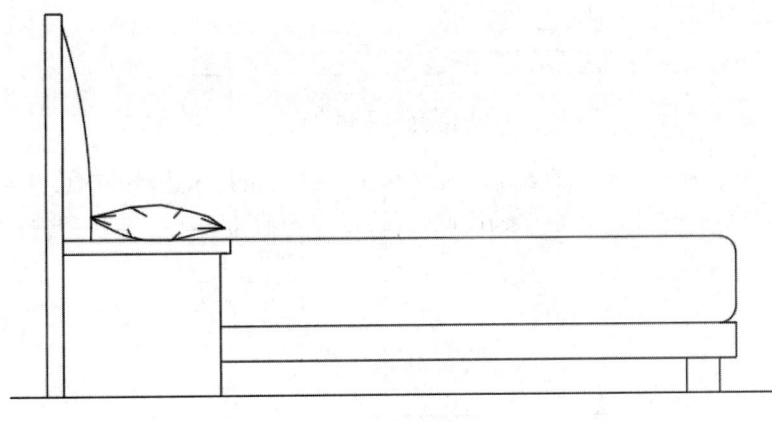

(c)左视图

图 10-76 床的三视图

案例介绍:

该案例是一个床的三视图的绘制,目的是让读者通过对该案例的练习掌握三视图的绘制方法和主视图(立面图)、俯视图(平面图)和左视图的对应关系;也让读者了解三维立体图如何用二维平面图形表达。

案例分析：

1. 重点和难点

通过三视图的"三等"关系绘图。

2. 解决方案

先绘制出主视图，然后根据三视图的"三等"关系绘制俯视图和左视图。

操作步骤：

1. 绘制主视图（立面图）

（1）绘制床板和床垫。将"轮廓线"图层置为当前。输入快捷键 rec 调出矩形命令，绘制一个 1800×100 的矩形。继续用矩形命令绘制一个尺寸为 1800×250，半径为 50 的圆角矩形，移动到前面绘制的矩形之上并对齐。如图 10-77 所示。

绘制主视图

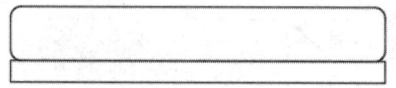

图 10-77　步骤（1）

（2）绘制床腿和地面。输入快捷键 ml 调出多线命令，设置对正方式为"下"，比例为 100，从床板的左下角点捕捉水平向右 50 的地方垂直向下绘制长度为 100 的多线。再输入快捷键 mi 调出镜像命令，向右边镜像复制床腿。再用直线命令绘制一条直线段作为地面。效果如图 10-78 所示。

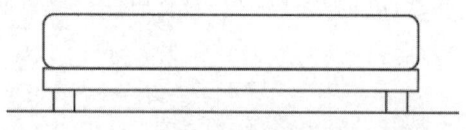

图 10-78　步骤（2）

（3）绘制床头板。首先用直线命令在床垫上绘制一条与床垫对齐的长度为 2948 的水平直线段，并从床垫中点向上绘制一条 650 的直线段作为辅助线，如图 10-79 所示。

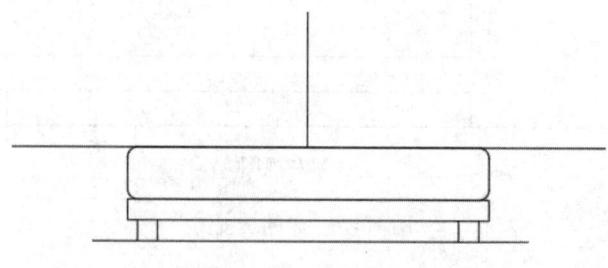

图 10-79　步骤（3）

（4）输入快捷键 a 调出圆弧命令，用三点方式以刚绘制的水平线段的两个端点和竖直线段的上端点绘制一个圆弧，如图 10-80 所示。

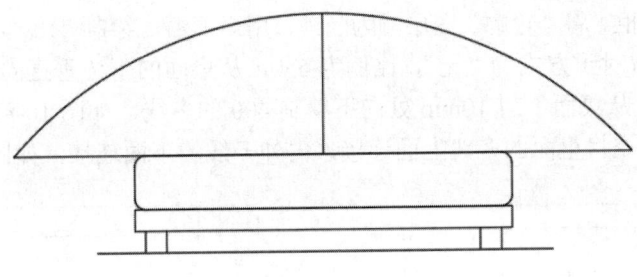

图 10-80　步骤（4）

（5）删除垂直的辅助线。再调出圆弧命令绘制床头板的弧线，并用镜像命令镜像复制一个，如图 10-81 所示。

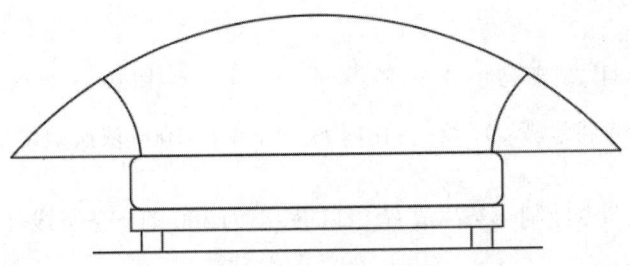

图 10-81　步骤（5）

（6）将"红色线条"图层置为当前。输入快捷键 h 调出填充命令，填充 CROSS 图案，设置合适的比例，填充后效果如图 10-82 所示。

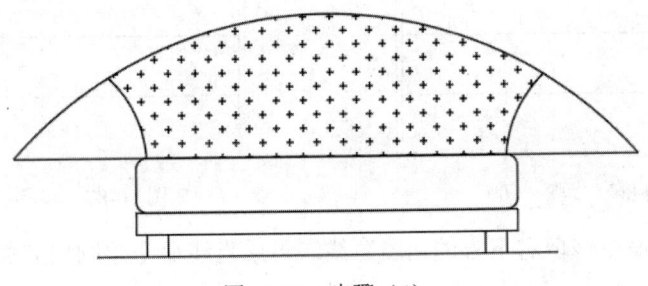

图 10-82　步骤（6）

（7）绘制枕头。将"细线"图层置为当前。用直线命令绘制两个枕头，如图 10-83 所示。床绘制完毕。

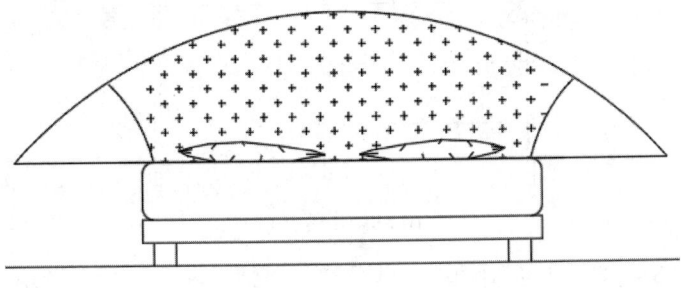

图 10-83　步骤（7）

（8）绘制床头柜。将"轮廓"图层置为当前，用矩形命令绘制 710×40 的矩形作为桌面。调出多线命令，设置对正方式为"无"，比例为 650，从桌面的下边垂直向下绘制 410 的多线；再设置比例为 630，从桌面下边 10mm 处向下绘制 400 的多线，如图 10-84 所示。

（9）用直线命令将里面的多线上面连接，内外多线的下面连接，如图 10-85 所示。

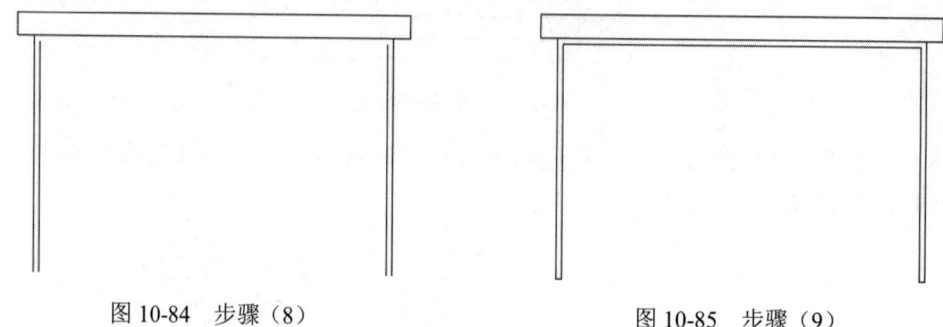

图 10-84　步骤（8）　　　　　　　图 10-85　步骤（9）

（10）用偏移命令将步骤（9）绘制的内多线向下偏移 100，依次偏移复制三条，如图 10-86 所示。

（11）再用直线命令绘制一条离最右边线的距离为 300 的一条竖线，下端点与两边的线平齐，如图 10-87 所示。

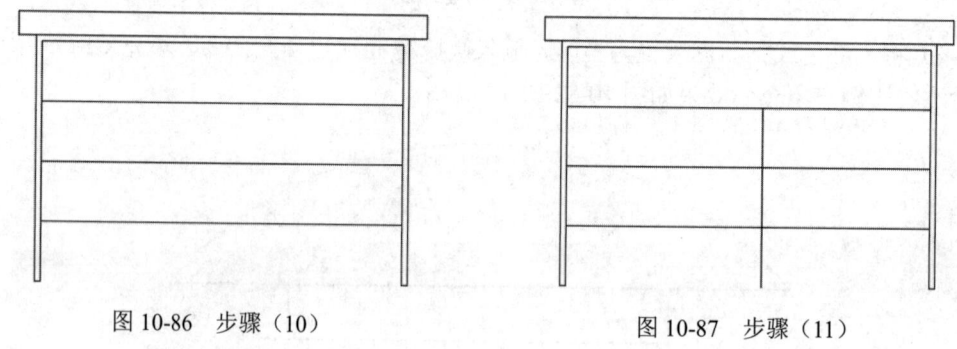

图 10-86　步骤（10）　　　　　　　图 10-87　步骤（11）

（12）用修剪命令修剪右下方的两段直线。再用直线命令绘制出右面板子的厚度，如图 10-88 所示。

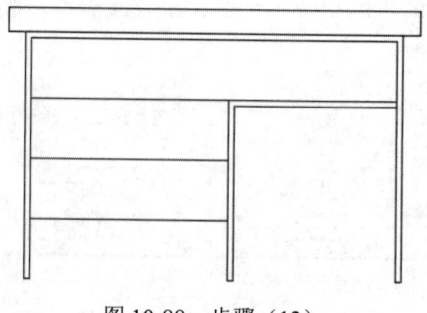

图 10-88　步骤（12）

（13）在"细线"图层上绘制抽屉，并且将抽屉把手和台灯从"图块"文件中复制过来放到合适的地方，如图 10-89 所示。床头柜绘制完毕。

图 10-89 步骤（13）

（14）将绘制的床头柜移动到床头左边合适的位置，再用镜像命令镜像复制到床头右边。如图 10-90 所示。

床主视图（立面图）绘制完毕。

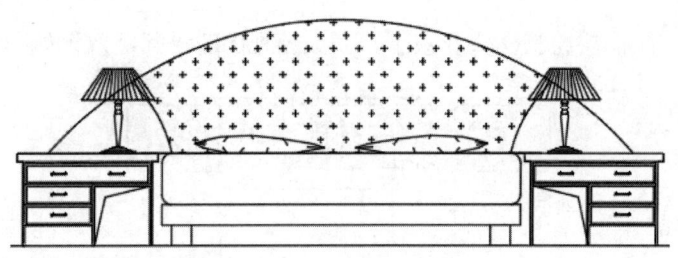

图 10-90 步骤（14）

2. 绘制俯视图（平面图）

根据三视图的投影规律（主视图、俯视图长对正；主视图、左视图高平齐；俯视图、左视图宽相等），即"长对正，高平齐，宽相等"的"三等"关系绘制俯视图和左视图。

绘制俯视图

（1）将床头柜两边的轮廓和床的轮廓垂直向下拉出引线，线长在 3000 左右，如图 10-91 所示。

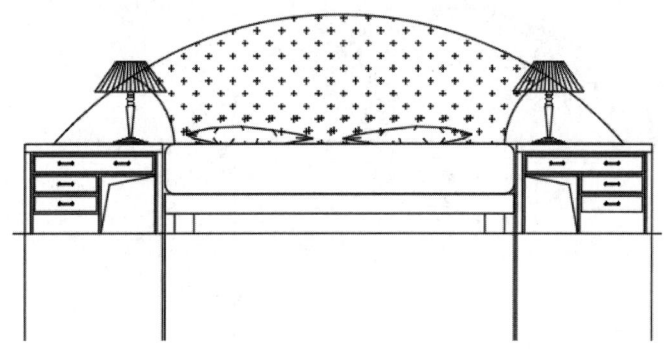

图 10-91 步骤（1）

（2）在拉出的引线离主视图一定的距离处用直线命令、偏移命令、镜像命令、圆命令绘制俯视图（注：将台灯绘制在"红色线条"图层），如图 10-92 所示。

（3）修剪多余的线段，得到的俯视图效果如图 10-93 所示。

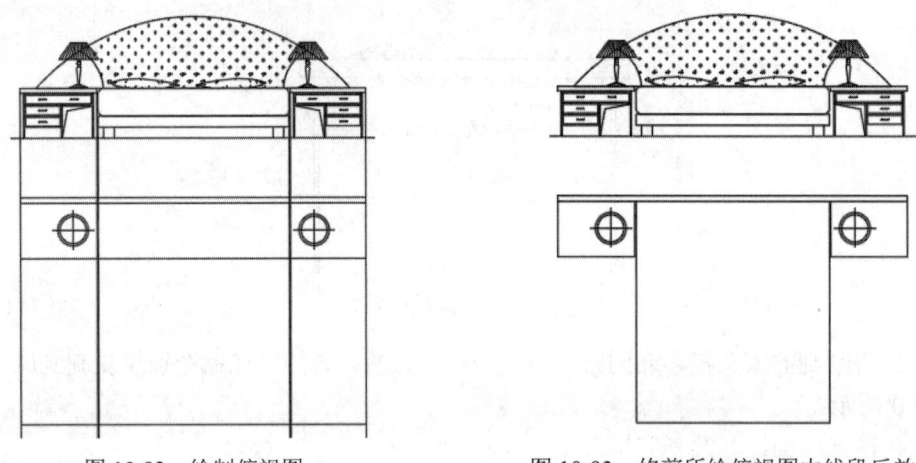

图 10-92　绘制俯视图　　　　　　图 10-93　修剪所绘俯视图中线段后效果

（4）在"细线"图层绘制枕头和被子。完成俯视图的绘制，效果如图 10-94 所示。

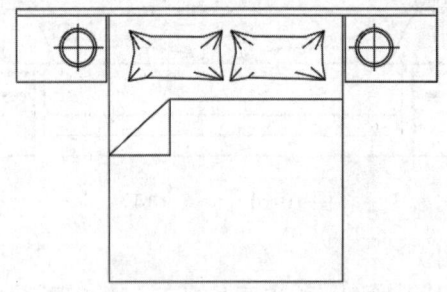

图 10-94　绘制枕头和被子

3．绘制左视图

（1）绘制如图 10-95 所示的十字直线段和与水平方向成 45°角的直线，以便使用"长对正，高平齐，宽相等"的"三等"关系绘制左视图。

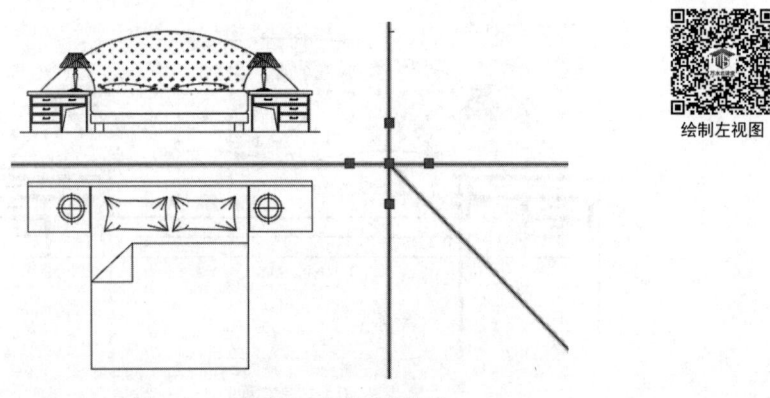

绘制左视图

图 10-95　绘制如图所示辅助线

（2）将主视图和俯视图的轮廓拉出，如图 10-96 所示的引线。

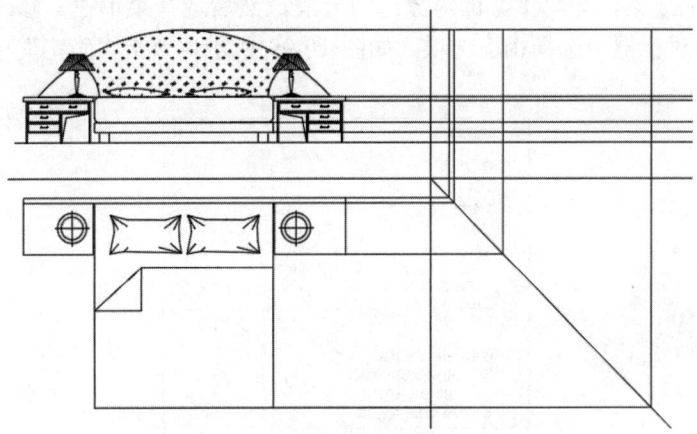

图 10-96　拉出主视图和俯视图轮廓线引线

（3）修剪图形得到如图 10-97 所示的效果。

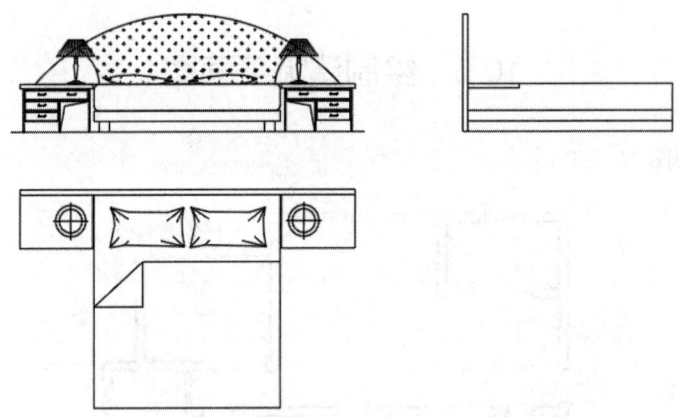

图 10-97　修剪引线得到左视图

（4）使用直线命令、偏移命令绘制床腿。用圆角命令为床垫倒圆角。用圆弧命令绘制床头板的圆弧。绘制枕头。完成床头柜线条绘制并修剪多余线段。左视图绘制完毕，效果如图 10-98 所示。

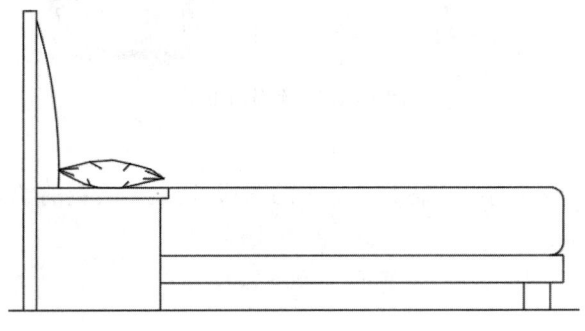

图 10-98　修改并绘制枕头得到最终效果

4. 删除重复对象

如果有重叠的线条，先将重叠的对象选中分解，然后选择菜单栏"修改"→"删除重复对象"，在打开的对话框中选择相应选项，如图 10-99 所示。单击"确定"按钮后即可删除重复对象。

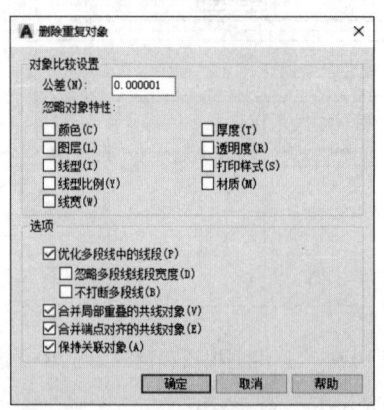

删除重复对象

图 10-99　"删除重复对象"对话框

10.5　绘制建筑平面图

建筑平面图如图 10-100 所示。

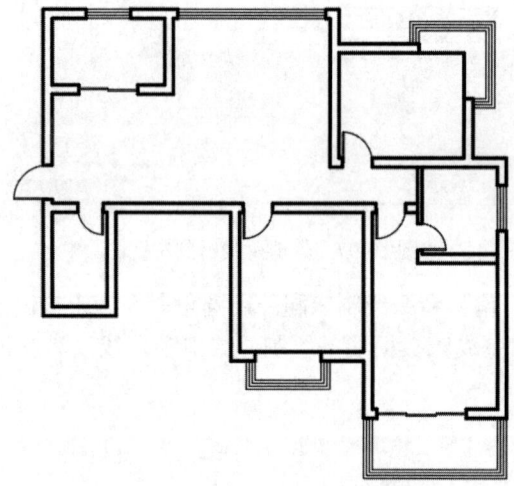

图 10-100　建筑平面图

案例介绍：

建筑平面图是室内设计需要绘制的最基本的图形。通过本案例的学习希望读者能够掌握绘制建筑平面图的基本方法。

案例分析：

1. 重点和难点

绘制墙体和修剪墙体。

2. 解决方案

先绘制出轴线,再用多线绘制墙体,然后开门洞和窗洞,绘制和插入门窗图块,最后进行正确的标注。

操作步骤:

1. 设置绘图环境、绘制轴线、绘制墙体

(1)新建文件。新建文件,选择样板文件 acadiso.dwt。

(2)设置绘图环境。选择菜单栏中的"格式"→"单位"打开"图形单位"对话框,参数设置如图 10-101 所示。

绘制轴线和墙体

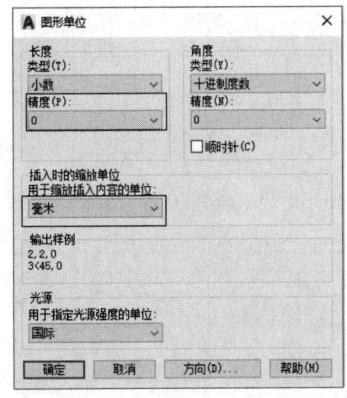

图 10-101 "图形单位"对话框

(3)创建图层,如图 10-102 所示。

图 10-102 创建图层

(4)将"轴线"图层置为当前。调出矩形命令绘制 12300×12207 的矩形,然后用分解命令分解矩形,如图 10-103 所示。

图 10-103 绘制 12300×12207 的矩形

(5)使用偏移命令偏移纵向线,八条纵向线段从左到右之间的间距分别为 1740、1560、

1800、2700、900、2700、900。再偏移水平直线段,十条水平线段从上到下的间距分别为900、1095、1905、1200、1325、1385、2575、1500、1707,效果如图10-104所示。

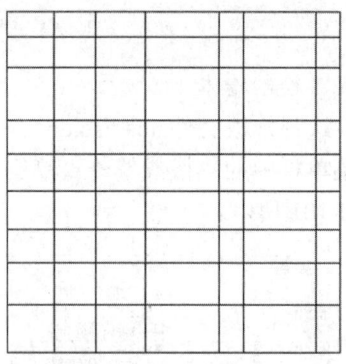

图 10-104　偏移纵向线和水平直线段

(6) 使用偏移命令将外轮廓线向外偏移700,如图10-105所示。

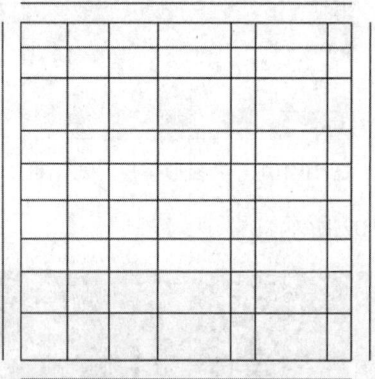

图 10-105　偏移轮廓线

(7) 使用快捷键 ex 调出延伸命令,将水平和垂直的直线段向外延伸至步骤(6)复制的直线段,如图10-106所示。

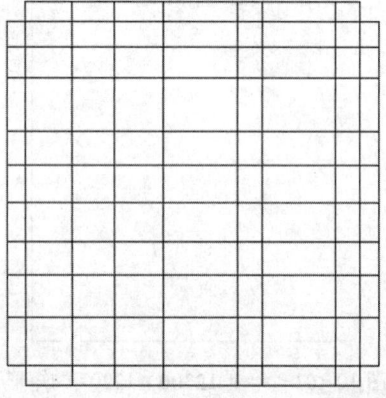

图 10-106　延伸水平和垂直的直线段

(8) 删除步骤（6）偏移复制得到的直线段。

(9) 调整刚才绘制的轴线的线型比例。选择"格式"菜单栏→"线型"打开"线型管理器"对话框，调整"全局比例因子"为 30，如图 10-107（a）所示。调整后效果如图 10-107（b）所示。

轴线绘制完毕。

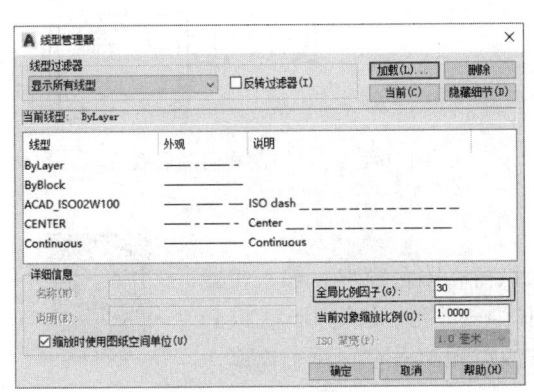

(a) "线型管理器"对话框　　　　　　　　(b) 调整后效果

图 10-107　调整线型比例

(10) 将"墙体"图层置为当前。使用快捷键 ml 调出多线命令，设置对正方式为"无"，"比例"为 240，绘制如图 10-108 所示的墙线。

(11) 在多线上双击打开"多线编辑工具"对话框，选择"T 形打开"工具，在 T 形的地方进行修剪，再选择"角点结合"工具将角点闭合。修剪后效果如图 10-109 所示。

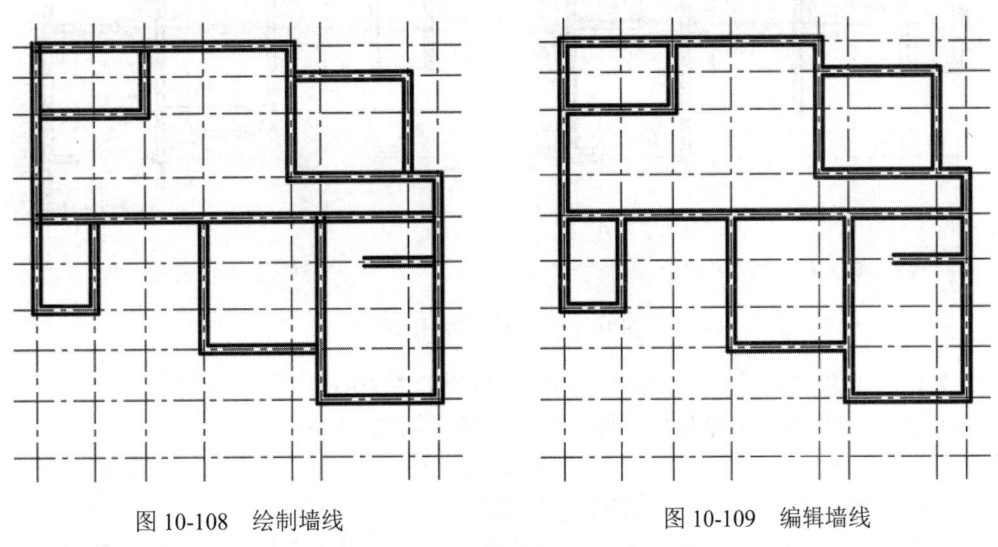

图 10-108　绘制墙线　　　　　　　　图 10-109　编辑墙线

(12) 再用直线命令和偏移命令绘制主卫的 120 厚的隔墙。效果如图 10-110 所示。

(13) 开窗洞和门洞，再将图形加以修剪，效果如图 10-111 所示。

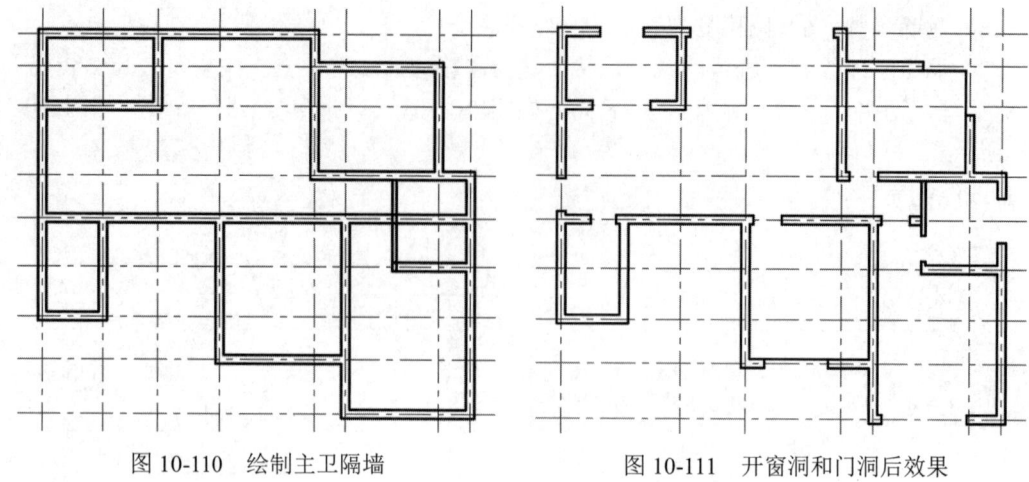

图 10-110　绘制主卫隔墙　　　　　　图 10-111　开窗洞和门洞后效果

2. 绘制门窗

（1）将"门窗"图层置为当前。首先绘制飘窗和阳台窗户。输入快捷键 pl 调出多段线命令，绘制飘窗和阳台窗户的其中一条线，如图 10-112（a）所示。用偏移命令偏移 80，复制出其他线条，飘窗和阳台窗户绘制完毕，如图 10-112（b）所示。

绘制门窗

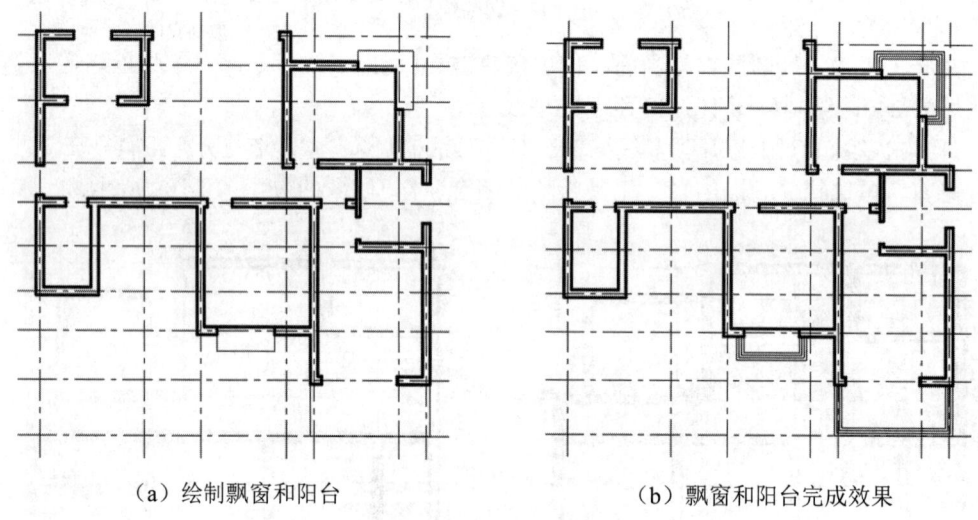

（a）绘制飘窗和阳台　　　　　　　（b）飘窗和阳台完成效果

图 10-112　绘制飘窗和阳台

（2）使用第 9 章实训 1 的方法插入门窗。效果如图 10-113 所示。

（3）绘制厚度为 40 的推拉门。图形绘制完毕，如图 10-114 所示。

3. 标注

（1）使用多行文字命令对房间功能进行注释。

（2）设置标注样式并对图形进行标注和编辑标注。关闭"轴线"图层。最终效果如图 10-115 所示。

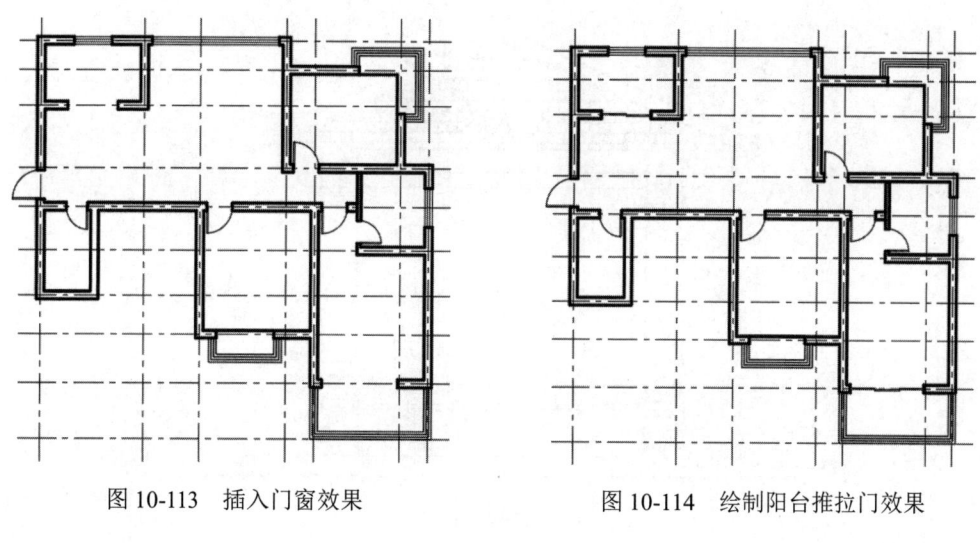

图 10-113 插入门窗效果　　　　图 10-114 绘制阳台推拉门效果

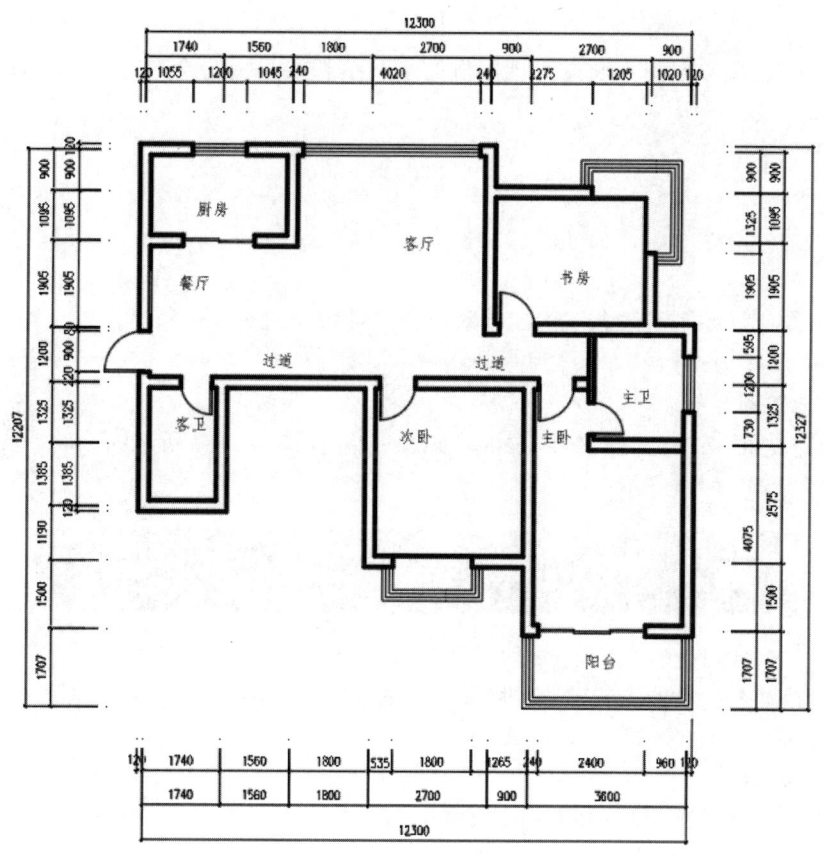

图 10-115 标注后效果

10.6 绘制凉亭

凉亭如图 10-116 所示。

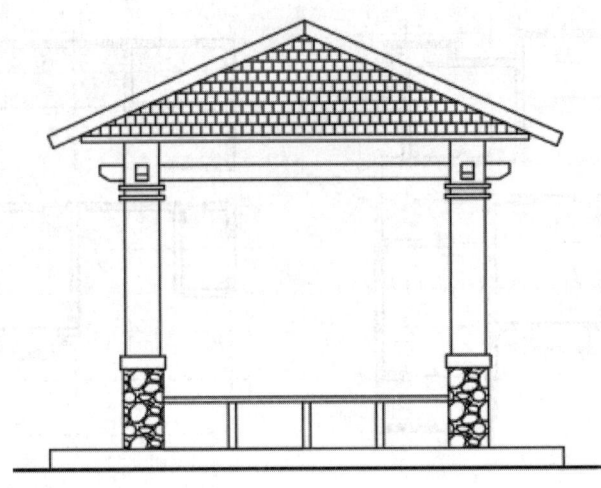

图 10-116　凉亭

案例介绍：

该案例是个建筑立面图。通过对该案例的绘制熟悉立面图的绘制方法和如何用二维图形表达三维立体对象。

案例分析：

1. 重点和难点

凉亭上半部分的绘制。

2. 解决方案

从下往上绘制。绘制时注意三维立体对象和二维图形的对应关系。

操作步骤：

1. 绘制地基和台阶

（1）新建文件，选择样板文件 acadiso.dwt，创建如图 10-117 所示的图层。

绘制地基和台阶

图 10-117　创建图层

（2）绘制矩形作为地基。输入命令 rectang 调出矩形命令，绘制矩形。命令行提示与操作如下所示。

　　　　命令: rectang
　　　　指定第一个角点或 [倒角(C)/标高(E)/圆角(F)/厚度(T)/宽度(W)]:（拾取一点作为矩形的一个角点）
　　　　指定另一个角点或 [面积(A)/尺寸(D)/旋转(R)]: D（选择"尺寸(D)"选项✓）
　　　　指定矩形的长度 <10>: 4720（输入矩形长度 4720✓）
　　　　指定矩形的宽度 <10>: 10（输入矩形宽度 10✓）
　　　　指定另一个角点或 [面积(A)/尺寸(D)/旋转(R)]:（拾取一点确定矩形位置）

（3）输入快捷键 h 调出填充命令，给上述矩形填充图案，"图案填充创建"选项卡设置如图 10-118 所示。

图 10-118　"图案填充创建"选项卡的设置

（4）绘制台阶。输入命令 line 调出直线命令，捕捉上述绘制的矩形左上角的角点，如图 10-119（a）所示，水平向右移动光标，输入 300✓ 得到直线的起点。垂直向上移动光标，输入直线长度 150✓，如图 10-119（b）所示。命令行提示与操作如下所示：

命令: line（调出直线命令）
指定第一个点: 300（水平向右移动光标，输入 300✓ 得到直线的起点）
指定下一点或 [放弃(U)]: 150（垂直向上移动光标，输入直线长度 150✓）

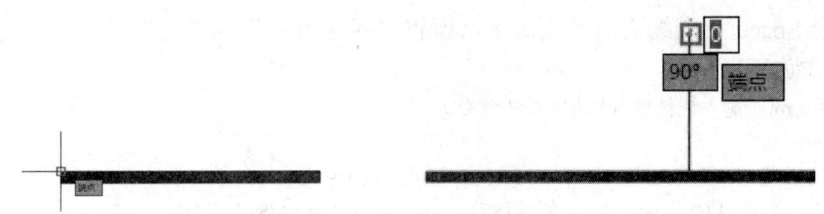

（a）捕捉矩形左上角角点　　　　（b）垂直向上移动光标并输入长度

图 10-119　绘制台阶左边线

（5）不退出直线命令，水平向右移动光标，输入 4120✓；垂直向下移动光标，输入 150✓，台阶绘制完毕，如图 10-120 所示。命令行提示与操作如下所示：

指定下一点或 [放弃(U)]: 4120（不退出直线命令，水平向右移动光标，输入 4120✓）
指定下一点或 [闭合(C)/放弃(U)]: 150（垂直向下移动光标，输入 150✓）
指定下一点或 [闭合(C)/放弃(U)]:（按 Space 键退出命令）

图 10-120　台阶效果图

2. 绘制左边的柱子

（1）绘制下半截柱子。输入快捷键 ml 调出多线命令，设置"对正方式"为"上"，"比例"为 320。命令行提示与操作如下所示：

命令: ml（输入快捷键 ml 调出多线命令）
mline
当前设置: 对正 = 无，比例 = 60.00，样式 = STANDARD
指定起点或 [对正(J)/比例(S)/样式(ST)]: J（选择"对正(J)"选项）
输入对正类型 [上(T)/无(Z)/下(B)] <无>: T（选择"上(T)"选项）
当前设置: 对正 = 上，比例 = 60.00，样式 = STANDARD
指定起点或 [对正(J)/比例(S)/样式(ST)]: S（选择"比例(S)"选项）
输入多线比例 <60.00>: 320（输入比例为 320✓）

绘制左边的柱子

（2）捕捉上述绘制的台阶的左上角角点，如图 10-121（a）所示，水平向右移动光标，输入 600✓ 得到多线的起点。垂直向上移动光标，输入多线长度 620✓，如图 10-121（b）所示。命令行提示与操作如下所示：

当前设置: 对正 = 上，比例 = 320.00，样式 = STANDARD
指定起点或 [对正(J)/比例(S)/样式(ST)]: 600✓（水平向右移动光标，输入 600✓得到多线的起点）
指定下一点: 620✓（垂直向上移动光标，输入多线长度 620✓，按 Space 键退出命令）

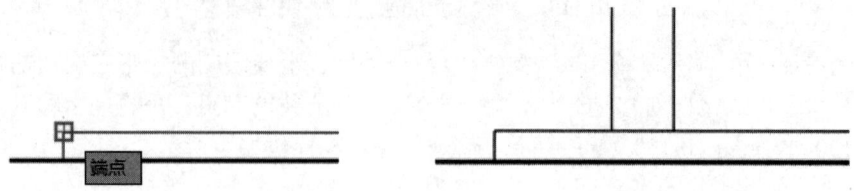

(a) 捕捉台阶左上角角点　　　　　　(b) 垂直向上绘制多线

图 10-121　绘制左边柱子

（3）按 Space 键继续调出多线命令，设置"对正方式"为"上"，"比例"为 360。命令行提示与操作如下所示：

命令: ml（输入快捷键 ml 调出多线命令）
mline
当前设置: 对正 = 上，比例 = 320.00，样式 = STANDARD
指定起点或 [对正(J)/比例(S)/样式(ST)]: S（选择"比例(S)"选项）
输入多线比例 <320.00>: 360（输入比例为 360✓）
当前设置: 对正 = 上，比例 = 360.00，样式 = STANDARD

（4）捕捉步骤（2）绘制的多线左上端点，如图 10-122（a）所示，水平向左移动光标，输入 20✓得到多线的起点。垂直向上移动光标，输入多线长度 100✓，如图 10-122（b）所示。命令行提示与操作如下所示：

指定起点或 [对正(J)/比例(S)/样式(ST)]: 20（水平向左移动光标，输入 20✓得到多线的起点）
指定下一点: 100（垂直向上移动光标，输入多线长度 100✓）
指定下一点或 [放弃(U)]: （按 Space 键退出命令）

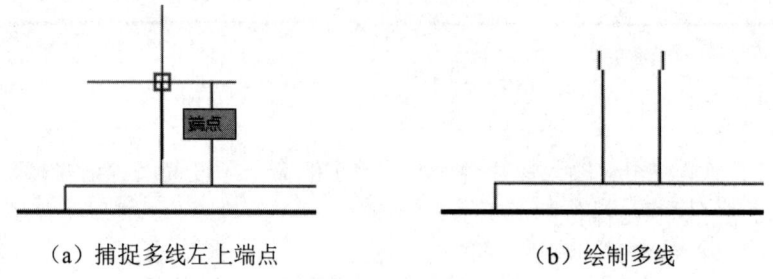

(a) 捕捉多线左上端点　　　　　　(b) 绘制多线

图 10-122　绘制左边柱子中段

（5）输入快捷键 l 调出直线命令，连接刚画出的多线，如图 10-123 所示。

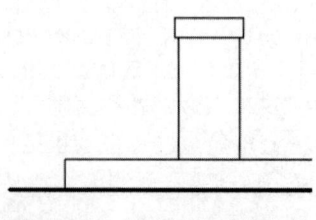

图 10-123　用直线段连接多线

（6）继续调出多线命令绘制上半截柱子。设置"对正方式"为"上","比例"为 280。命令行提示与操作如下所示：

  命令: ml（输入快捷键 ml 调出多线命令）
  mline
  当前设置：对正 = 上，比例 = 360.00，样式 = STANDARD
  指定起点或 [对正(J)/比例(S)/样式(ST)]：S（选择"比例(S)"选项）
  输入多线比例 <360.00>： 280（输入比例为 280↙）
  当前设置：对正 = 上，比例 = 280.00，样式 = STANDARD

（7）捕捉如图 10-124（a）所示的端点，水平向右移动光标，输入 40↙得到多线的起点。垂直向上移动光标，输入多线长度 1665↙，如图 10-124（b）所示。命令行提示与操作如下所示：

  指定起点或 [对正(J)/比例(S)/样式(ST)]： 40（水平向右移动光标，输入 40↙得到多线的起点）
  指定下一点： 1665（垂直向上移动光标，输入多线长度 1665↙）
  指定下一点或 [放弃(U)]：（按 Space 键退出命令）

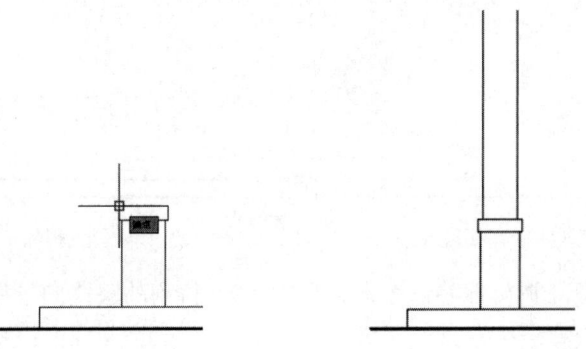

（a）捕捉如图所示端点   （b）垂直向上绘制多段线

图 10-124 绘制左边柱子上段

（8）绘制横梁。调出直线命令，捕捉如图 10-125（a）所示的点，水平向左移动光标，输入 200↙得到直线的起点。水平向右移动光标，输入直线长度 3280↙，如图 10-125（b）所示。命令行提示与操作如下所示：

  命令: line
  指定第一个点: 200（水平向左移动光标，输入 200↙得到直线的起点）
  指定下一点或 [放弃(U)]: 3280（水平向右移动光标，输入直线长度 3280↙）
  指定下一点或 [放弃(U)]：（按 Space 键退出命令）

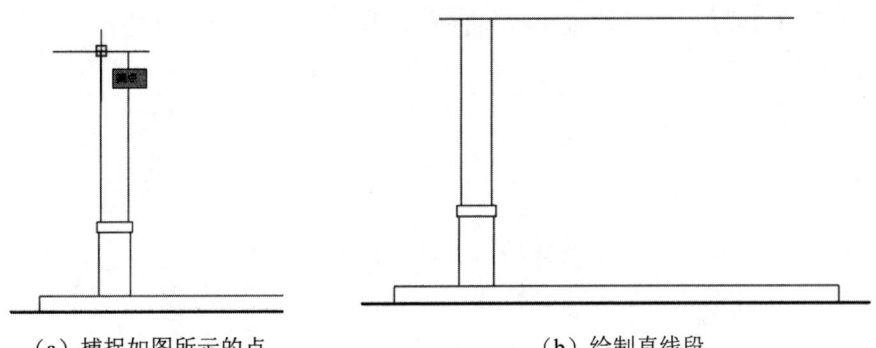

（a）捕捉如图所示的点   （b）绘制直线段

图 10-125 绘制水平辅助线

（9）输入快捷键 O 调出偏移命令，将刚画出的直线向下偏移 180，如图 10-126 所示。命令行提示与操作如下所示：

命令: o
offset
当前设置: 删除源=否　图层=源　OFFSETGAPTYPE=0
指定偏移距离或 [通过(T)/删除(E)/图层(L)] <通过>: 180
选择要偏移的对象，或 [退出(E)/放弃(U)] <退出>:
指定要偏移的那一侧上的点，或 [退出(E)/多个(M)/放弃(U)] <退出>:
选择要偏移的对象，或 [退出(E)/放弃(U)] <退出>:

（10）删除步骤（8）绘制的直线，如图 10-127 所示。

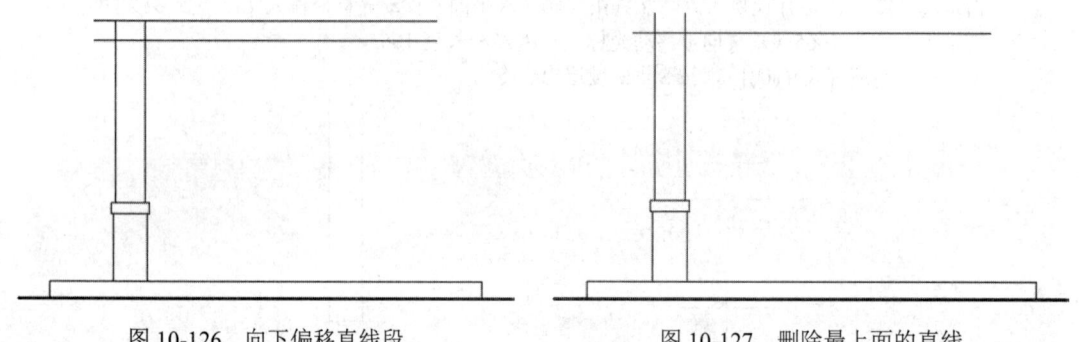

图 10-126　向下偏移直线段　　　　　图 10-127　删除最上面的直线

（11）输入快捷键 o 调出偏移命令，将步骤（9）得到的直线向下偏移 120，如图 10-128 所示。

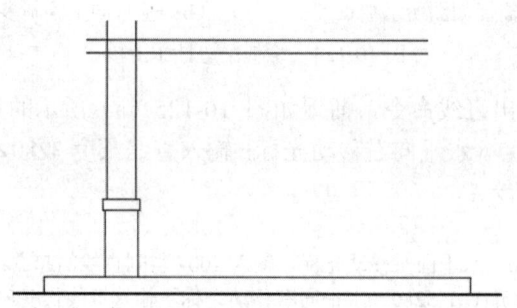

图 10-128　向下偏移步骤（14）绘制的直线段

（12）调出直线命令，连接偏移复制的两段线的两端，如图 10-129 所示。

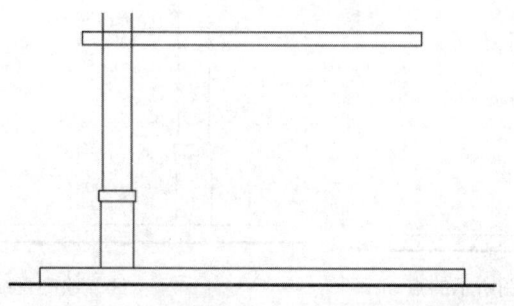

图 10-129　连接上面两段直线的左右两端

(13)现在对两端用倒角命令或用直线段连接后修剪得到合适大小的倒角(注意两端倒角要对称),如图 10-130 所示。

(14)调出直线命令,捕捉如图 10-131 所示的点。

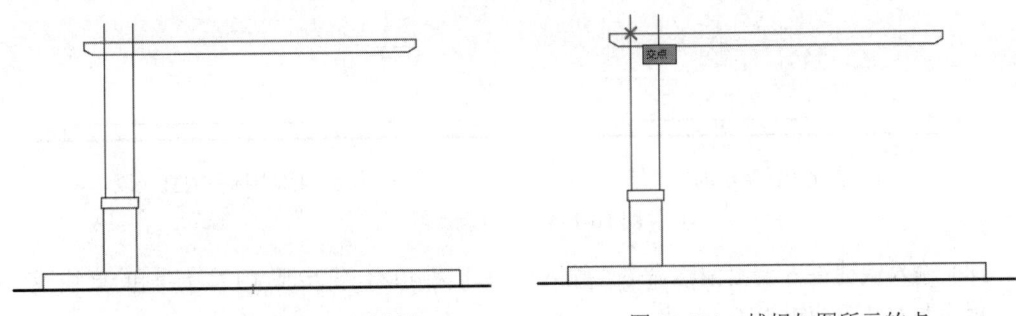

图 10-130 给上面的矩形两端倒角　　　　图 10-131 捕捉如图所示的点

(15)水平向右移动光标输入 90↙得到直线的起点,绘制如图 10-132(a)所示的竖直线段。使用偏移命令偏移 100 得到另一段竖直线段,如图 10-132(b)所示。

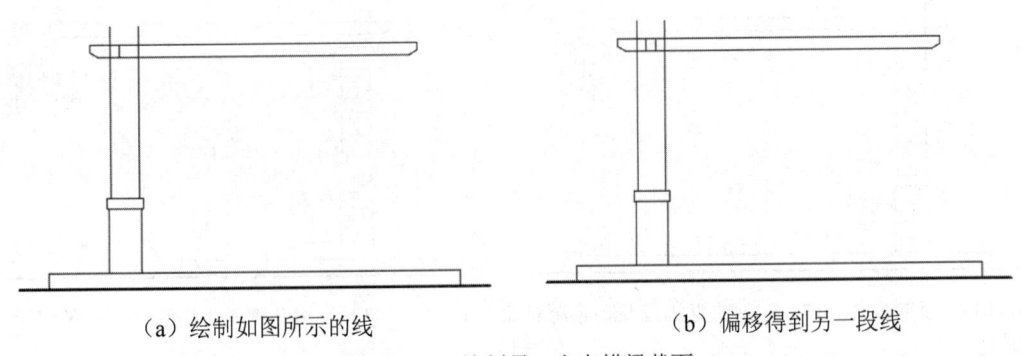

(a)绘制如图所示的线　　　　　　　(b)偏移得到另一段线

图 10-132 绘制另一方向横梁截面

(16)调出直线命令,捕捉如图 10-133(a)所示的点,水平向右移动光标,绘制如图 10-133(b)所示的水平线段。

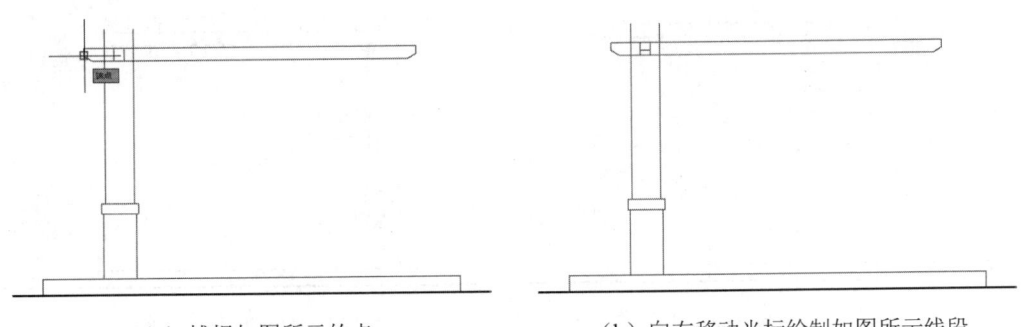

(a)捕捉如图所示的点　　　　　(b)向右移动光标绘制如图所示线段

图 10-133 完成另一方向横梁截面图

(17)绘制柱头装饰。调出直线命令,捕捉如图 10-134(a)所示的点,水平向左移动光标,输入 40↙得到直线段的起点,再水平向右移动光标,输入直线的长度 360↙,得到如图 10-134(b)所示的选中的直线段。

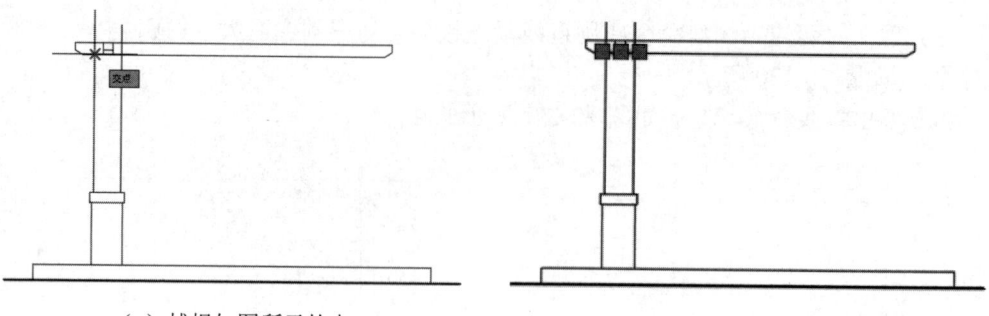

(a)捕捉如图所示的点　　　　　　(b)绘制如图中选中的直线段

图 10-134　绘制辅助线

（18）输入快捷键 o 调出偏移命令，输入偏移距离 40✓，将步骤（17）绘制的直线段偏移复制（删除源对象），如图 10-135 所示。

（19）用步骤（18）的方法分别偏移复制每次上一步复制的线段（不删除源对象），偏移距离分别为 30、50、30，偏移结果如图 10-136 所示。

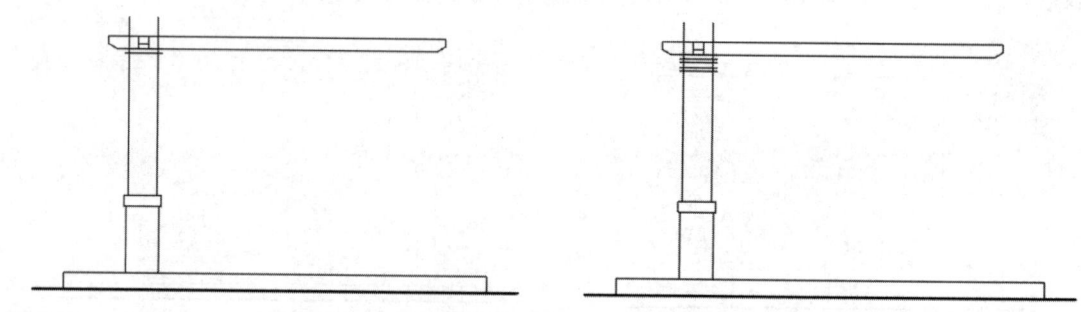

图 10-135　复制步骤（17）绘制的直线段并删除源对象　　图 10-136　再分别向下偏移复制三条线段

（20）用直线命令连接刚才偏移得到的直线段两端，如图 10-137 所示。

（21）输入快捷键 h 调出填充命令，为柱子的下半截填充图案 GRAVEL，"图案填充比例"为 10，填充效果如图 10-138 所示。

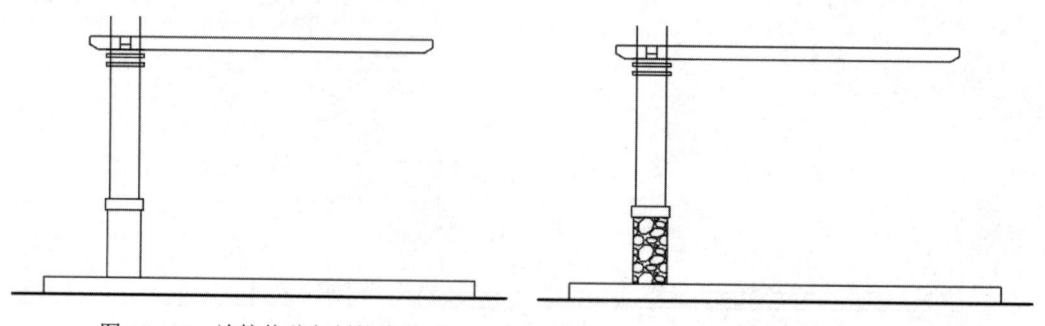

图 10-137　连接偏移复制的线段　　　　　图 10-138　为下半截柱子填充图案

3. 绘制右边的柱子

（1）输入快捷键 mi 调出镜像命令，选择左边的柱子（注意不要选中下面的台阶和上面的横梁），选择横梁和台阶的中点的连线作为镜像线，如图 10-139 所示的虚线。

绘制右边的柱子

（2）输入快捷键 tr 调出修剪命令，修剪两边柱子中多余的线段，如图 10-140 所示。

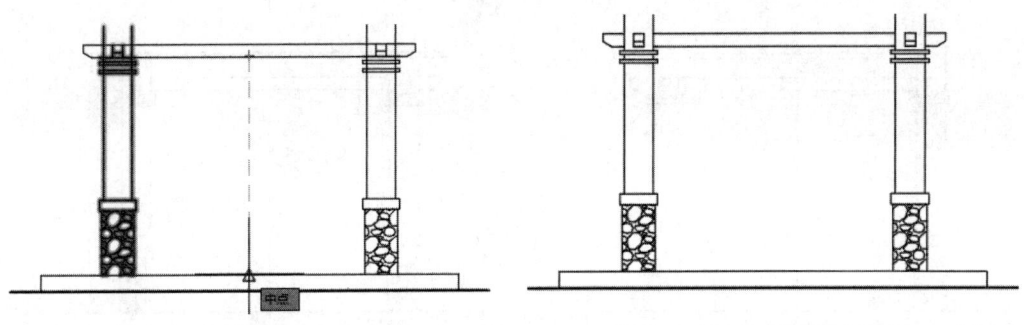

图 10-139　镜像复制填充图案　　　　　　图 10-140　修剪多余线段

4. 绘制凉亭顶

（1）绘制房檐。输入快捷键 rec 调出矩形命令，在合适的地方绘制一个长为 3594，宽为 50 的矩形。

（2）输入快捷键 m 调出移动命令，选择步骤（1）绘制的矩形下边的中点作为基点，如图 10-141（a）所示。向下移动光标，捕捉到下方直线段的中点后垂直向上移动光标出现追踪虚线，如图 10-141（b）所示。

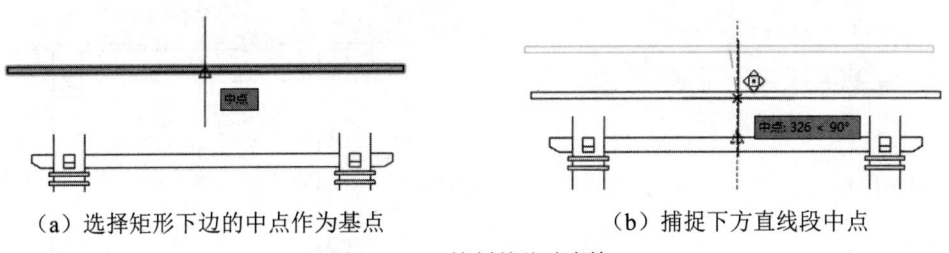

（a）选择矩形下边的中点作为基点　　　　　（b）捕捉下方直线段中点

图 10-141　绘制并移动房檐

（3）在捕捉到柱子上面的端点后水平移动，出现水平追踪虚线，如图 10-142（a）所示。移动到中间时当出现水平虚线和垂直虚线的交点时，如图 10-142（b）所示，单击，矩形即移动到位。

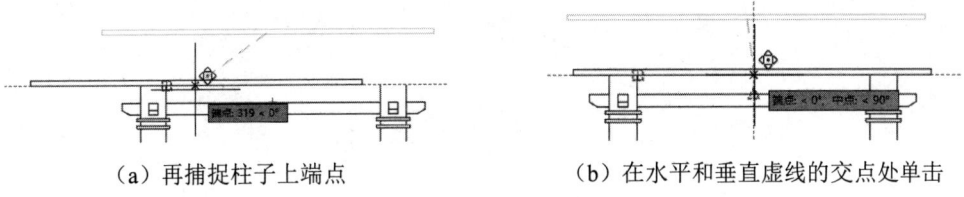

（a）再捕捉柱子上端点　　　　　　（b）在水平和垂直虚线的交点处单击

图 10-142　放置房檐在顶部正中

（4）绘制屋脊。输入快捷键 l 调出直线命令，从地面的中点垂直向上绘制一段长度为 3470 辅助线，如图 10-143（a）所示。再从顶端向下绘制一段长度为 113 的线段，如图 10-143（b）所示的选中的对象。

（5）接着图 10-143（b）的线段的下端点绘制一段长度为 2250 的直线段，如图 10-144 所示。

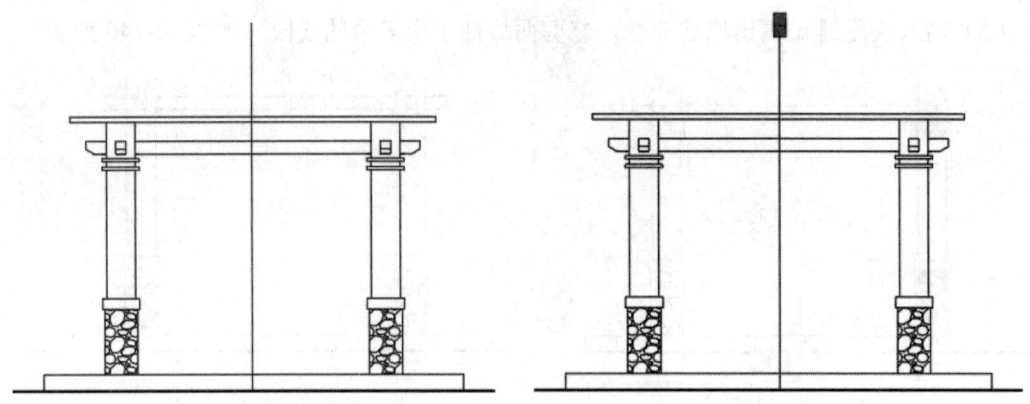

(a) 在中间绘制竖直直线段　　　　　　(b) 从上端绘制 113 线段

图 10-143　绘制辅助线

（6）在状态栏"对象捕捉"按钮右侧向下的箭头上单击，在弹出的窗口上勾选"平行"和"垂足"。再调出直线命令，绘制一段与步骤（5）绘制的直线平行的、长度为 2242 的直线段，继续绘制出与步骤（5）绘制的直线垂直的线段，如图 10-145 所示。

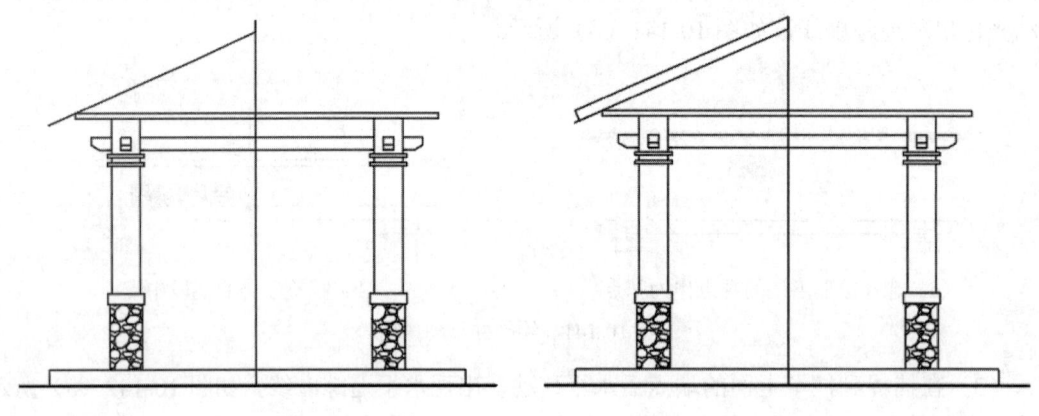

图 10-144　绘制凉亭顶部左边的线　　　　图 10-145　完成左边亭顶的绘制

（7）修剪步骤（5）绘制的直线段，如图 10-146 所示。

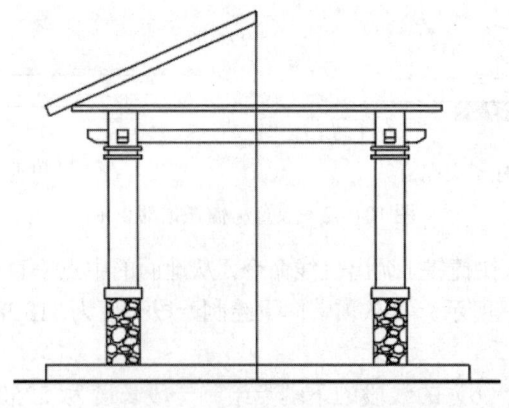

图 10-146　修剪步骤 33 绘制的直线段

(8) 镜像复制凉亭顶部的另一半。如图 10-147 所示。

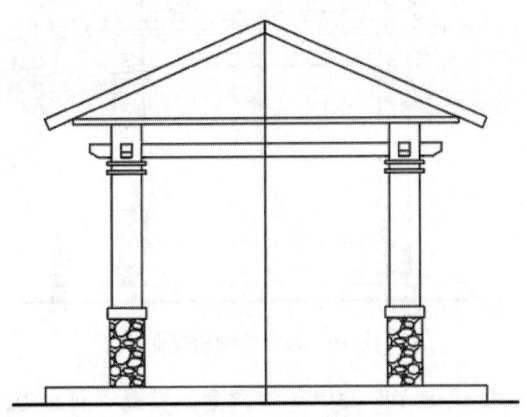

图 10-147　镜像复制凉亭顶部的另一半

(9) 调出图案填充命令填充凉亭顶部的图案,填充图案为 AR-B88,"图案填充比例"为 0.4,填充效果如图 10-148 所示。

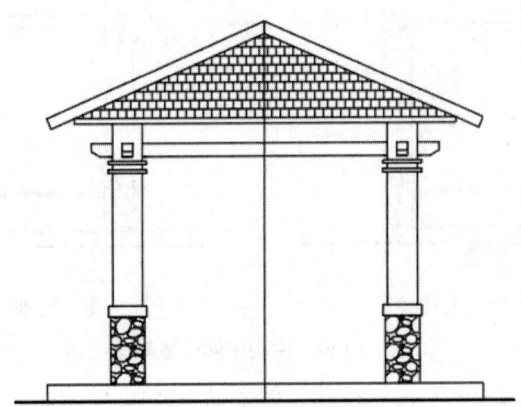

图 10-148　给凉亭房顶填充图案

5．绘制休息凳

(1) 绘制凳面。输入命令 mline 调出多线命令,设置"对正方式"为"上","比例"为 40,如图 10-149 所示。命令行提示与操作如下所示:

　　命令: mline
　　当前设置: 对正 = 上,比例 = 280.00,样式 = STANDARD
　　指定起点或 [对正(J)/比例(S)/样式(ST)]: S(选择"比例(s)"选项)
　　输入多线比例 <280.00>: 40(输入多线比例为 40✓)
　　当前设置: 对正 = 上,比例 = 40.00,样式 = STANDARD
　　指定起点或 [对正(J)/比例(S)/样式(ST)]: 400(从左边柱子的右边和台阶的交点处捕捉,垂直向上移动光标,输入 400✓得到凳面的起点)
　　指定下一点:(水平移动光标,在和右边柱子的相交处单击,得到凳面)
　　指定下一点或 [放弃(U)]:(按 Space 键退出命令)

绘制休息凳

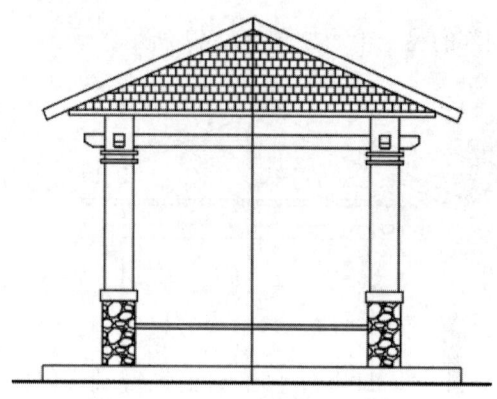

图 10-149　绘制板凳面

（2）绘制凳腿。输入快捷键 ml 调出多线命令，设置"对正方式"为"无"，"比例"为 60，拾取如图 10-147（a）所示的点垂直向上绘制中间的凳腿，如图 10-150（b）所示。

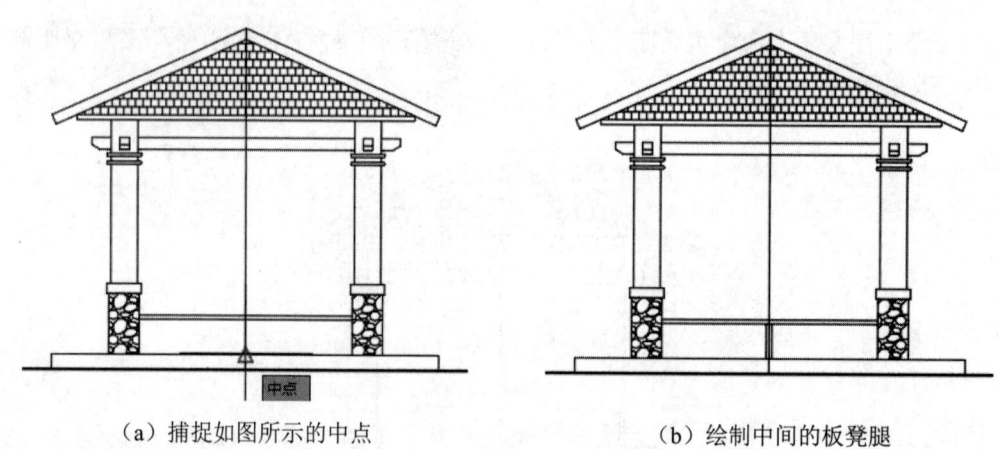

（a）捕捉如图所示的中点　　　　　　　　（b）绘制中间的板凳腿

图 10-150　绘制中间的板凳腿

（3）用直线命令绘制如图 10-151（a）所示的直线段作为辅助线，用多线命令捕捉其中点绘制左边的凳腿，如图 10-151（b）所示。删除所画辅助线。

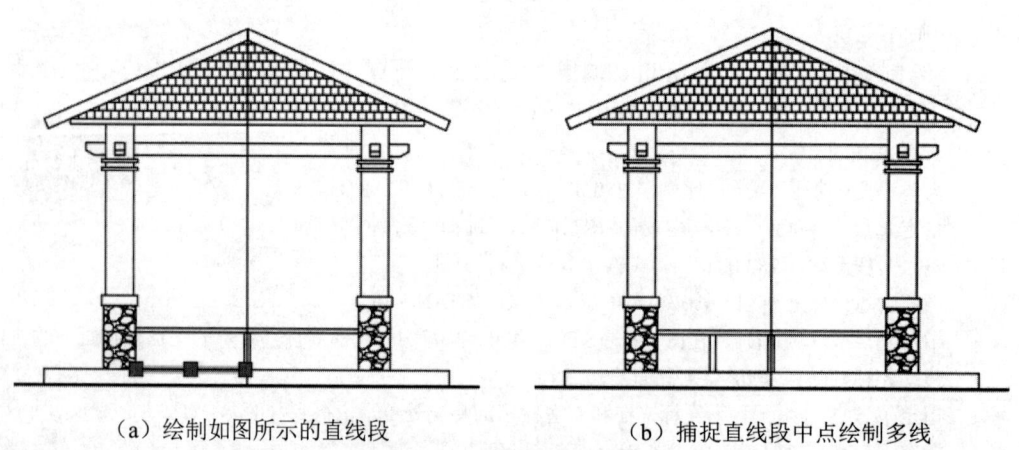

（a）绘制如图所示的直线段　　　　　　　　（b）捕捉直线段中点绘制多线

图 10-151　绘制左边板凳腿

（4）用镜像命令复制出右边的凳腿。删除中间的辅助线，得到最终效果，如图 10-152 所示。

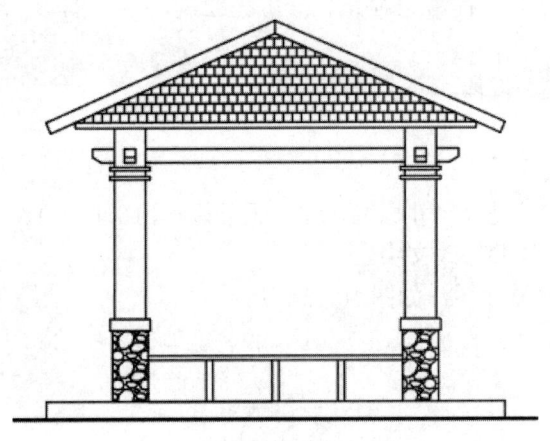

图 10-152　最终效果图

上机实训

【**实训 1**】绘制建筑平面图，如图 10-153 所示。

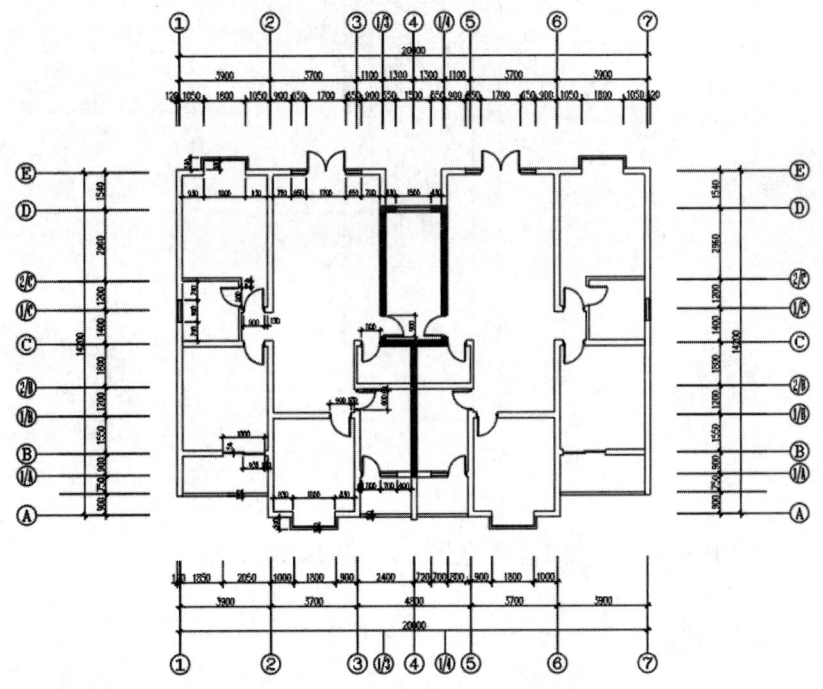

图 10-153　实训 1：建筑平面图

1. 实训目的

通过对本实例的操作练习，熟练掌握建筑平面图的绘制方法、尺寸标注和轴号标注。

2. 操作提示

（1）首先新建文件并设置工作环境：设置单位、精度和图层。

（2）绘制轴线（由于左右两边对称，故可先绘制一半的图形，再用镜像命令复制出另一半）。

（3）用多线命令绘制墙体。

（4）开门洞窗洞。

（5）插入门窗图块。

（6）设置标注样式并进行尺寸标注（注：无须标注内部尺寸）。

（7）插入轴标号图块并修改文字。

【实训 2】绘制钟楼立面图，如图 10-154 所示。

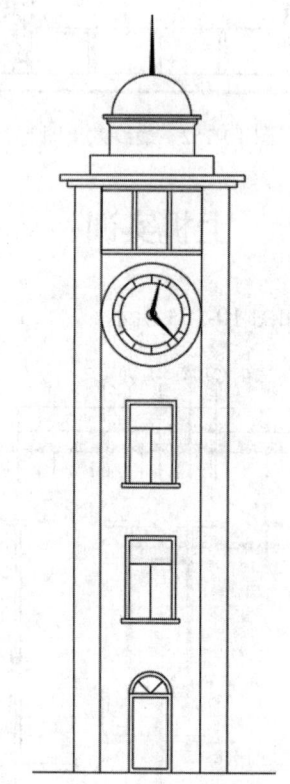

图 10-154　实训 2：钟楼立面图

1. 实训目的

通过对本实例的操作练习，熟练掌握建筑立面图的绘制方法。

2. 操作提示

分别绘制钟楼不同部分，然后再移动到相应的位置。

参考文献

[1] CAD/CAM/CAE 技术联盟. AutoCAD 2017 中文版实例教程[M]. 北京：清华大学出版社，2018.

[2] 陈超，陈玲芳，姜姣兰. AutoCAD 2019 中文版从入门到精通[M]. 北京：人民邮电出版社，2019.

[3] 李敏编. AutoCAD 2006 建筑设计白金案例[M]. 成都：四川电子音像出版中心，2005.